National Computer Rank Examination

全国计算机等级考试

上机考试题库

二级 Python

全新 考试指南+高频考点+考试题库

含 二级公共基础知识

策未来◎编著

人民邮电出版社

北京

图书在版编目（CIP）数据

全国计算机等级考试上机考试题库. 二级Python / 策未来编著. -- 北京 : 人民邮电出版社, 2024.
ISBN 978-7-115-65330-7

Ⅰ. TP3-44

中国国家版本馆CIP数据核字第2024M5Y676号

内 容 提 要

本书面向全国计算机等级考试二级Python语言程序设计科目，严格依据新版考试大纲整理试卷，并配有视频解析和详细的文字解析，以帮助考生在较短的时间内顺利通过考试。

本书共4部分。第1部分为考试大纲、考试环境、考试流程以及Python的安装与使用方法的介绍。第2部分为二级公共基础知识和二级Python语言程序设计的高频考点讲解。第3部分为精选的10套历年无纸化考试题库试题及答案解析。第4部分为两套新增无纸化考试套卷及答案解析。

本书配有智能考试软件，该软件主要有“考试题库”“专项训练”“模拟考场”等模块。其中，“考试题库”模块包含20多套历年试卷，考生可用某一套试卷进行练习，并可以随时查看答案及解析。“专项训练”模块将选择题按考点分类，考生可有针对性地进行专项练习。“模拟考场”模块模拟真实考试环境，随机组卷，限时做题；若考生未能在规定的考试时间内交卷，则软件系统会强制交卷。交卷后软件系统自动评分，考生可据此自测，提高复习效率。

本书可作为备考全国计算机等级考试二级Python语言程序设计科目的练习册，也可作为学习Python语言的辅导书。

◆ 编　　著　策未来
　责任编辑　牟桂玲
　责任印制　焦志炜

◆ 人民邮电出版社出版发行　　北京市丰台区成寿寺路11号
　邮编　100164　　电子邮件　315@ptpress.com.cn
　网址　https://www.ptpress.com.cn
　三河市德利印刷有限公司印刷

◆ 开本：787×1092　1/16
　印张：14　　　　2024年12月第1版
　字数：424千字　　2024年12月河北第1次印刷

定价：59.00元

读者服务热线：(010)81055410　印装质量热线：(010)81055316

反盗版热线：(010)81055315

广告经营许可证：京东市监广登字20170147号

编委会

前　言

全国计算机等级考试由教育部教育考试院主办，是国内影响较大、参加考试人数较多的计算机水平考试。此考试的根本目的在于以考促学，这决定了它的报考门槛较低，考生不受年龄、职业、学历等背景的限制，任何人均可根据自己学习和使用计算机的实际情况，选考不同级别的考试。

对于二级 Python 语言程序设计科目，考生从报名到参加考试只有 3 个月左右的时间，备考时间短。同时考虑到不少考生存在选择题或操作题中有一项偏弱的情况，为帮助考生提高备考效率，我们精心编写了本书。

本书具有以下特点。

1．总结无纸化考试高频考点

要想在有限的时间内掌握所有的知识点，考生会感到无从下手。本书通过对无纸化考试题库中的题目进行分析，总结出二级公共基础知识以及二级 Python 语言程序设计的高频考点，以知识点串讲的形式，帮助考生快速、高效地掌握考点。

2．收录无纸化考试试题

在深入研究考试试题的基础上，本书对考试的题型和考点进行总结。本书精选 10 套历年无纸化考试题库试题，供考生演练考题和实践 Python 语言编程。每道试题都有答案解析，操作题还附带视频解析，考生扫码即可学习。

3．新增无纸化考试套卷及答案解析

考试题库中会定期更新部分试题，我们根据近年考试的考查要点，从更新的试题中精选两套新增试卷，供考生模拟演练。

4．提供配套智能考试软件

为了更好地帮助考生提高复习效率，本书提供了配套的智能考试软件。该软件主要包含以下模块。

- 考试题库：包含 20 多套历年试卷，以套卷的形式提供。考生在练习时可以随时查看答案及解析。
- 专项训练：将选择题按考点分类，考生可有针对性地进行专项练习。
- 模拟考场：模拟真实考试环境及考试流程，包括操作界面、答题流程、评分标准等，能帮助考生提前熟悉机考环境和作答方式。

在编写本书过程中，我们力求精益求精，但水平有限，书中若有错漏之处，恳请广大读者批评指正。考生在学习的过程中，可以访问未来教育考试网，及时获得考试信息及下载资源。如有疑问，可以发送邮件至 muguiling@ptpress.com.cn。

最后，祝愿各位考生顺利通过考试。

编　者

目　录

第 1 部分　上机考试指南

第 2 部分　无纸化考试高频考点

第 3 部分　无纸化考试题库试题及答案解析

第 4 部分　新增无纸化考试套卷及答案解析

第1部分

上机考试指南

Part 1

报　名

分为**考点现场报名**与**网上报名**。

考生在考点现场报名时，须出示有效身份证件以及缴纳相关的考试费。考生一定要亲自到场，不能由任何单位、个人代办。考生按要求进行信息采集，并逐一核实报名表上的个人信息。

考生在网上报名时，需先在所在省份的网上报名系统注册并填报相关基本信息，上传正面免冠电子近照，然后进行网上缴费或至指定地点缴费并确认身份信息，完成报名。

领取准考证

一般在考前15天左右，考生可登录报名网站查看、打印准考证，或者去报名考点领取。考试具体时间、地点均以准考证为准，不得更改。

模拟考试

一般在考前一周左右，考生可以携带有效身份证件和准考证到考点参加模拟考试，最好不要错过。

正式考试

考生携带有效身份证件、准考证等考试相关物品在指定时间到达考点，按照考场要求参加正式考试。

成绩查询

一般在考后25个工作日内，教育部教育考试院将考试成绩下发给各省级承办机构。一般在考后30个工作日内，考生可在中国教育考试网查询成绩和证书。

1.1　考试大纲专家解读

1.1.1　二级公共基础知识考试大纲

基本要求

(1)掌握计算机系统的基本概念,理解计算机硬件系统和计算机操作系统。
(2)掌握算法的基本概念。
(3)掌握基本数据结构及其操作。
(4)掌握基本排序和查找算法。
(5)掌握逐步求精的结构化程序设计方法。
(6)掌握软件工程的基本方法,具有初步应用相关技术进行软件开发的能力。
(7)掌握数据库的基本知识,了解关系数据库的设计。

考试内容

1. 计算机系统

大纲要求	专家解读
(1)掌握计算机系统的结构。 (2)掌握计算机硬件系统结构,包括 CPU 的功能和组成,存储器分层体系,总线和外部设备。 (3)掌握操作系统的基本组成,包括进程管理、内存管理、目录和文件系统、I/O 设备管理	多出现在选择题的第 1 题中,分值约占总分的 1%

2. 基本数据结构与算法

大纲要求	专家解读
(1)算法的基本概念;算法复杂度的概念和意义(时间复杂度与空间复杂度)。 (2)数据结构的定义;数据的逻辑结构与存储结构;数据结构的图形表示;线性结构与非线性结构的概念。 (3)线性表的定义;线性表的顺序存储结构及其插入与删除运算。 (4)栈和队列的定义;栈和队列的顺序存储结构及其基本运算。 (5)线性单链表、双向链表与循环链表的结构及其基本运算。 (6)树的基本概念;二叉树的定义及其存储结构;二叉树的前序、中序和后序遍历。 (7)顺序查找与二分法查找算法;基本排序算法(交换类排序,选择类排序,插入类排序)	其中(1)、(3)、(4)、(6)是经常考核的内容,多出现在选择题的第 2 ~ 4 题中,分值约占总分的 3%。其余考核内容在最近几次考试中出现的概率较小

3. 程序设计基础

大纲要求	专家解读
(1)程序设计方法与风格。 (2)结构化程序设计。 (3)面向对象的程序设计方法,对象,方法,属性及继承与多态性	其中(2)、(3)是本部分考核的重点,多出现在选择题的第 5 题中,分值约占总分的 1%

4. 软件工程基础

大纲要求	专家解读
(1)软件工程基本概念,软件生命周期概念,软件工具与软件开发环境。 (2)结构化分析方法,数据流图,数据字典,软件需求规格说明书。 (3)结构化设计方法,总体设计与详细设计。 (4)软件测试的方法,白盒测试与黑盒测试,测试用例设计,软件测试的实施,单元测试、集成测试和系统测试。 (5)程序的调试,静态调试与动态调试	其中(3)、(4)、(5)是本部分考核的重点,多出现在选择题的第 6、7 题中,分值约占总分的 2%

5. 数据库设计基础

大纲要求	专家解读
(1)数据库的基本概念:数据库,数据库管理系统,数据库系统。 (2)数据模型,实体联系模型及 E-R 图,从 E-R 图导出关系数据模型。 (3)关系代数运算,包括集合运算及选择、投影、连接运算,数据库规范化理论。 (4)数据库设计方法和步骤:需求分析、概念设计、逻辑设计和物理设计的相关策略	其中(2)、(3)、(4)是本部分考核的重点,多出现在选择题的第 8~10 题中,分值约占总分的 3%。其中数据模型和关系代数运算是重中之重,考生要熟练掌握

考试方式

(1)公共基础知识不单独考试,与其他二级科目组合在一起,作为二级科目考核内容的一部分。

(2)上机考试,10 道单项选择题,占 10 分。

1.1.2　二级 Python 语言程序设计考试大纲

基本要求

(1)掌握 Python 语言的基本语法规则。

(2)掌握不少于 3 个基本的 Python 标准库。

(3)掌握不少于 3 个 Python 第三方库,掌握获取并安装第三方库的方法。

(4)能够阅读和分析 Python 程序。

(5)熟练使用 IDLE 开发环境,能够将脚本程序转变为可执行程序。

(6)了解 Python 计算生态在以下方面(不限于)的主要第三方库名称:网络爬虫、数据分析、数据可视化、机器学习、Web 开发等。

考试内容

1. Python 语言基本语法元素

大纲要求	专家解读
(1)程序的基本语法元素:程序的格式框架、缩进、注释、变量、命名、保留字、连接符、数据类型、赋值语句、引用。 (2)基本输入输出函数:input()、eval()、print()。 (3)源程序的书写风格。 (4)Python 语言的特点	以选择题和操作题两种形式考核。选择题中常考核(1)、(2)和(4),分值约占总分的 1%。操作题中经常考核(3)

2. 基本数据类型

大纲要求	专家解读
(1)数字类型:整数类型、浮点数类型和复数类型。 (2)数字类型的运算:数值运算操作符、数值运算函数。 (3)真、假、无:True、False、None。 (4)字符串类型及格式化:索引、切片、基本的 format()格式化方法。 (5)字符串类型的操作:字符串操作符、操作函数和操作方法。 (6)类型判断和类型间转换。 (7)逻辑运算和比较运算	以选择题和操作题两种形式考核。选择题中常考核(1)、(2)、(3)和(7)。(4)、(5)和(6)是操作题的考核重点,在基本操作题和综合应用题中均有体现

3. 程序的控制结构

大纲要求	专家解读
(1)程序的 3 种控制结构。 (2)程序的分支结构:单分支结构、二分支结构、多分支结构。 (3)程序的循环结构:遍历循环、条件循环。 (4)程序的循环控制:break 和 continue。 (5)程序的异常处理:try-except 及异常处理类型	以选择题和操作题两种形式考核。选择题中常考核(1)、(2)和(5),偶尔也会考核(3)和(4)中的部分知识,分值约占总分的 2%。(3)是操作题的考核重点

4. 函数和代码复用

大纲要求	专家解读
(1)函数的定义和使用。 (2)函数的参数传递:可选参数传递、参数名称传递、函数的返回值。 (3)变量的作用域:局部变量和全局变量。 (4)函数递归的定义和使用	多以选择题形式考核

5. 组合数据类型

大纲要求	专家解读
(1)组合数据类型的基本概念。 (2)列表类型:创建、索引、切片。 (3)列表类型的操作:操作符、操作函数和操作方法。 (4)集合类型:创建。 (5)集合类型的操作:操作符、操作函数和操作方法。 (6)字典类型:创建、索引。 (7)字典类型的操作:操作符、操作函数和操作方法	以选择题和操作题两种形式考核。选择题常考核(1)、(2)、(4)、(5)和(6),分值约占总分的 5%。(3)和(7)是操作题的考核重点,在操作题的 3 种题型中均有体现

6. 文件和数据格式化

大纲要求	专家解读
(1)文件的使用:文件打开、读写和关闭。 (2)数据组织的维度:一维数据和二维数据。 (3)一维数据的处理:表示、存储和处理。 (4)二维数据的处理:表示、存储和处理。 (5)采用 CSV 格式对一、二维数据文件的读写	以选择题和操作题两种形式考核。(1)和(2)在选择题中多以定义和方法的使用为考核对象。(1)、(3)、(4)及(5)多为操作题的考核重点,其中(1)、(4)及(5)是综合应用题的考核重点

7. Python 程序设计方法

大纲要求	专家解读
(1)过程式编程方法。 (2)函数式编程方法。 (3)生态式编程方法。 (4)递归计算方法	以选择题和操作题两种形式考核。(1)、(2)及(4)在选择题中多以程序输出的结果为考核对象,而(1)和(3)则多为操作题的考核对象,且在操作题的 3 种题型中均有体现

8. Python 计算生态

大纲要求	专家解读
(1)标准库的使用:turtle 库、random 库、time 库。 (2)基本的 Python 内置函数。 (3)利用 pip 工具的第三方库安装方法。 (4)第三方库的使用:jieba 库、PyInstaller 库、基本 NumPy 库。 (5)更广泛的 Python 计算生态,只要求了解第三方库的名称,不限于以下领域:网络爬虫、数据分析、文本处理、数据可视化、用户图形界面、机器学习、Web 开发、游戏开发等	以选择题和操作题两种形式考核。(3)、(4)和(5)是选择题常考核的对象。(1)和(2)是基本操作题和简单应用题常考核的对象

考 试 方 式

1. 考试时间

考试时间为 120 分钟,由系统自动计时。考试时间结束后,考试系统自动将计算机锁定,考生不能继续进行考试。

2. 题型及分值

满分为 100 分,共有 4 种考试题型,分别为单项选择题(40 题,共 40 分,含公共基础知识部分 10 分)、基本操作题(3 题,共 15 分)、简单应用题(2 题,共 25 分)、综合应用题(1 题,共 20 分)。

1.2　考试环境简介

1. 硬件环境

全国计算机等级考试二级 Python 语言程序设计考试系统(以下简称“考试系统”)所需要的硬件环境如表 1.1 所示。

表 1.1　硬件环境

CPU	主频 3GHz 或以上
内存	2GB 或以上
显卡	SVGA 彩显
硬盘空间	10GB 以上可供考试使用的空间

2. 软件环境

考试系统所需要的软件环境如表 1.2 所示。

表 1.2　软件环境

操作系统	中文版 Windows 7
应用软件	Python 3.5.3 至 Python 3.9.10 版本

本书配套的智能考试软件在教育部教育考试院规定的考试环境下进行了严格的测试，适用于中文版 Windows 7、Windows 8、Windows 10 和 Windows 11 操作系统。

1.3　考试流程演示

考生的考试过程分为登录、答题、交卷 3 个阶段。

1. 登录

在实际答题之前，考生需要进行考试系统的登录。一方面，这是考生姓名的记录凭据，考试系统要验证考生的"合法"身份；另一方面，考试系统也需要为每一位考生随机抽取试题，生成一份二级 Python 语言程序设计考试的试题。

(1)启动考试系统。双击桌面上的"NCRE 考试系统"快捷方式图标，或从"开始"菜单的"所有程序"中单击"第××次 NCRE"(××为考次号)，启动"NCRE 考试系统"。

(2)准考证号验证。在"考生登录"界面中输入准考证号，单击图 1.1 所示的"下一步"按钮，可能会出现两种情况。

● 如果输入的准考证号存在，将弹出"考生信息确认"界面，要求考生对准考证号、考生姓名及证件号进行验证，如图 1.2 所示。如果准考证号错误，则单击"重输准考证号"按钮重新输入；如果准考证号正确，则单击"下一步"按钮继续操作。

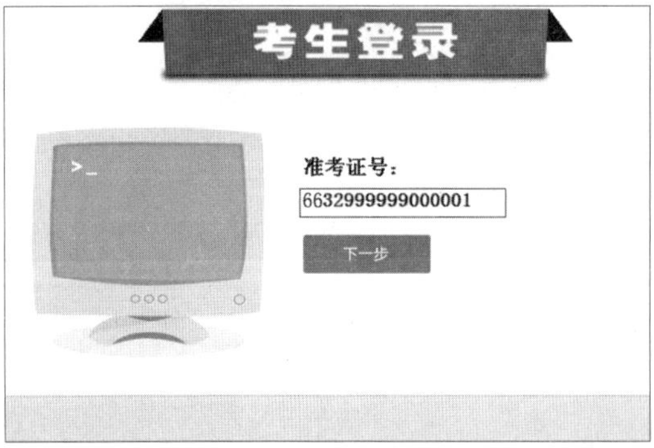

图 1.1　输入准考证号

图 1.2　考生信息确认

● 如果输入的准考证号不存在，考试系统会显示图 1.3 所示的提示信息并要求考生重新输入准考证号。

(3)登录成功。当考试系统成功抽取试题后，屏幕上会显示二级 Python 语言程序设计的考试须知，考生须选中“已阅读”复选框并单击“开始考试”按钮，开始考试并计时，如图 1.4 所示。

图 1.3　准考证号不存在

图 1.4　考试须知

2. 答题

（1）试题内容查阅窗口。登录成功后，考试系统将自动在屏幕中间弹出试题内容查阅窗口，至此，系统已为考生抽取了一套完整的试题，如图 1.5 所示。单击“选择题”“基本操作”“简单应用”或“综合应用”按钮，可以分别查看各题型的题目要求。

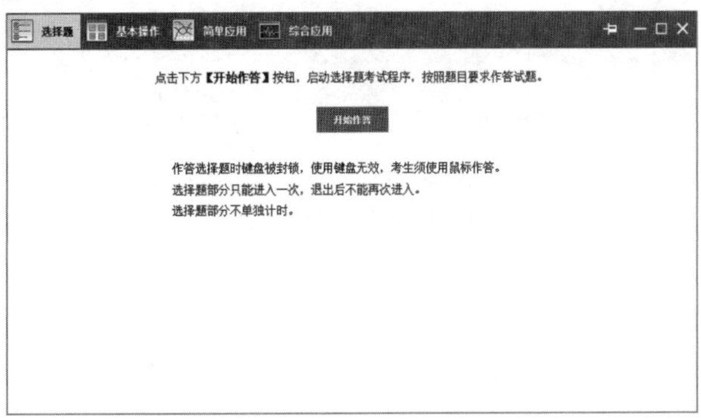

图 1.5　试题内容查阅窗口

当试题内容查阅窗口中显示上下或左右滚动条时，表示该窗口中的试题尚未完全显示，考生可用鼠标拖动滚动条显示余下的试题内容，防止因漏做试题而影响考试成绩。

（2）考试状态信息条。屏幕中出现试题内容查阅窗口的同时，屏幕顶部显示考试状态信息条，其中包括：①考生的报考科目、考生姓名、准考证号、考试剩余时间；②可以随时显示/隐藏试题内容查阅窗口的按钮；③退出考试系统进行交卷的按钮；④收起/固定顶部栏、查看作答进度及查看帮助文件的按钮，如图 1.6 所示。

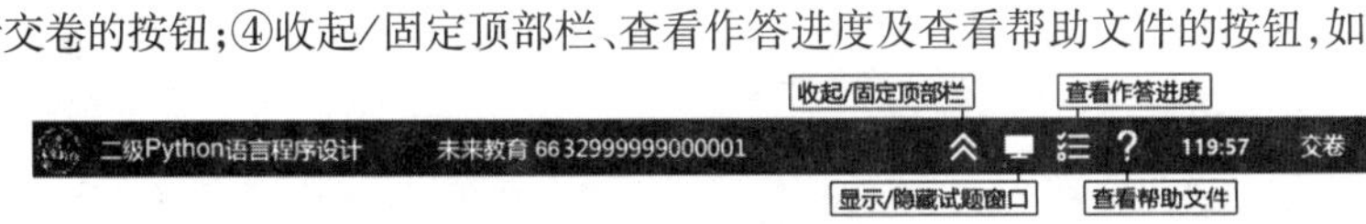

图 1.6　考试状态信息条

（3）启动考试环境。在试题内容查阅窗口中，单击“选择题”按钮，再单击“开始作答”按钮，系统将自动进入选择题作答界面，可根据要求进行答题。注意：选择题作答界面只能进入一次，退出后不能再次进入。对于基本操作题、简单应用题及综合应用题，可单击“考生文件夹”按钮，在打开的文件夹中双击相应文件，在启动的 Python 开发环境中按照题目要求进行操作。

（4）考生文件夹。考生文件夹是考生存放答题结果的唯一位置。考生在考试过程中所操作的文件和文件夹绝对不能脱离考生文件夹，同时绝对不能随意删除此文件夹中的任何文件和文件夹，否则会影响考试成绩。当考生登录成功后，考试系统会自动在本计算机上创建一个以考生准考证号命名的文件夹，如 C:\NCRE_KSWJJ\6632999999000001。

(5)原始素材文件的恢复。如果考生在考试过程中,原始素材文件不能复原或被误删除时,可以单击试题内容查阅窗口中的"查看原始素材"按钮,系统将会下载原始素材文件到一个临时文件夹中。考生可以查看或复制原始素材文件,但是请勿在该临时文件夹中答题。

3. 交卷

考试过程中,系统会为考生计算剩余考试时间。在剩余 5 分钟时,系统会显示一个提示信息,提示考生注意存盘并准备交卷。计时结束,系统自动结束考试,强制交卷。

如果考生要提前结束考试并交卷,则在屏幕顶部的考试状态信息条中单击"交卷"按钮,考试系统将弹出图 1.7所示的作答进度窗口,其中会显示已作答题量和未作答题量。此时考生如果单击"确定"按钮,系统会显示确认对话框,单击"继续交卷"按钮,则进行交卷处理,退出考试系统;如果单击"取消"按钮,则返回考试界面继续考试。

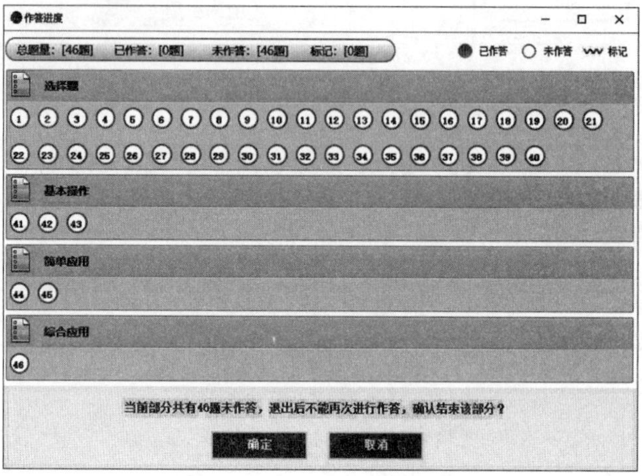

图 1.7　作答进度窗口

如果确定进行交卷处理,单击"继续交卷"按钮后,系统会锁定屏幕,并显示"正在结束考试"。当系统完成交卷处理时,在屏幕上显示"考试结束,请监考老师输入结束密码:",这时只要输入正确的结束密码就可以结束考试。(注意:只有监考老师才能输入结束密码。)

1.4　Python 的安装与使用

1. Python 的安装

Python 的安装程序可以从 Python 官网免费下载。

操作系统:Python 支持 Windows、Linux、macOS 等不同的操作系统,考生应选择与自己计算机的操作系统相符合的版本安装。

操作系统字长:根据操作系统的字长(32 位/64 位),选择对应的安装程序。

版本:Python 有 2. x 版本和 3. x 版本,3. x 版本不完全兼容 2. x 版本。目前推荐 3. x 版本,而且绝大多数 Python 编写的库函数都可以在 Python 3. x 下稳定运行。

Python 解释器的安装会启动安装程序引导过程,以 Windows 操作系统为例,引导过程的开始界面如图1.8所示。在该界面中,需手动选中"Add Python 3.5 to PATH"复选框。

安装成功后,弹出图 1.9 所示的界面。

图 1.8 安装程序引导过程的开始界面

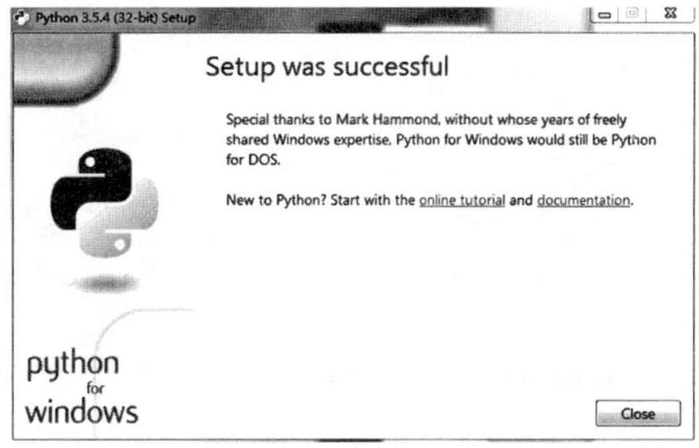

图 1.9 安装程序引导过程的结束界面

2. Python **的使用**

(1)启动 Python 自带的运行环境 IDLE,如图 1.10 所示,在“ >>> ”提示符后输入“exit( )”或“quit( )”命令,可退出 Python 运行环境。

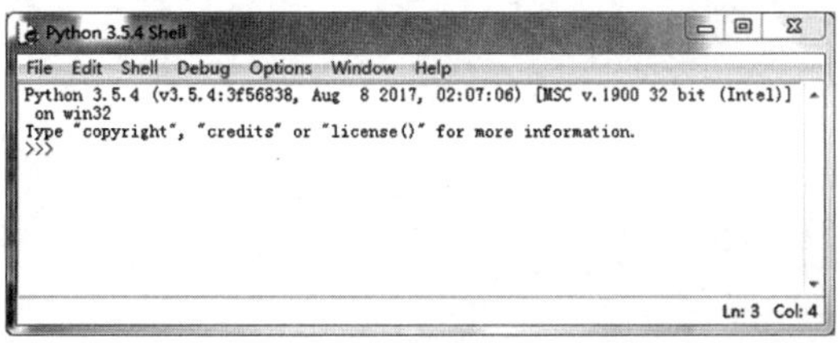

图 1.10 Python 自带的运行环境 IDLE

(2)在“ >>> ”后面编写简单的程序代码,如果代码量比较大,可以执行“File”→“New File”命令,新建程序编辑器,如图 1.11 所示。

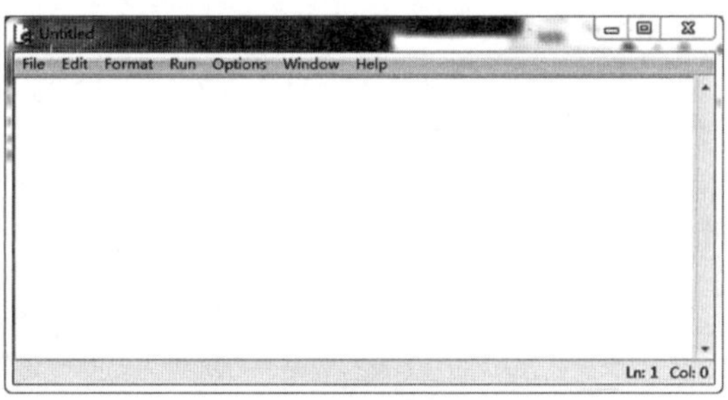

图 1.11 新建的程序编辑器

(3)在程序编辑器中编写完代码之后,按 <F5> 键或者执行菜单栏中的“Run”→“Run Module”命令运行程序。注意:新建的文件在运行时需要先保存。程序编辑器除了具有识别中文字符的功能,还具有关键字颜色区分、简单的智能提示、自动缩进等辅助功能,如图 1.12 所示。

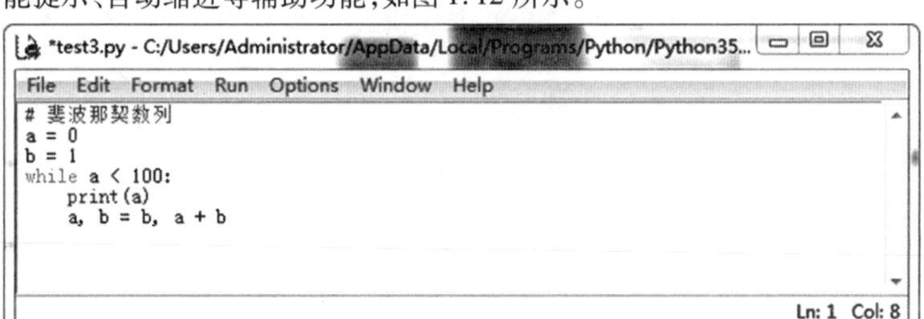

图 1.12 IDLE 的程序编辑器

Python 的源程序以. py 为扩展名。当运行源程序文件时,系统会自动生成对应的. pyc 字节编译文件,用于跨平台运行程序并提高程序运行速度。

第2部分

Part 2

无纸化考试高频考点

二级 Python 语言程序设计考试的试题分为选择题和操作题两部分。考试时，从考试题库的选择题中按考点分布随机抽取 40 道题组成选择题部分；从考试题库的操作题中随机抽取 3 道题组成操作题部分。40 道选择题与一套操作题共同组成一套无纸化考试试卷。

本部分在深入研究考试题库的基础上，对题目涉及的知识点进行细致分析，并将高频考点进行分类总结。其中 2.1 节为二级公共基础知识高频考点，2.2 节为二级 Python 语言程序设计高频考点。本部分旨在通过归纳、总结高频考点，帮助考生用较短的时间掌握有价值的内容，从而达到高效备考的效果。

2.1 二级公共基础知识高频考点

在真考试卷中，公共基础知识在选择题的前 10 题中考核。这里以简练、通俗的语言列出公共基础知识的高频考点，以便考生复习备考。

2.2 二级 Python 语言程序设计高频考点

在真考试卷中，Python 语言知识在 30 道选择题以及操作题中考核。我们总结了命题特点及考核重点，并以考点分类详解的形式给出 Python 语言部分的高频考点。考生牢固掌握这部分内容，就可以从容应对考试。

2.1　二级公共基础知识高频考点

2.1.1　计算机系统

【考点 1】　计算机概述

1. 计算机的发展历程

目前公认的第一台电子数字计算机是 ENIAC（Electronic Numerical Integrator And Computer），它于 1946 年在美国宾夕法尼亚大学研制成功。ENIAC 的计算速度是每秒 5000 次加法或 400 次乘法。它的诞生标志着计算机时代的到来，从此以后，计算机以极高的速度发展。

根据计算机本身采用的物理部件的不同，将其发展分为 4 个阶段。

第 1 阶段是电子管计算机时代，时间为 1946 年到 20 世纪 50 年代后期。

第 2 阶段是晶体管计算机时代，时间为 20 世纪 50 年代后期到 20 世纪 60 年代中期。

第 3 阶段是中小规模集成电路计算机时代，时间为 20 世纪 60 年代中期到 20 世纪 70 年代初期。

第 4 阶段是大规模和超大规模集成电路计算机时代，时间为 20 世纪 70 年代初期至今。

2. 计算机体系结构

虽然 ENIAC 可以大大提高计算速度，但它本身存在两大缺点：一是没有存储器；二是用布线接板进行控制，电路连接烦琐、耗时，在很大程度上抵消了 ENIAC 计算速度快带来的便利。因此，以匈牙利犹太裔美籍数学家冯·诺依曼（John von Neumann）为首的研制小组于 1946 年提出了“存储程序控制”的思想，并开始研制存储程序控制的计算机——EDVAC（Electronic Discrete Variable Automatic Computer）。1951 年，EDVAC问世。

EDVAC 的主要特点如下。

（1）在计算机内部，程序和数据采用二进制数表示。

（2）程序和数据存放在存储器中，即采用程序存储的概念。计算机执行程序时，无须人工干预，能自动、连续地执行程序，并得到预期的结果。

（3）计算机硬件由运算器、控制器、存储器、输入设备及输出设备五大基本部件组成。

直到今天，计算机基本结构的设计仍采用冯·诺依曼提出的思想和原理，人们把符合这种设计的计算机称为冯·诺依曼机。冯·诺依曼也被誉为“现代电子计算机之父”。

3. 计算机系统基本组成

计算机系统由硬件系统和软件系统两大部分组成，如图 2.1 所示。

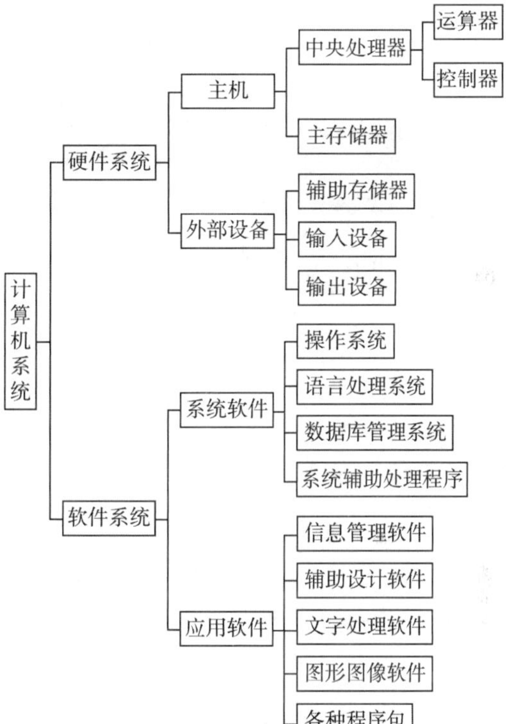

图 2.1　计算机系统的组成

硬件系统是依据电、磁、光、机械等原理构成的各种物理部件的有机组合，是计算机系统赖以工作的实体。硬件系统也被称为裸机，裸机只能识别由 0 和 1 组成的机器代码。

软件系统是为运行、管理及维护计算机而编制的各种程序、数据及文档的总称。软件是计算机的核心，没有软件的计算机毫无实用意义。软件是用户与硬件之间的接口，用户可以通过软件使用计算机硬件上的数据信息资源。

计算机软件按照面向应用对象的不同主要分为系统软件和应用软件。系统软件是控制和协调计算机外部设备、支持应用软件开发和运行的软件，主要负责管理计算机系统中各种独立的硬件，使之可以协调工作。它主要包括操作系统、语言处理系统、数据库管理系统及系统辅助处理程序等。其中最主要的是操作系统，它提供了软件运行的环境。应用软件是指为满足用户不同的应用需求而提供的软件，它可以拓宽计算机系统的应用领域，放大硬件的功能。常用的应用软件有信息管理软件、辅助设计软件、文字处理软件、图形图像软件、各种程序包等。

【考点2】　计算机硬件系统

计算机硬件系统主要包含中央处理器、存储器（包括主存储器、高速缓冲存储器及辅助存储器）及其他外部设备，它们之间通过总线连接在一起。

1. 中央处理器

中央处理器（Central Processing Unit，CPU）是计算机的运算和控制核心，是计算机的“大脑”，其功能主要是解释计算机指令和处理软件中的数据。CPU 主要包括运算器和控制器两个部件，它们都包含寄存器，并通过总线连接起来。

（1）运算器负责对数据进行加工处理（对数据进行算术运算和逻辑运算）。

（2）控制器负责对程序所规定的指令进行分析，控制并协调输入、输出操作或对主存储器的访问。

（3）寄存器是高速存储区域，用来暂时存放参与运算的数据和运算结果。寄存器的类型较多，包括指令寄存器、地址寄存器、存储寄存器及累加寄存器。根据 CPU 中寄存器的数量和每个寄存器的大小（多少位）可以确定 CPU 的性能和速度。例如，64 位的 CPU 是指 CPU 中的寄存器是 64 位的。所以，每个 CPU 指令可以处理 64 位的数据。

（4）CPU 的主要技术性能指标有字长、主频、运算速度等。

- 字长是指 CPU 一次能处理的二进制数据的位数。在工作频率不变和 CPU 体系结构相似的前提下，字长越长，CPU 的数据处理速度越快。
- 主频是指 CPU 的时钟频率，计算机的操作在时钟信号的控制下分步执行，每个时钟信号周期完成一步操作。主频越高，CPU 的运算速度就越快。
- 运算速度通常是指 CPU 每秒所能执行的加法指令数目，常用百万次/秒（Million Instructions Per Second，MIPS）来表示。这个指标能更直观地反映计算机的运算速度。

2. 存储器

存储器是存储程序和数据的部件，它可以自动完成程序或数据的存取。

（1）存储器的分类。

- 按存储介质分类：半导体存储器、磁表面存储器、磁芯存储器、光盘存储器等。
- 按存取方式分类：随机存储器（Random Access Memory，RAM）、只读存储器（Read-only Memory，ROM）、串行访问存储器、直接存取存储器等。
- 按在计算机中的作用分类：主存储器（又称内存）、高速缓冲存储器（cache）、辅助存储器（又称外存储器，简称外存）等。

（2）主存储器。

存储器中最重要的是主存储器，它一般采用半导体存储器，包括 RAM 和 ROM 两种。

①RAM。

RAM 具有可读写性，即信息可读、可写，当写入时，原来存储的数据被擦除；具有易失性，即断电后数据会消失，且无法恢复。RAM 又分为静态 RAM 和动态 RAM。

- 静态 RAM（Static RAM，SRAM）的特点是集成度低，价格高，存储速度快，不需要刷新。
- 动态 RAM（Dynamic RAM，DRAM）的特点是集成度高，价格低，存储速度慢，需要刷新。

DRAM 目前被各类计算机广泛使用，内存条采用的就是 DRAM。

②ROM。

ROM 中的信息只能读出不能写入，ROM 具有内容永久性，断电后信息不会丢失。根据半导体制造工艺的不同，可将其分为可编程只读存储器（Programmable ROM，PROM）、可擦可编程只读存储器（Erasable PROM，EPROM）、电可擦编程只读存储器（Electrically EPROM，EEPROM）、掩模型只读存储器（Mask ROM，MROM）等。

（3）高速缓冲存储器。

高速缓冲存储器是介于 CPU 和内存之间的一种小容量、可高速存取信息的芯片，可用于解决它们之间速度不匹配的问题。高速缓冲存储器一般由速度快的 SRAM 元件组成，其速度与 CPU 相当，但价格较高。

（4）辅助存储器。

辅助存储器的容量一般比较大，而且大部分可以移动，便于不同计算机之间进行信息交流。辅助存储器中的数据被读入内存后，才能被 CPU 读取，CPU 不能直接访问辅助存储器。

存储器主要有 3 个性能指标：速度、容量和每位（bit）价格（简称位价）。一般来说，速度越快，价格越高；容量越大，位价越低；容量越大，速度越慢。

3. 外部设备

（1）外部设备的分类。

计算机中，CPU 和内存构成主机。除主机以外，围绕着主机设置的各种硬件装置称为外部设备（简称外设）。外设的种类很多，应用比较广泛的有输入输出（Input/Output，I/O）设备、辅助存储器及终端设备。

①输入输出设备。

• 输入设备。输入设备是指向计算机输入数据和信息的设备，用于向计算机输入原始数据和处理数据的程序。常见的输入设备有键盘、鼠标、摄像头、扫描仪、语音输入设备、传感器等。

• 输出设备。输出设备的功能是将各种计算结果数据或信息以数字、字符、图像、声音等形式表示出来。常见的输出设备有显示器、打印机、绘图仪、投影仪、音箱等。

• 有一些设备同时集成了输入和输出两种功能，如光盘刻录机。

②辅助存储器。

辅助存储器可存放大量的程序和数据，且断电后程序和数据不会丢失。目前，常见的辅助存储器有硬盘、闪存（U 盘、SM 卡、SD 卡、记忆棒、TF 卡等）及光盘等。

③终端设备。

终端设备是指经由通信设施向计算机输入程序和数据或接收计算机的输出处理结果的设备。终端设备分为通用终端设备和专用终端设备两类。通用终端设备泛指具有通信处理、控制功能的通用计算机输入输出设备。专用终端设备是指具有特殊性能、适用于特定业务范围的终端设备。

（2）硬盘。

硬盘是计算机主要的外部存储设备，具有容量大、存取速度快等优点。

①硬盘的分类。

根据磁头是否可移动，硬盘可以分为固定磁头硬盘和活动磁头硬盘两类。磁头和磁臂是硬盘的重要组成部分，磁头安装在磁臂上，负责读/写各磁道上的数据。

• 固定磁头硬盘中，每个磁道对应一个磁头。工作时，磁头无径向移动，其特点是存取速度快，省去了磁头寻找磁道的时间，但造价比较高。

• 活动磁头硬盘中，每个盘面只有一个磁头，在存取数据时，磁头在盘面上做径向移动。由于增加了“寻道”时间，其存取速度比固定磁头硬盘要慢。目前常用的硬盘都是活动磁头硬盘。

②硬盘的信息分布。

• 记录面。硬盘通常由重叠的一组盘片构成，每个盘片的两面都可用作记录面，每个记录面对应一个磁头，所以记录面号就是磁头号。

• 磁道。当盘片旋转时，磁头若保持在一个位置上，则每个磁头都会在记录面上划出一个圆形轨迹，这个圆形轨迹就是磁道。一条条磁道形成一组同心圆，最外圈的磁道为 0 号，往内则磁道号依次增加。

• 圆柱面。在一个硬盘中，各记录面上相同编号的磁道构成一个圆柱面。例如，某硬盘有 8 片（16 面），则 16 个 0 号磁道构成 0 号圆柱面，16 个 1 号磁道构成 1 号圆柱面……硬盘的圆柱面数就等于一个记录面上的磁道数，圆柱面号就对应磁道号。

• 扇区。通常将一个磁道划分为若干弧段，每个弧段称为一个扇区或扇段，扇区从 1 开始编号。

因此，硬盘寻址的磁盘地址应该由硬盘号（一台计算机可能有多个硬盘）、记录面（磁头）号、圆柱面（磁道）号、扇区号等字段组成。

磁盘存储器的主要性能指标包括存储密度、存储容量、平均存取时间及数据传输率等。

（3）I/O 接口。

I/O 接口（I/O 控制器）用于主机和外设之间的通信，通过 I/O 接口可实现主机和外设之间的信息交换。

①I/O 接口的功能。

• 实现主机和外设的通信联络控制。

• 进行地址译码和设备选择。

• 实现数据缓冲。

• 信号格式的转换（如电平转换、并/串或串/并转换、模/数或数/模转换等）。

• 传输控制命令和状态信息。

②I/O 方式。

I/O 方式包括程序查询方式、程序中断方式、直接存储器存取（Direct Memory Access，DMA）方式及

I/O 通道控制方式等。

• 程序查询方式：一旦某一外设被选中并启动，主机将查询这个外设的某些状态位，判断其是否准备就绪，若未准备就绪，主机将再次查询；若外设已准备就绪，则执行一次 I/O 操作。这种方式控制简单，但系统效率低。

• 程序中断方式：在主机启动外设后，无须等待查询，继续执行原来的程序。外设在做好输入/输出准备时，向主机发送中断请求，主机接到请求后就暂时中止原来执行的程序，转去执行中断服务程序对外部请求进行处理，在中断处理完毕后返回原来的程序继续执行。

• DMA 方式：在内存和外设之间开辟直接的数据通道，可以在不需要 CPU 介入的情况下在内存和外设之间进行信息传输。这样不仅保证了 CPU 的高效率，也能满足高速外设的需要。

• I/O 通道控制方式：此方式是 DMA 方式的进一步发展，在系统中设有通道控制部件，每个通道有若干外设。主机执行 I/O 指令来启动有关通道，通道执行通道程序，完成输入/输出操作。通道是一种独立于 CPU 的专门管理 I/O 的处理机制，它控制设备与内存直接进行数据交换。通道有自己的通道指令，通道指令由 CPU 启动，并在操作结束时向 CPU 发出中断信号。

4. 总线

总线是一组能被多个部件分时共享的公共信息传输线路。分时是指同一时刻总线上只能传输一个部件发送的信息；共享是指总线上可以挂接多个部件，各个部件之间相互交换的信息都可以通过这组公共线路传输。

（1）总线的分类。

总线按功能层次可以分为 3 类。

• 片内总线：指芯片内部的总线，如在 CPU 芯片内部寄存器与寄存器之间、寄存器与算术逻辑部件（Arithmetic and Logic Unit，ALU）之间都由片内总线连接。

• 系统总线：指计算机硬件系统内各功能部件（CPU、内存、I/O 接口）之间相互连接的总线。系统总线按传输的信息不同，又分为数据总线（双向传输）、地址总线（单向传输）及控制总线（部分“出”、部分“入”）。

• 通信总线：用于计算机之间或计算机与其他设备（远程通信设备、测试设备）之间信息传输的总线，也称外部总线。依据不同的传输方式，通信总线又分为串行通信总线和并行通信总线。

（2）总线的基本结构。

从系统总线的角度出发，总线的基本结构如下。

• 单总线结构：只有一条系统总线，CPU、内存、I/O 设备都挂在该总线上，允许 I/O 设备之间、I/O 设备与 CPU 之间或 I/O 设备与内存之间直接交换信息。

• 双总线结构：将低速 I/O 设备从单总线上分离出来，实现了内存总线与 I/O 总线的分离。

• 三总线结构：各部件之间采用 3 条各自独立的总线来构成信息通道。内存总线用于在 CPU 和内存之间传输地址、数据及控制信息；I/O 总线用于 CPU 和外设之间的通信；直接内存访问总线用于在内存和高速外设之间直接传输数据。

（3）总线的性能指标。

• 总线周期：一次总线操作（包括申请阶段、寻址阶段、传输阶段及结束阶段）所需的时间简称总线周期。总线周期通常由若干总线时钟周期构成。

• 总线时钟周期：计算机的时钟周期。

• 总线的工作频率：总线上各种操作的频率，为总线周期的倒数。若总线周期 = N × 时钟周期，则总线的工作频率 = 时钟频率/N。

• 总线宽度：通常指数据总线的根数，用位表示，如 32 根称为 32 位总线。

• 总线带宽：可理解为总线的数据传输率，即单位时间内总线上传输数据的位数，通常用每秒传输信息的字节数来衡量，单位可用兆字节每秒（MB/s）表示。例如，总线工作频率为 33MHz，总线宽度为 32 位（4B），则总线带宽为 33 ×（32 ÷ 8）= 132MB/s。

• 时钟同步/异步：数据与时钟同步工作的总线称为同步总线，数据与时钟不同步工作的总线称为异步总线。

• 总线复用：总线在不同的时间传输不同的信息。

• 信号线数：地址总线、数据总线及控制总线 3 种总线数的总和。

（4）总线仲裁。

为了保证同一时刻只有一个申请者使用总线，总线控制机构中有总线判优和仲裁控制逻辑，即按照一定的优先次序来决定哪个部件首先使用总线，只有获得总线使用权的部件才能开始数据传输。总线判优控制按照仲裁控制机构的设置可分为两种。

• 集中式控制：仲裁控制逻辑基本上集中于一个设备（如 CPU）中。将所有的总线请求集中起来，利用一个特定的裁决算法进行裁决。

• 分布式控制：不需要中央仲裁器，即仲裁控制逻辑分散在连接于总线上的各个部件或设备中。

（5）总线操作。

在总线上的操作主要有读和写、块传输、写后读或读后写、广播和广集等。

（6）总线标准。

总线标准是国际上公布或推荐的连接各个模块的标准，是把各种不同的模块组成计算机系统时必须遵守的规范。

常见的系统总线标准有工业标准结构（Industry Standard Architecture，ISA）、扩展的 ISA（Extended Industry Standard Architecture，EISA）、视频电子标准协会（Video Electronics Standards Association，VESA）、外设部件互连（Peripheral Component Interconnect，PCI）及加速图形接口（Accelerated Graphics Port，AGP）等。

常见的外部总线标准有集成设备电路（Integrated Drive Electronics，IDE）、小型计算机系统接口（Small Computer System Interface，SCSI）、美国电子工业协会推行的串行通信总线标准（Recommended Standard－232C，RS－232C）及通用串行总线（Universal Serial Bus，USB）等。

5. 计算机的工作原理

计算机在执行程序前须将要执行的相关程序和数据先放入内存中，在执行时 CPU 根据当前程序指针寄存器的内容取出指令并执行，然后取出下一条指令并执行，如此循环直到程序结束时才停止执行。其工作过程就是不断地取指令和执行指令，最后将计算的结果放入指令指定的存储器地址中。

（1）计算机指令格式。

指令是指计算机完成某个基本操作的命令。指令能被计算机硬件理解并执行。一条计算机指令是用一串二进制代码表示的，它通常包括两方面的信息：操作码和操作数（地址码），如图 2.2 所示。

操作码	操作数（地址码）

图 2.2　计算机指令

操作码指明指令所要完成操作的性质和功能，即指出进行什么操作。操作码也是二进制代码。对于一种类型的计算机来说，各种指令的操作码互不相同，分别表示不同的操作。因此，指令中操作码的二进制位数决定了该类型计算机最多能具有的指令条数。

操作数指明操作码执行的操作对象。操作数可以是数据本身，也可以是存放数据的内存单元地址或寄存器名称。根据指令中操作数的性质，操作数又可以分为源操作数和目的操作数两类。例如，减法指令中减数和被减数为源操作数，它们的差为目的操作数。

如果指令中的操作码和操作数共占 n 字节，则称该指令为 n 字节指令。

（2）计算机指令的寻址方式。

寻址方式是指找到当前正在执行指令的数据地址和下一条将要执行指令的地址的方法。

寻址方式被分为两大类：找到下一条将要执行指令的地址，称为指令寻址；找到当前正在执行指令的数据地址，称为数据寻址。

指令寻址分为顺序寻址和跳跃寻址两种。常见的数据寻址有立即寻址、直接寻址、隐含寻址、间接寻址、寄存器寻址、寄存器间接寻址、基址寻址、变址寻址、相对寻址及堆栈寻址等。

（3）计算机指令系统。

一台计算机所能执行的全部指令的集合称为该计算机的指令系统。不同类型的计算机的指令系统的指令数目与格式也不同。但无论哪种类型的计算机，指令系统都应该具有以下功能指令。

• 数据传输类指令：用来实现数据在内存和 CPU 之间的传输。

• 运算类指令：用来进行数据的运算。

• 程序控制类指令：用来控制程序中指令的执行顺序。

• 输入输出指令：用来实现外设与主机之间的数据传输。

• 处理器控制和调试指令：用来实现计算机的硬件管理等。

（4）指令的执行过程。

指令的执行过程可分为取指令、分析指令和执行指令 3 个步骤。

• 取指令：按照程序规定的次序，从内存取出当前执行的指令，并送到控制器的指令寄存器中。

• 分析指令：对所取的指令进行分析，即根据指令中的操作码确定计算机应进行什么操作。由指令中的地址码确定操作码存放的地址。

● 执行指令：根据指令分析结果，由控制器发出完成操作所需的一系列控制电位，以便指挥计算机有关部件完成这一操作，同时为取下一条指令做好准备。

一般把计算机完成一条指令所花费的时间称为一个指令周期。指令周期越短，指令执行就越快。

【考点3】 数据的内部表示

1. 计算机中的数据及其存储单位

(1)计算机中的数据。

计算机内部均使用二进制数表示各种信息，但计算机在与外部沟通中会采用人们比较熟悉和方便阅读的形式，如十进制数。其中的转换主要由计算机系统的硬件和软件来实现。

二进制只有“0”和“1”两个数。相对十进制数而言，二进制数表示不但运算简单、易于物理实现、通用性强，而且所占的空间和所消耗的资源也少得多，可靠性较高。

(2)计算机中数据的存储单位。

位(bit)是计算机中数据的最小存储单位，二进制的数码只有0和1，计算机中采用多个数码表示一个数，每一个数码称为1位。

字节(Byte，B)是存储容量的基本单位，一个字节由8位二进制数组成。在计算机内部一个字节可以表示一个数字，也可以表示一个英文的字母或其他特殊字符，两个字节可以表示一个汉字。为了便于衡量存储器的大小，统一以字节为单位。表2.1所示为常用的存储单位。

表2.1 常用的存储单位

存储单位	名称	换算	说明
KB	千字节	1 KB = 1024 B = 2^{10} B	适用于文件计量
MB	兆字节	1 MB = 1024 KB = 2^{20} B	适用于内存、软盘、光盘计量
GB	吉字节	1 GB = 1024 MB = 2^{30} B	适用于硬盘计量
TB	太字节	1 TB = 1024 GB = 2^{40} B	适用于硬盘计量

随着电子技术的发展，计算机的并行处理能力越来越强，人们通常将计算机一次能够并行处理的二进制位的个数称为字长，也称为计算机的一个“字”。字长是计算机的一个重要指标，直接反映一台计算机的计算能力和精度。字长越长，表示计算机的数据处理速度越快。计算机的字长通常是字节的整数倍，如8位、16位、32位。发展到今天，微型机的字长已达到64位，大型机的字长已达到128位。

2. 进位记数制及其转换

(1)进位记数制。

数的表示规则称为数制。如果 R 表示任意整数，进位记数制为“逢 R 进一”。处于不同位置的数码代表的值不同，与它所在位置的权值有关。任意一个 R 进制数 D 均可展开为

$$(D)_R = \sum_{i=-m}^{n-1} k_i \times R^i$$

此时，R 为记数的基数，数制中固定的基本符号称为“数码”。i 称为位数，k_i 是第 i 位的数码，为 $0 \sim R-1$ 中的任一个，R^i 称为第 i 位的权，m、n 为最低位和最高位的位序号。例如，十进制数“5820”，基数 R 为10，数码“8”的位数 $i=2$(位数从0开始计)，权值为 $R^i=10^2$，此时“8”的值代表：$k_i \times R^i = 8 \times 10^2 = 800$。

常用数制包括二进制、八进制、十进制、十六进制，其中的各个要素如表2.2所示。

表2.2 常用数制的各个要素

数制	基数	数码	权	进位	形式表示
二进制	2	0、1	2^i	逢二进一	B
八进制	8	0、1、2、3、4、5、6、7	8^i	逢八进一	O
十进制	10	0、1、2、3、4、5、6、7、8、9	10^i	逢十进一	D
十六进制	16	0、1、2、3、4、5、6、7、8、9、A、B、C、D、E、F	16^i	逢十六进一	H

通常用圆括号标注进制数、以数制基数作为下标的方式来表示不同的进制数，如二进制数$(1100)_B$、八进制数$(3567)_O$、十进制数$(5820)_D$，也可直接表示为$(1100)_2$、$(3567)_8$、$(5820)_{10}$。

十六进制除了数码 0 ~ 9 之外，还使用了 6 个英文字母 A、B、C、D、E、F，相当于十进制的 10、11、12、13、14、15。十进制数、二进制数、八进制数、十六进制数的对照如表 2.3 所示。

表 2.3　不同进制数的对照

十进制数	二进制数	八进制数	十六进制数
0	0000	00	0
1	0001	01	1
2	0010	02	2
3	0011	03	3
4	0100	04	4
5	0101	05	5
6	0110	06	6
7	0111	07	7
8	1000	10	8
9	1001	11	9
10	1010	12	A
11	1011	13	B
12	1100	14	C
13	1101	15	D
14	1110	16	E
15	1111	17	F

(2) *R* 进制数转换为十进制数。

R 进制数转换为十进制数的方法是“按权展开”，具体如下。

二进制数转换为十进制数：$(11010)_2 = 1\times2^4 + 1\times2^3 + 0\times2^2 + 1\times2^1 + 0\times2^0 = (26)_{10}$

八进制数转换为十进制数：$(140)_8 = 1\times8^2 + 4\times8^1 + 0\times8^0 = (96)_{10}$

十六进制数转换为十进制数：$(A2B)_{16} = 10\times16^2 + 2\times16^1 + 11\times16^0 = (2603)_{10}$

(3) 十进制数转换为 *R* 进制数。

将十进制数转换为 *R* 进制数时，可将此数分成整数与小数两部分分别转换，然后拼接起来。下面以十进制数转换为二进制数为例进行介绍。

十进制整数转换为二进制整数的方法是“除以 2 取余法”，具体转换步骤如下。

步骤 1：把十进制数除以 2 得到商和余数，商再除以 2 又得到商和余数……依次除下去直到商是 0。

步骤 2：以最先除得的余数为最低位，最后除得的余数为最高位，从最高位到最低位依次排列。

将十进制整数 13 转换为二进制整数的步骤如表 2.4所示。

表 2.4　将十进制整数转换为二进制整数的步骤

步骤	1	2	3	4
除式	13/2	6/2	3/2	1/2
商	6	3	1	0
余数	1	0	1	1
将余数从高位向低位排列，即$(1101)_2$				

十进制小数转换为二进制小数采用“乘 2 取整法”，具体转换步骤如下。

步骤 1：把小数部分乘以 2 得到一个新数，然后取整数部分；剩下的小数部分继续乘以 2，然后取整数部分；剩下的小数部分再乘以 2，一直取到小数部分为 0。

步骤 2：以最先乘得的乘积的整数部分为最高位，最后乘得的乘积的整数部分为最低位，从高位向低位依次排列。

将十进制小数 0.125 转换为二进制小数的步骤如表 2.5 所示。

表 2.5　将十进制小数转换为二进制小数的步骤

步骤	1	2	3
乘式	0.125×2	0.25×2	0.5×2
乘积	0.25	0.5	1
小数部分	0.25	0.5	0
整数部分	0	0	1
将整数部分从高位向低位排列，即$(0.001)_2$			

将十进制数转换为八进制数、十六进制数，均可以采用类似的“除以 8 取余”“除以 16 取余”“乘 8 取整”“乘 16 取整”的方法来实现。

(4) 二进制数、十六进制数、八进制数之间的转换。

①二进制数转换为十六进制数。

将二进制数转换为十六进制数的步骤如下。

步骤 1：二进制数从小数点开始，整数部分向左、小数部分向右，每 4 位分成 1 节。

步骤 2：整数部分最高位不足 4 位或小数部分最低位不足 4 位时补“0”。

步骤 3：将每节 4 位二进制数依次转换成 1 位十六进制数，再把这些十六进制数连接起来即可。

将二进制数$(10111100101.00011001101)_2$转换为十六进制数的步骤如表2.6所示。

表2.6　将二进制数转换为十六进制数的步骤

二进制数	0101	1110	0101	.	0001	1001	1010
十六进制数	5	E	5	.	1	9	A

十六进制数按顺序连接，即$(5E5.19A)_{16}$

同理，将二进制数转换为八进制数，只要将二进制数按每3位为1节划分，并分别转换为1位八进制数即可。

②十六进制数转换为二进制数。

将十六进制数转换为二进制数，就是对每1位十六进制数，用与其等值的4位二进制数代替。将十六进制数$(1AC0.6D)_{16}$转换为二进制数的步骤如表2.7所示。

表2.7　将十六进制数转换为二进制数的步骤

十六进制数	1	A	C	0	.	6	D
二进制数	0001	1010	1100	0000	.	0110	1101

二进制数按顺序连接，即$(0001101011000000.01101101)_2$

同理，将八进制数转换为二进制数，只需分别将每1位八进制数转换为3位二进制数即可。

3. 无符号数和带符号数

在计算机中，采用数字化方式来表示数据，数据有无符号数和带符号数之分。

(1)无符号数。

无符号数是指整个机器字长的全部二进制位均表示数值位（没有符号位），相当于数的绝对值。字长为n的无符号数的表示范围为$0\sim2^n-1$。若机器字长为8位，则数的表示范围为$0\sim2^8-1$，即$0\sim255$。

(2)带符号数。

日常生活中，把带有"+"或"-"符号的数称为真值。在机器中，数的"+""-"是无法识别的，因此需要把符号数字化。通常，约定二进制数的最高位为符号位，0表示正号，1表示负号。这种把符号数字化的数称为机器数。常见的机器数有原码、反码、补码及移码等不同的表示形式。

- 原码。原码是机器数中最简单的一种表示形式，符号位为0表示正数，符号位为1表示负数，数值位即真值的绝对值。用原码实现乘除运算的规则很简单，但实现加减运算的规则很复杂。
- 反码。正数的反码与原码相同；负数的反码是对该数的原码除符号位外的各位取反（将0变为1，将1变为0）。
- 补码。正数的补码与原码相同；负数的补码是在该数的反码的最低位（最右边一位）加1。
- 移码。一个真值的移码和补码只差一个符号位，若将补码的符号位由0改为1，或由1改为0，即可得到该真值的移码。

4. 机器数的定点表示和浮点表示

根据小数点的位置是否固定，计算机中有两种方法表示小数点，即定点表示和浮点表示。定点表示的机器数称为定点数，浮点表示的机器数称为浮点数。

(1)定点表示。

定点表示，即约定机器数中的小数点位置是固定不变的，小数点不再使用"."表示，而是约定它的位置。在计算机中通常采用两种简单的约定：将小数点的位置固定在最高位之前、符号位之后，或固定在最低位之后。一般常称前者为定点小数（纯小数），后者为定点整数（纯整数）。

除了加、减、乘、除外，定点数的运算还有移位运算。根据操作对象的不同，移位运算分为算术移位（带符号数的移位）和逻辑移位（无符号数的移位）。

(2)浮点表示。

计算机中处理的数不一定是纯小数或纯整数（如圆周率约为3.1416），而且在运算中常常会遇到非常大（如太阳的质量约2×10^{33}g）或非常小（如电子的质量约9×10^{-28}g）的数值，它们用定点表示非常不方便，但可以用浮点表示。

浮点数是指小数点位置可浮动的数据。例如，$679.32=6.7932\times10^2=6793.2\times10^{-1}=0.67932\times10^3$。

通常，浮点数被表示成

$$N=S\times R^j$$

其中，N为浮点数，S为其尾数，j为其阶码，R是浮点数阶码的底（隐含，在机器数中不出现）。通常$R=2$，j和S都是带符号的定点数。可见，浮点数由阶码和尾数两部分组成，如图2.3所示。

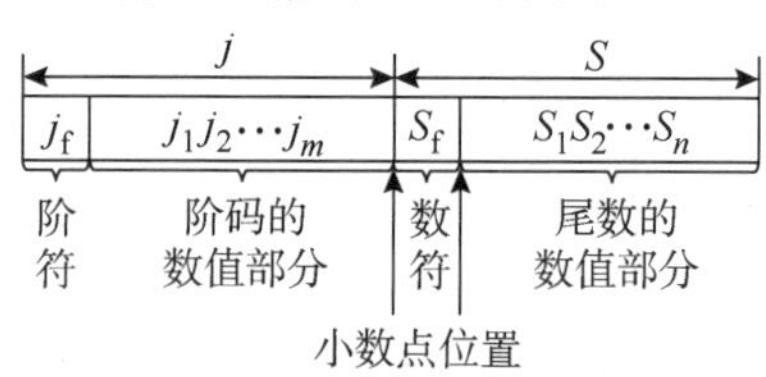

图2.3　浮点数的表示形式

阶码是整数，阶符j_f和阶码的位数m共同反映浮点数的表示范围和小数点的实际位置；数符S_f反映浮点数的正/负；尾数的位数n反映浮点数的精度。

为了提高运算的精度，浮点数的尾数必须为规格化数(即尾数的最高位必须是一个有效值)。如果不是规格化数,需要修改阶码并左/右移尾数,使其变成规格化数。将非规格化数转换为规格化数的过程称为规格化操作。例如,二进制数0.0001101可以表示为0.001101×2^{-01}、0.01101×2^{-10}、0.1101×2^{-11}……而其中只有0.1101×2^{-11}是规格化数。

现代计算机中,浮点数一般采用 IEEE 754 标准。IEEE 754 标准浮点数的格式如图 2.4 所示。

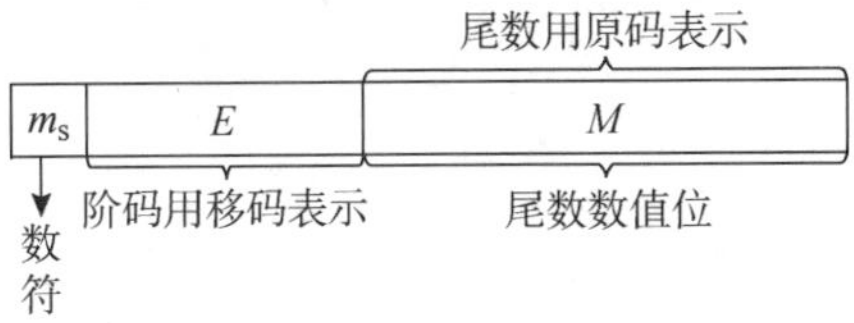

图 2.4　IEEE 754 标准浮点数的格式

这一标准规定常用的浮点数格式有 3 种:短浮点数(单精度,即 float 型)、长浮点数(双精度,即 double 型)和临时浮点数,如表 2.8 所示。除临时浮点数外,短浮点数和长浮点数的尾数用隐藏位的原码表示,阶码用移码表示。

表 2.8　IEEE 754 标准规定常用的浮点数格式

类型	数符	阶码	尾数数值	总位数	偏置值	
					十六进制	十进制
短浮点数	1	8	23	32	7FH	127
长浮点数	1	11	52	64	3FFH	1023
临时浮点数	1	15	64	80	3FFFH	16383

以短浮点数为例,最高位为数符位;其后是 8 位阶码,以 2 为底,用移码表示,阶码的偏置值为$2^{8-1}-1=127$;其后 23 位是原码表示的尾数数值位。对于规格化的二进制浮点数,数值的最高位总是“1”,为了能使尾数多表示一位有效位,将这个“1”隐藏,因此尾数数值实际是 24 位。隐藏的“1”是一位整数。在浮点数格式中表示的 23 位尾数是纯小数。例如,$(12)_{10}=(1100)_2$,将它规格化后结果为1.1×2^3,其中整数部分的 1 将不存储在 23 位尾数内。

【考点 4】　操作系统

1. 操作系统概述

(1)操作系统的功能与任务。

操作系统是现代计算机中最基本和最核心的系统软件之一,所有其他的软件都依赖于操作系统的支持。

操作系统是配置在计算机硬件上的第 1 层软件,是对硬件系统的首次扩充。其主要作用是管理硬件设备,提高它们的利用率和系统的吞吐量,并为用户和软件提供一个简单的接口,便于用户使用。

如果把操作系统看成计算机系统资源的管理者,则操作系统的任务及其功能主要有以下 5 个方面。

- 处理器(CPU)管理:对进程进行管理。其主要功能有创建和撤销进程,对多个进程的运行进行协调,实现进程之间的信息交换,以及按照一定的算法把处理器分配给进程等。
- 存储器管理:为多道程序的运行提供良好的环境,提高存储器的利用率,方便用户使用,并能从逻辑上扩充内存。因此,存储器管理应具有内存分配和回收、内存保护、地址映射及内存扩充等功能。
- 设备管理:完成用户进程提出的 I/O 请求,为用户进程分配所需的 I/O 设备,并完成指定的 I/O 操作;提高 CPU 和 I/O 设备的利用率,提高 I/O 速度,方便用户使用 I/O 设备。因此,设备管理应具有缓冲管理、设备分配、设备处理以及虚拟设备等功能。
- 文件管理:对用户文件和系统文件进行管理以方便用户使用,并保证文件的安全性。因此,文件管理应具有文件存储空间管理、目录管理、文件的读/写管理以及文件的共享与保护等功能。
- 提供用户接口:为了方便用户使用计算机和操作系统,操作系统向用户提供了“用户和操作系统的接口”。

(2)操作系统的发展。

操作系统经历了如下的发展过程:手工操作(无操作系统)、批处理系统、多道程序系统、分时操作系统、实时操作系统、个人计算机操作系统。

(3)操作系统的分类。

根据使用环境和对作业处理方式的不同,操作系统分为多道批处理操作系统、分时操作系统、实时操作系统、网络操作系统、分布式操作系统、嵌入式操作系统等。

2. 进程管理

(1)程序的并发执行。

程序只有经过执行才能得到结果。程序的执行分为顺序执行和并发执行。

一个具有独立功能的程序独占处理器直至执行结束的过程称为程序的顺序执行。顺序执行具有顺序性、封闭性及可再现性等特点。

程序顺序执行时,虽然可以给程序员带来方便,但系统资源的利用率很低。为此,在系统中引入了多道程序技术,使程序或程序段间能并发执行。程序的并发执行是指一组在逻辑上互相独立的程序或程序段在执行过程中,其执行时间在客观上互相重叠,即一个程序段的执行尚未结束,另一个程序段的执行已经开始的执行方式。

并发程序在执行过程中有以下几个特点。

- 失去了封闭性。
- 不可再现性。
- 间断性,即程序之间可以互相制约。

并发程序具有并行性和共享性,而顺序程序则以顺序性和封闭性为基本特征。

(2)进程的基本概念。

进程是指一个具有一定独立功能的程序关于某个数据集合的一次运行活动。简单地说,进程是指可以并发执行的程序的执行过程。

进程与程序有关,但它与程序又有本质的区别,主要反映在以下几个方面。

- 进程是程序在处理器上的一次执行过程,它是动态的概念。程序只是一组指令的有序集合,其本身没有任何运行的含义,是一个静态的概念。
- 进程具有一定的生命周期,它能够动态地产生和消亡。程序可以作为一种软件资源长期保存,它的存在是“永久”的。
- 进程包括程序和数据,还包括记录进程相关信息的进程控制块。
- 一个程序可能对应多个进程。
- 一个进程可以包含多个程序。

(3)进程的状态及其转换。

进程从创建、产生、撤销至消亡的整个生命周期,有时占有处理器并运行,有时虽可运行但不占有处理器,有时虽有空闲处理器但因等待某个事件发生而无法运行,这说明进程是活动的且有状态变化。一般来说,一个进程的活动情况至少可以划分为以下5种基本状态。

- 创建状态:进程正在创建过程中,尚不能运行的状态。
- 就绪状态:进程具备运行条件,等待系统分配处理器以便运行的状态。
- 运行状态:进程占有处理器,正在运行的状态。
- 等待状态:又称阻塞状态或睡眠状态,指进程不具备运行条件,正在等待某个事件完成的状态。
- 终止状态:进程运行结束的状态。

处于运行状态的进程个数不能大于处理器个数,处于就绪状态和等待状态的进程可以有多个。进程的几种基本状态之间在一定的条件下是可以互相转换的。图2.5表示了进程的5种基本状态之间在一定条件下的转换。

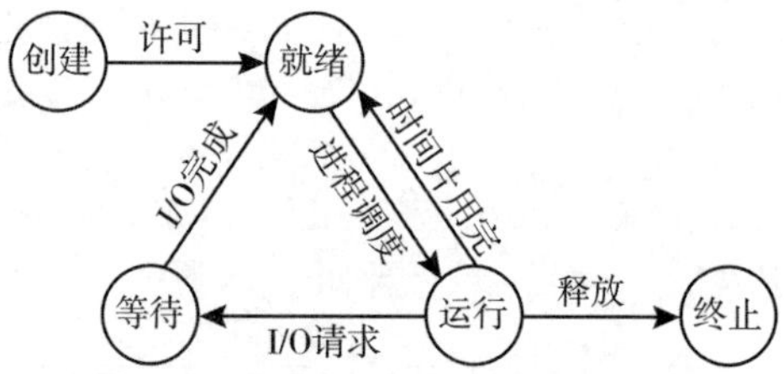

图2.5　进程的5种基本状态的转换

(4)进程控制块。

每个进程有且仅有一个进程控制块(Process Control Block,PCB)。它是进程存在的唯一标识,是操作系统用来记录和刻画进程状态及环境信息的数据结构,是进程动态特征的汇集,也是操作系统掌握进程的唯一资料结构和管理进程的主要依据。PCB包括进程运行时的状态,以及进程让出处理器之后所处的状态、断点等信息。

PCB中通常应包括以下基本内容。

- 进程名:唯一标识,对应进程的一个标识符或数字,系统根据该标识符来识别一个进程。
- 特征信息:反映该进程是不是系统进程等信息。
- 执行状态信息:反映对应进程当前的状态。
- 通信信息:反映该进程与其他进程之间的通信关系。
- 调度优先数:用于分配处理器时参考的一种信息,它决定了在所有就绪的进程中,究竟哪一个进程先得到处理器。
- 现场信息:在对应进程放弃处理器时,将处理器的一些现场信息(如指令计数器值、各寄存器值等)保留在该进程的PCB中。当下次进程恢复运行时,只要按保存值重新装配即可继续运行。
- 系统栈:主要反映对应进程在执行时的一条嵌套调用路径上的历史。
- 进程映像信息:用以说明该进程的程序和数据存储情况。
- 资源占有信息:指明对应进程所占有的外设种类、设备号等。
- 族关系:反映该进程与其他进程间的隶属关系。

除此之外,PCB中还包含文件信息、工作单元等内容。

(5)进程的组织。

进程的物理组织方式通常有线性方式、链接方式及索引方式。

• 线性方式：先将系统中所有的 PCB 都组织在一个线性表中，再将该表的首地址存放在内存的一个专用区域中。该方式实现简单、开销小，但每次查找时都需要扫描整个表，因此适合进程数目不多的系统。

• 链接方式：把具有相同状态进程的 PCB 通过 PCB 中的链接字链接成一个队列，这样可以形成一个就绪队列、若干个阻塞队列及空白队列等。在就绪队列中，往往按进程的优先级将 PCB 从高到低进行排列，将优先级高的进程的 PCB 排在队列的前面。

• 索引方式：系统根据所有进程的不同状态，建立几个索引表，如就绪索引表、阻塞索引表等，并把各索引表在内存中的首地址记录在内存的一些专用单元中。在每个索引表的表目中，记录具有相应状态的某个 PCB 在表中的地址。

（6）进程调度。

进程调度是指按一定策略动态地把 CPU 分配给处于就绪队列中的某一进程并使之运行的过程。进程调度亦可称为处理器调度或低级调度，相应的进程调度程序可称为分配程序或低级调度程序。进程调度仅负责对 CPU 进行分配。

进程调度方式有抢占方式和非抢占方式。抢占方式指就绪队列中一旦有优先级高于当前正在运行的进程出现时，系统便立即把 CPU 分配给高优先级的进程，并保存被抢占了 CPU 的进程的有关状态信息，以便以后恢复。而对于非抢占方式，一旦 CPU 分配给了某进程，即使就绪队列中出现了优先级比它高的进程，高优先级进程也不能抢占当前正在运行进程的 CPU。

基本的进程调度算法有先来先服务调度算法、时间片轮转调度算法、优先级调度算法等。

（7）其他概念。

• 线程。线程是比进程更小的能独立运行的基本单位，用它来提高程序的并行程度，减少系统开销，可进一步提高系统的吞吐量。

• 死锁。各进程互相独立地动态获得，并不断申请和释放系统中的软硬件资源，这就有可能使系统中若干个进程均因互相“无知地”等待对方所占有的资源而无限地等待，这种状态称为死锁。

3. 存储管理

存储管理是操作系统的重要组成部分，管理的主要对象是内存。操作系统的主要任务之一是尽可能方便用户使用和提高内存利用率。此外，有效的存储管理也是多道程序设计技术的关键支撑。

（1）存储管理的功能。

• 地址变换。

• 内存分配。

• 存储共享与保护。

• 存储器扩充。

（2）地址重定位。

地址变换：当用户程序进入内存执行时，必须把用户程序中的所有相对地址（逻辑地址）转换成内存中的实际地址（物理地址）。

地址重定位：在进行地址转换时，必须修改程序中所有与地址有关的项，也就是要对程序中的指令地址以及指令中有关地址的部分（有效地址）进行调整。

地址重定位建立用户程序的逻辑地址与物理地址之间的对应关系，实现方式包括静态地址重定位和动态地址重定位。

• 静态地址重定位是在程序执行之前将操作系统的重定位装入程序，程序必须占用连续的内存空间，且一旦装入内存后，程序便不再移动。

• 动态地址重定位则在程序执行期间进行，由专门的硬件机构来完成，通常采用一个重定位寄存器，在每次进行存储访问时，将取出的逻辑地址加上重定位寄存器的内容形成物理地址。

动态地址重定位的优点是不要求程序装入固定的内存空间，在内存中允许程序再次移动位置，而且可以部分地装入程序运行，同时也便于多个作业共享同一程序的副本。动态地址重定位技术被广泛采用。

（3）存储管理技术。

①连续存储管理。

基本特点：内存空间被划分成一个个分区，一个作业占一个分区，即系统和用户作业都以分区为单位享用内存。

在连续存储管理中，地址重定位采用静态地址重定位，分区的存储保护可采用上、下界寄存器保护方式。

分区分配方式分为固定分区和可变分区。固定分区存储管理的优点是简单，要求的硬件支持少；缺点是容易产生内部碎片。可变分区存储管理避免了固定分区存储管理中每个分区都可能有剩余空间的情况，但由于它的空闲区域仍是离散的，因此会出现外部碎片。

②分页式存储管理。

在分页式存储管理中，当作业提出存储分配请求时，系统首先根据存储块大小把作业分成若干页，每一页可存储在内存的任意一个空白块内。这样，只要建立起程序的逻辑页和内存的存储块之间的对应关系，借助动态地址重定位技术，分散在不连续物理存储块中的用户作业就能够正常运行。

分页式存储管理的优点是能有效解决碎片问题，内存利用率高，内存分配与回收算法也比较简单；缺点是采用动态地址变换机构增加了硬件成本，也降低了处理器的运行速度。

③分段式存储管理。

在分段式存储管理中，作业的逻辑地址空间由若干个逻辑段组成，每一段是一组逻辑意义完整的信息集合，并有自己的名字(段名)。每一段都是以 0 开始的、连续的一维地址空间，整个作业则构成了二维地址空间。

分段式存储管理是以段为基本单位来分配内存的，且每一段必须分配连续的内存空间，但各段之间不要求连续。由于各段的长度不一样，因此分配的内存空间大小也不一样。

分段式存储管理较好地解决了程序和数据的共享以及程序动态链接等问题。与分页式存储管理一样，分段式存储管理采用动态地址重定位技术来进行地址转换。分页式存储管理的优点体现在内存空间的管理上，而分段式存储管理的优点体现在地址空间的管理上。

④段页式存储管理。

段页式存储管理是分页和分段两种存储管理方式的结合，它同时具备两者的优点。

段页式存储管理是目前使用较多的一种存储管理方式，它有如下特点。

- 将作业的逻辑地址空间分成若干个逻辑段，每段都有自己的段名。
- 每段再分成若干大小固定的页，每段都从 0 开始为自己的各页依次编写连续的页号。
- 对内存空间的管理仍然和分页式存储管理一样，将其分成若干个与页面大小相同的物理块，对内存空间的分配是以物理块为单位的。
- 作业的逻辑地址包括 3 个部分：段号、段内页号及页内位移。

⑤虚拟存储器管理。

连续存储管理和分页分段式存储管理技术必须为作业分配足够的内存空间，可装入其全部信息，否则作业将无法运行。把作业的全部信息装入内存后，实际上并非同时使用这些信息，有些部分运行一次，有些部分暂时不用或在某种条件下才使用。让作业全部信息驻留于内存是对内存资源的极大浪费，会降低内存利用率。

虚拟存储器管理技术的基本思路是把内存扩大到大容量外存上，把外存空间当作内存的一部分，作业运行过程中可以只让当前用到的信息进入内存，其他当前未用的信息留在外存；而当作业进一步运行，需要用到外存中的信息时，再把已经用过但暂时还不会用到的信息换到外存，把当前要用的信息换到已空出的内存中，从而给用户提供一个比实际内存空间大得多的地址空间。这种大容量的地址空间并不是真实的存储空间，而是虚拟的，因此，这样的存储器称为虚拟存储器。

虚拟存储器管理主要采用请求分页式存储管理、请求分段式存储管理及请求段页式存储管理技术实现。

4. 文件管理

在操作系统中，无论是用户数据，还是计算机系统程序和应用程序，甚至各种外设，都是以文件形式提供给用户的。文件管理就是对用户文件和系统文件进行管理，以方便用户使用，并保证文件的安全性，提高外存空间的利用率。

(1) 文件与文件系统的概念。

文件是指一组带标识(文件名)的、具有完整逻辑意义的相关信息的集合。用户作业、源程序、目标程序、初始数据、输出结果、汇编程序、编译程序、连接装配程序、编辑程序、调试程序及诊断程序等，都是以文件的形式存在的。

各个操作系统的文件命名规则略有不同，文件名的格式和长度也因系统而异。一般来说，文件名由文件名和扩展名两部分组成，前者用于识别文件，后者用于区分文件类型，中间用"."分隔开。

操作系统中与管理文件有关的软件和数据称为文件系统。它负责为用户建立、撤销、读/写、修改及复制文件，还负责完成对文件的按名称存取以及进行存取控制。常用的、具有代表性的文件系统有 EXT2/4、NFS、HPFS、FAT、NTFS 等。

(2) 文件类型。

文件依据不同标准可以有多种类型，如表 2.9 所示。

表 2.9　文件类型

划分标准	文件类型
按用途划分	系统文件、库文件、用户文件
按性质划分	普通文件、目录文件、特殊文件
按保护级别划分	只读文件、读写文件、可执行文件、不保护文件
按文件数据的形式划分	源文件、目标文件、可执行文件

(3)文件系统模型。

文件系统的传统模型为层次模型,该模型由许多不同的层组成。每一层都会使用下一层的功能来创建新的功能,为上一层服务。层次模型比较适合支持单个文件系统。

(4)文件的组织结构。

①文件的逻辑结构。

文件的逻辑结构是用户可见结构。根据有无逻辑结构,文件可分为记录式文件和流式文件。

在记录式文件中,每个记录都用于描述实体集中的一个实体。各个记录有着相同或不同数目的数据项,记录的长度可分为定长和不定长两类。

流式文件内的数据不再组成记录,只是一串有顺序的信息集合(有序字符流)。这种文件的长度以字节为单位。可以把流式文件看作记录式文件的一个特例:一个记录仅有一个字节。

②文件的物理结构。

文件按不同的组织方式在外存上存放,就会得到不同的物理结构。文件的物理结构有时也称为文件的存储结构。

文件在外存上有连续存放、链接块存放及索引表存放这 3 种不同的存放方式,其对应的存储结构分别为顺序结构、链接结构及索引结构。

(5)文件目录管理。

①文件目录的概念。

为了能对一个文件进行正确的存取,必须为文件设置用于描述和控制文件的数据结构,称为文件控制块(File Control Block,FCB)。FCB 一般应包括以下内容。

- 有关文件存取控制的信息:文件名、用户名、文件主存取权限、授权者存取权限、文件类型及文件属性等。
- 有关文件结构的信息:记录类型、记录个数、记录长度、文件所在设备名及文件的物理结构类型等。
- 有关文件使用的信息:已打开文件的进程数、文件被修改的情况、文件最大长度及文件当前大小等。
- 有关文件管理的信息:文件建立日期、最近修改日期及最后访问日期等。

文件与 FCB 一一对应,而人们把多个 FCB 的有序集合称为文件目录,即一个 FCB 就是一个文件目录项。通常,一个文件目录也被看作一个文件,可称为目录文件。

对文件目录的管理就是对 FCB 的管理。对文件目录的管理除了要解决存储空间的有效利用问题外,还要解决快速搜索、文件命名冲突以及文件共享等问题。

②文件目录的结构。

文件目录根据不同结构可分为单级目录、二级目录、多层级目录、无环图结构目录及图状结构目录等。

- 单级目录的优点是简单,缺点是查找速度慢,不允许重名,不便于实现文件共享。
- 二级目录提高了检索目录的速度;在不同的用户目录中,可以使用相同的文件名;不同用户还可以使用不同的文件名访问系统中的同一个共享文件。但对同一用户目录,不能有两个同名的文件存在。
- 多层级目录也叫树结构目录,既可以方便用户查找文件,又可以把不同类型和不同用途的文件分类;允许文件重名,不仅不同用户目录可以使用相同名称的文件,同一用户目录也可以使用相同名称的文件;利用多级层次结构关系,可以更方便地设置文件的存取权限,有利于文件的保护。其缺点为不能直接支持文件或目录的共享等。
- 为了使文件或目录可以被不同的目录所共享,出现了结构更复杂的无环图结构目录和图状结构目录等。

③存取权限。

存取权限可以通过建立访问控制表和存取权限表来实现。

大型文件系统主要采用两个措施来进行安全性保护:一是对文件和目录进行权限设置;二是对文件和目录进行加密。

(6)文件存储空间管理。

文件存储空间管理是文件系统的重要任务之一。文件存储空间管理实质上是空闲块管理问题,它包括空闲块的组织、空闲块的分配及空闲块的回收等问题。

空闲块管理方法主要有空闲文件项、空闲区表、空闲块链、位示图、空闲块成组链接法(UNIX 操作系统中)等。

5. I/O 设备管理

I/O 设备类型繁多,差异又非常大,因此 I/O 设备管理是操作系统中最庞杂的部分之一。

(1)I/O 软件的层次结构。

I/O 软件的设计目标是将 I/O 软件组织成一种层次结构,每次都是利用其下层提供的服务,完成 I/O 功能中的某些子功能,并屏蔽这些功能实现的细节,向上层提供服务。

通常把I/O软件组织成4个层次,如图2.6所示,图中的箭头表示I/O的控制流。各层次功能如下。

• 用户层软件:用于实现与用户交互的接口,用户可直接调用该层所提供的、与I/O操作有关的库函数对设备进行操作。

• 设备独立性软件:用于实现用户程序与设备驱动器的统一接口、设备命名、设备的保护以及设备的分配与释放等,同时为设备管理和数据传送提供必要的存储空间。

• 设备驱动程序:与硬件直接相关,用于具体实现系统对设备发出的操作指令,驱动I/O设备工作。

• 中断处理程序:用于保持被中断进程的CPU环境,转入相应的中断处理程序进行处理,处理完毕再恢复被中断进程的现场,并返回到被中断进程。

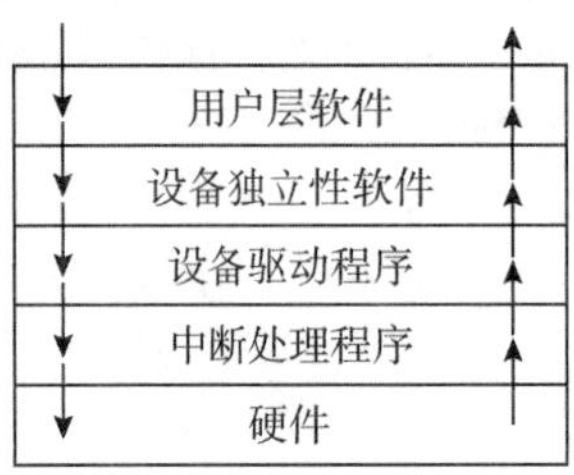

图2.6　I/O软件的层次结构

(2)中断处理程序。

当一个进程请求I/O操作时,该进程将被"挂起",直到I/O设备完成I/O操作后,设备控制器向CPU发送一个中断请求,CPU响应后便转向中断处理程序。中断处理过程如下。

• CPU检查响应中断的条件是否满足。

• 如果条件满足,CPU响应中断,则CPU关中断,使其进入不可再次响应中断的状态。

• 保存被中断进程的CPU环境。

• 分析中断原因,调用中断处理子程序。

• 执行中断处理子程序。

• 退出中断,恢复被中断进程的CPU现场或调度新进程占用CPU。

• 开中断,CPU继续执行。

I/O操作完成后,驱动程序必须检查本次I/O操作中是否发生了错误,并向上层软件报告,最终向调用者报告本次I/O的执行情况。

(3)设备驱动程序。

设备驱动程序是驱动物理设备和DMA控制器或I/O控制器等直接进行I/O操作的子程序的集合。它负责启动I/O设备进行I/O操作,指定操作的类型和数据流向等。设备驱动程序有如下功能。

• 接收由设备独立性软件发来的命令和参数,并将命令中的抽象要求转换为与设备相关的低层次操作序列。

• 检查用户I/O请求的合法性,了解I/O设备的工作状态,传递与I/O设备操作有关的参数,设置设备的工作方式。

• 发出I/O命令,如果设备空闲,便立即启动I/O设备,完成指定的I/O操作;如果设备忙碌,则将请求者的请求块"挂在"设备队列上等待。

• 及时响应由设备控制器发来的中断请求,并根据其中断类型,调用相应的中断处理程序进行处理。

(4)设备独立性软件。

为了实现设备独立性,必须在设备驱动程序之上设置一层软件,该软件称为与设备无关的I/O软件,或设备独立性软件。其主要功能:①向用户层软件提供统一接口;②设备命名;③设备保护;④提供一个独立于设备的块;⑤缓冲技术;⑥设备分配和状态跟踪;⑦错误处理和报告等。

(5)用户层软件。

用户层软件是I/O软件层次结构的最上层,它面向用户,负责与用户和设备无关的I/O软件通信。当接收到用户的I/O指令后,该层会把具体的请求发送到与设备无关的I/O软件进行进一步处理。它主要包含用于I/O操作的库函数和SPOOLing系统。此外,用户层软件还会用到缓冲技术。

(6)设备的分配与回收。

由于设备、控制器及通道资源的有限性,因此不是每一个进程随时随地都能得到这些资源。进程必须首先向设备管理程序提出资源申请,然后由设备分配程序根据相应的分配算法为进程分配资源。如果申请进程得不到它所申请的资源,将被放入资源等待队列中等待,直到所需要的资源被释放。如果进程得到了它所需要的资源,就可以使用该资源完成相关的操作,使用完之后通知系统,系统将及时回收这些资源,以便其他进程使用。

2.1.2　数据结构与算法

【考点1】　什么是算法

1. 算法及其基本特征

算法是指对解题方案准确而完整的描述。简单地说,算法就是解决问题的操作步骤。

算法不等于数学上的计算方法,也不等于程序。程序可以描述算法。

算法的基本特征如下。

(1)可行性:步骤可以实现,执行结果达到预期目的。

(2)确定性:步骤明确,不模棱两可,不允许有多义性。

(3)有穷性:有限的时间内完成。

(4)拥有足够的情报:当拥有足够的输入信息和初始化信息时,算法才是有效的;当提供的情报不够时,算法可能无效。

2. 算法复杂度

算法复杂度用来衡量算法的优劣,它包括算法的时间复杂度和算法的空间复杂度。

(1)算法的时间复杂度。

算法的时间复杂度是指执行算法所需要的计算工作量。

算法的时间复杂度不等于算法程序执行的具体时间。算法程序执行的具体时间受到所使用的计算机、程序设计语言,以及算法实现过程中的许多细节的影响,而算法的时间复杂度与这些因素无关。

算法所需要的计算工作量是用算法所执行的基本运算次数来度量的。算法所执行的基本运算次数与问题的规模有关。

当具体分析一个算法的工作量时,在同一个问题规模下,算法所执行的基本运算次数还可能与特定的输入有关,即输入不同时,算法所执行的基本运算次数不同。

(2)算法的空间复杂度。

算法的空间复杂度是指执行这个算法所需要的存储空间。

执行算法所需要的存储空间包括3个部分:输入数据所占的存储空间,程序本身所占的存储空间,算法执行过程中所需要的额外空间。其中,额外空间包括算法执行过程中的工作单元,以及某种数据结构所需要的附加存储空间。如果额外空间量相对于问题规模(输入数据所占的存储空间)来说是常数,即额外空间量不随问题规模的变化而变化,则称该算法是原地(in place)工作的。

为了降低算法的空间复杂度,主要应减少输入数据所占的存储空间和算法执行过程中所需要的额外空间,通常采用压缩存储技术来实现。

【考点2】　数据结构的基本概念

1. 什么是数据结构

数据结构是指相互有关联的数据元素的集合。它包含两个要素,即"数据"和"结构"。

数据是需要处理的数据元素的集合。一般来说,这些数据元素具有某个共同的特征。如早餐、午餐、晚餐这3个数据元素有一个共同的特征,即它们都是一日三餐的名称,从而构成了"一日三餐"的集合。

所谓"结构",就是关系,是集合中各个数据元素之间存在的某种关系(或联系)。在数据处理领域中,通常把数据元素两两之间的关系用前件/后件关系(或直接前驱/直接后继关系)来描述。如当考虑一日三餐的时间顺序关系时,"早餐"是"午餐"的前件(或直接前驱),而"午餐"是"早餐"的后件(或直接后继);同样,"午餐"是"晚餐"的前件,"晚餐"是"午餐"的后件。

数据结构分为数据的逻辑结构和数据的存储结构。数据的逻辑结构是指反映数据元素之间逻辑关系(前件/后件关系)的数据结构。数据的存储结构又称为数据的物理结构,是指数据的逻辑结构在计算机存储空间中的存放方式。

2. 数据结构的表示

数据的逻辑结构的数学形式定义——数据结构是一个二元组:

$$B=(D,R)$$

其中,B表示数据结构;D是数据元素的集合;R是D上关系的集合,它反映了D中各数据元素之间的前件/后件关系。前件/后件关系也可以用一个二元组来表示。

如果把一日三餐看作数据结构,则可表示成

$B=(D,R)$

$D=\{$早餐,午餐,晚餐$\}$

$R=\{$(早餐,午餐),(午餐,晚餐)$\}$

如果把部队军职看作数据结构,则可表示成

$B=(D,R)$

$D=\{$连长,排长,班长,士兵$\}$

$R=\{$(连长,排长),(排长,班长),(班长,士兵)$\}$

除了用二元组表示外,一个数据结构还可以用图形来表示。用中间标有元素值的方框表示的数据元素,一般称为数据节点,简称节点。对于每一个二元组,用一条有向线段从前件指向后件。

一日三餐的数据结构如图2.7(a)所示,部队军职的数据结构如图2.7(b)所示。

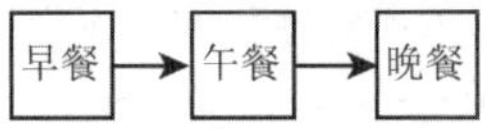

(a) 一日三餐的数据结构

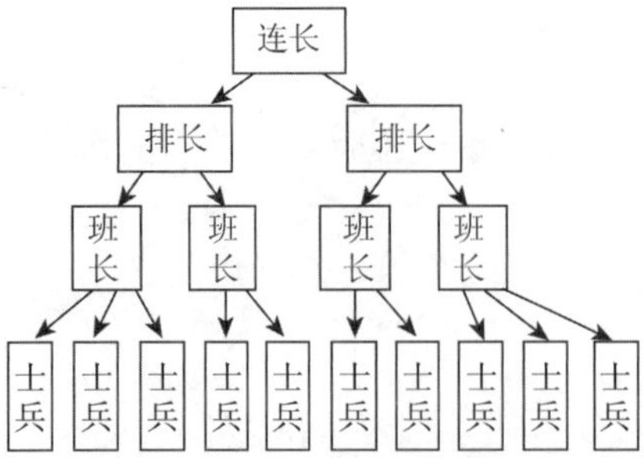

(b) 部队军职的数据结构

图 2.7　数据结构的图形表示

由前件/后件关系引出 3 类节点的基本概念，如表2.10所示。

表 2.10　3 类节点的基本概念

基本概念	含义	例子
根节点	数据结构中，没有前件的节点	在图 2.7(a) 中，“早餐”是根节点；在图 2.7(b) 中，“连长”是根节点
终端节点（或叶子节点）	数据结构中，没有后件的节点	在图 2.7(a) 中，“晚餐”是终端节点；在图 2.7(b) 中，“士兵”是终端节点
内部节点	数据结构中，除了根节点和终端节点以外的节点	在图 2.7(a) 中，“午餐”是内部节点；在图 2.7(b) 中，“排长”和“班长”是内部节点

3. 线性结构与非线性结构

根据数据结构中各数据元素之间前件/后件关系的复杂程度，一般将数据结构划分为两大类型，即线性结构和非线性结构，如表 2.11 所示。

表 2.11　线性结构和非线性结构

类型	含义	例子
线性结构	一个非空的数据结构如果满足以下两个条件就称为线性结构： • 有且只有一个根节点； • 每一个节点最多有一个前件，也最多有一个后件	图 2.7(a) 所示的一日三餐的数据结构
非线性结构	不满足以上两个条件的数据结构就称为非线性结构，非线性结构主要是指树形结构和网状结构	图 2.7(b) 所示的部队军职的数据结构

如果一个数据结构中没有数据元素，则称该数据结构为空的数据结构。在只有一个数据元素的数据结构中，删除该数据元素，就得到一个空的数据结构。

【考点 3】　线性表及其顺序存储结构

1. 线性表的基本概念

数据结构中，线性结构习惯称为线性表。线性表是最简单也是最常用的一种数据结构。

线性表是由 $n(n\geqslant 0)$ 个数据元素构成的有限序列。表中除第一个元素外，每一个元素有且只有一个前件；除最后一个元素外，每一个元素有且只有一个后件。

线性表要么是空表，要么可以表示为

$$(a_1, a_2, \cdots, a_i, \cdots, a_n)$$

其中，$a_i(i=1,2,\cdots,n)$ 是线性表的数据元素，也称为线性表的一个节点。同一线性表中的数据元素必定具有相同的特性，即属于同一数据对象。数组、矩阵、向量等都是线性表。

非空线性表具有以下结构特征。

- 只有一个根节点，即节点 a_1，它无前件。
- 有且只有一个终端节点，即节点 a_n，它无后件。
- 除根节点与终端节点外，其他所有节点有且只有一个前件，并有且只有一个后件。

节点个数 n 称为线性表的长度，当 $n=0$ 时，称为空表。

2. 线性表的顺序存储结构

通常，线性表可以采用顺序存储和链式存储两种存储结构。

顺序存储结构是存储线性表最简单的存储结构之一，具体做法是将线性表中的元素一个接一个地存储在一片相邻的存储区域中。这种顺序存储的线性表也被称为顺序表。

顺序表具有以下两个基本特征。

- 线性表中所有数据元素所占的存储空间是连续的。
- 线性表中各数据元素在存储空间中是按逻辑顺序依次存放的。

在顺序表中，其前件、后件两个元素在存储空间中是紧邻的，且前件元素一定存储在后件元素的前面。

【考点 4】　栈和队列

1. 栈及其基本运算

（1）栈的定义。

栈(stack)是一种特殊的线性表,它所有的插入与删除都限定在表的同一端进行,允许插入与删除的一端称为栈顶,不允许插入与删除的一端称为栈底。当栈中没有元素时,称为空栈。

（2）栈的运算。

栈的修改原则是“后进先出”或“先进后出”。

通常用指针 top 来指示栈顶的位置,用指针 bottom 来指示栈底。栈顶指针 top 反映了栈不断变化的状态。

假设栈 $S=(a_1,a_2,\cdots,a_n)$,则称 a_1 为栈底元素,a_n 为栈顶元素。栈中元素按 $a_1,a_2,\cdots,a_n$ 的次序进栈,退栈的第一个元素应为栈顶元素 a_n。图 2.8 所示为栈结构和入栈、退栈示意。

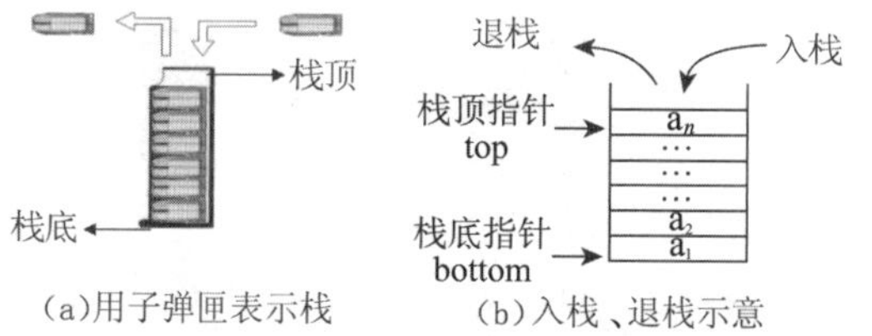

图 2.8　栈结构和入栈、退栈示意

栈的基本运算有 3 种:入栈、退栈及读栈顶元素。

栈和一般线性表的存储方法类似,通常也可以采用顺序存储和链式存储。

2. 队列及其基本运算

（1）队列的定义。

队列(queue)是指允许在一端进行插入,而在另一端进行删除的线性表。允许进行删除运算的一端称为队头(排头),允许进行插入运算的一端称为队尾。若有队列:

$$Q=(q_1,q_2,\cdots,q_n)$$

那么,q_1 为队头元素(排头元素),q_n 为队尾元素。队列中的元素是按照 $q_1,q_2,\cdots,q_n$ 的顺序进入的,退出队列时也只能按照这个次序依次退出。与栈相反,队列又称为“先进先出”或“后进后出”的线性表。

（2）队列的运算。

可以用顺序存储的线性表来表示队列。为了指示当前执行退队运算的队头位置,需要一个队头指针(排头指针)front;为了指示当前执行入队运算的队尾位置,需要一个队尾指针 rear。队头指针 front 总是指向队头元素的前一个位置,而队尾指针 rear 总是指向队尾元素。队尾指针 rear 和队头指针 front 共同反映了队列中元素动态变化的情况。图 2.9 所示为队列的入队、退队示意。

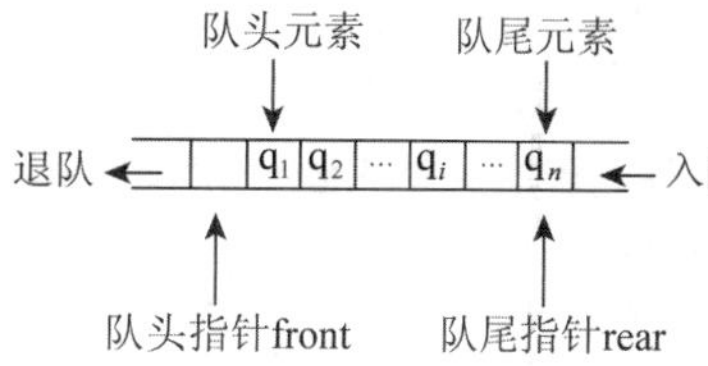

图 2.9　队列的入队、退队示意

（3）循环队列及其运算。

在实际应用中,队列的顺序存储结构一般采用循环队列的形式。

所谓循环队列,就是将队列存储空间的最后一个位置绕到第一个位置,形成逻辑上的环状空间,供队列循环使用。

在循环队列中,用队尾指针 rear 指向队列中的队尾元素,用队头指针 front 指向队头元素的前一个位置。因此,从队头指针 front 指向的后一个位置直到队尾指针 rear 指向的位置之间所有的元素均为队列中的元素。

循环队列的初始状态为空,即 front = rear = m,如图 2.10 所示。

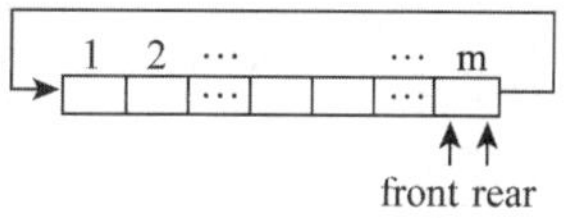

图 2.10　循环队列初始状态示意

在循环队列中,当 front = rear 时,不能确定队列是满还是空。在实际使用循环队列时,通常会增加一个标志 s 来区分队列是满还是空。当 s = 0 时,表示队列空;当 s = 1 且 front = rear 时,表示队列满。

【考点 5】　线性链表

1. 线性链表的基本概念

（1）线性链表。

线性链表指线性表的链式存储结构,简称链表。这种链表每个节点只有一个指针域,又称为单链表。

在线性链表中,第一个元素没有前件,因此指向链表中的第一个节点的指针是一个特殊的指针,称为这个链表的头指针(HEAD)。最后一个元素没有后件,因此,线性链表最后一个节点的指针域为空,用 NULL 或 0 表示。

线性链表的存储单元是任意的,即各数据节点的存储序号可以是连续的,也可以是不连续的;各数据节点在存储空间中的位置关系与逻辑关系不一致,前件/后件关系由存储节点的指针来表示。当线性链表指向第一个数据元素的头指针等于 NULL 或者 0 时,该表称为空表。

在某些应用中,对线性链表中的每个节点设置两个指针,一个指针域存放前件的地址,称为左指针(Llink);一个指针域存放后件的地址,称为右指针(Rlink)。这样的线性链表称为双向链表。图2.11所示为双向链表示意。在双向链表中,由于为每个节点设置了两个指针,因此从某一个节点出发,可以很方便地找到其他任意一个节点。

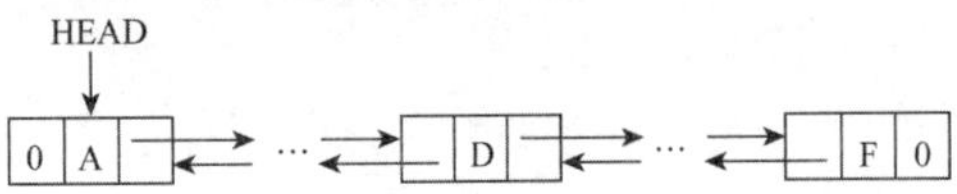

图2.11 双向链表示意

(2)带链的栈。

栈也可以采用链式存储结构表示,可以把栈组织成一个单链表。这种数据结构称为带链的栈。图2.12(a)所示为带链的栈示意。

(3)带链的队列。

与栈类似,队列也可以采用链式存储结构表示。带链的队列就是用一个单链表来表示队列,队列中的每一个元素对应链表中的一个节点。图2.12(b)所示为带链的队列示意。

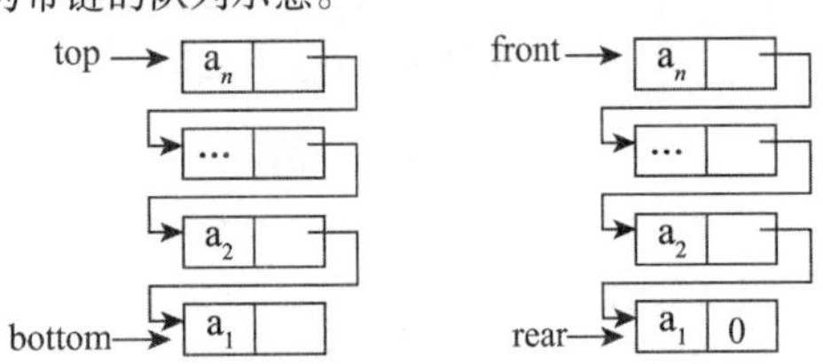

(a)带链的栈示意 (b)带链的队列示意

图2.12 带链的栈和带链的队列示意

(4)顺序表和链表的比较。

顺序表和链表的优缺点如表2.12所示。

表2.12 顺序表和链表的优缺点

类型	优点	缺点
顺序表	①可以随机存取表中的任意节点; ②无须为表示节点间的逻辑关系额外增加存储空间	①插入和删除运算的效率很低; ②存储空间不便于扩充; ③不便于对存储空间进行动态分配
链表	①当进行插入和删除运算时,只需要改变指针即可,不需要移动元素; ②链表的存储空间易于扩充并且方便空间的动态分配	需要额外的空间(指针域)来表示数据元素之间的逻辑关系,存储密度比顺序表低

2. 循环链表的基本概念

在单链表的第一个节点前增加一个表头节点,队头指针指向表头节点,最后一个节点的指针域的值由NULL改为指向表头节点,这样的链表称为循环链表。在循环链表中,所有节点的指针构成了一个环状链。

在循环链表中,只要指出表中任何一个节点的位置,就可以从它出发访问表中其他所有的节点。由于表头节点是循环链表固有的节点,因此,即使在表中没有数据元素的情况下,表中也至少有一个节点存在,从而使空表和非空表的运算统一。

循环链表的逻辑状态如图2.13所示。

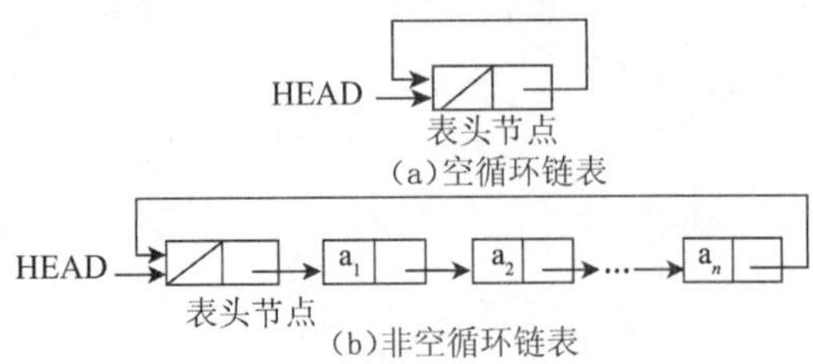

图2.13 循环链表的逻辑状态

【考点6】 树与二叉树

1. 树的基本概念

树(tree)是一种简单的非线性结构。假如一个家族中的族谱关系为A有后代B、C,B有后代D、E、F,C有后代G,E有后代H、I,则这个家族的成员及血统关系可用图2.14所示的"倒置的树"来描述。树的相关术语如表2.13所示。

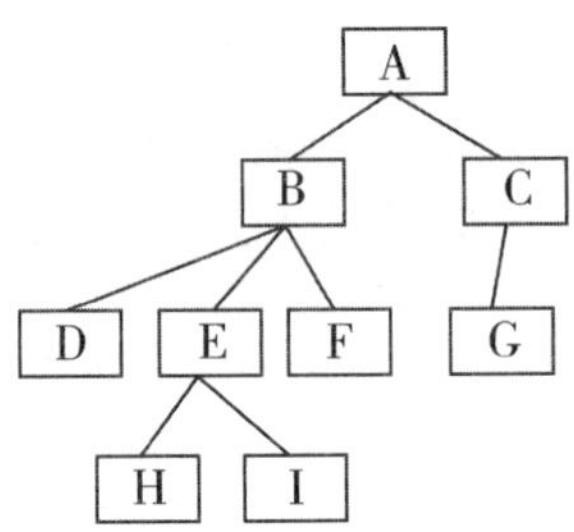

图2.14 树的示例

表2.13 树的相关术语

基本概念	含义	例子
父节点(根)	在树结构中,每一个节点只有一个前件,该前件称为该节点的父节点;没有前件的节点只有一个,该节点称为树的根节点,简称树的根	在图2.14中,节点A是树的根节点

续表

基本概念	含义	例子
子节点和叶子节点	在树结构中，每一个节点可以有多个后件，这样的后件称为该节点的子节点。没有后件的节点称为叶子节点	在图 2.14 中，节点 D、H、I、F、G 均为叶子节点
度	在树结构中，一个节点所拥有的后件个数称为该节点的度，所有节点中最大的度称为树的度	在图 2.14 中，根节点 A 和节点 E 的度为 2，节点 B 的度为 3，节点 C 的度为 1，叶子节点 D、H、I、F、G 的度为 0。因此，该树的度为 3
深度	定义一棵树的根节点所在的层次为 1，其他节点所在的层次等于它的父节点所在的层次加 1。树的最大层次称为树的深度	在图 2.14 中，根节点 A 在第 1 层，节点 B、C 在第 2 层，节点 D、E、F、G 在第 3 层，节点 H、I 在第 4 层。因此，该树的深度为 4
子树	在树中，以某节点的一个子节点为根构成的树称为该节点的一棵子树	在图 2.14 中，节点 A 有 2 棵子树，它们分别以 B、C 为根节点。节点 B 有 3 棵子树，它们分别以 D、E、F 为根节点，其中，以 D、F 为根节点的子树实际上只有根节点这一个节点

树中的节点数等于树中所有节点的度之和再加 1。

2. 二叉树及其基本性质

(1)二叉树的定义。

二叉树与树不同，但它与树的结构很相似。图 2.15所示为二叉树。

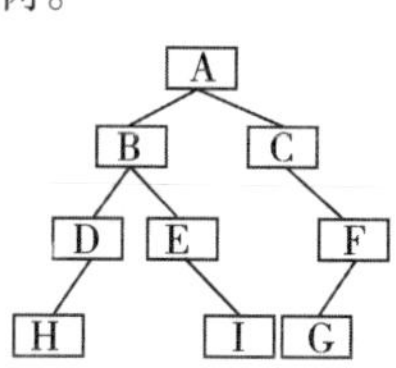

图 2.15　二叉树

二叉树的特点如下。

①二叉树可以为空。空的二叉树没有节点，非空二叉树有且只有一个根节点。

②每个节点最多有两棵子树，即二叉树中不存在度大于 2 的节点。

③二叉树的子树有左右之分，其次序不能任意颠倒。

(2)二叉树的性质。

二叉树具有以下几个性质。

性质 1：在二叉树的第 k 层上，最多有 $2^{k-1}(k \geqslant 1)$ 个节点。

性质 2：深度为 m 的二叉树中，最多有 $2^m - 1$ 个节点。

性质 3：对任何一棵二叉树，度为 0 的节点(即叶子节点)总是比度为 2 的节点多一个。

性质 4：具有 n 个节点的二叉树，其深度至少为 $[\log_2 n] + 1$，其中$[\log_2 n]$表示取 $\log_2 n$ 的整数部分。

(3)满二叉树和完全二叉树。

满二叉树是指除最后一层外，每一层上的所有节点都有两个子节点的二叉树。满二叉树在其第 k 层上有 2^{k-1} 个节点，深度为 m 的满二叉树共有$2^m - 1$ 个节点。

图 2.16 所示为深度是 4 的满二叉树。

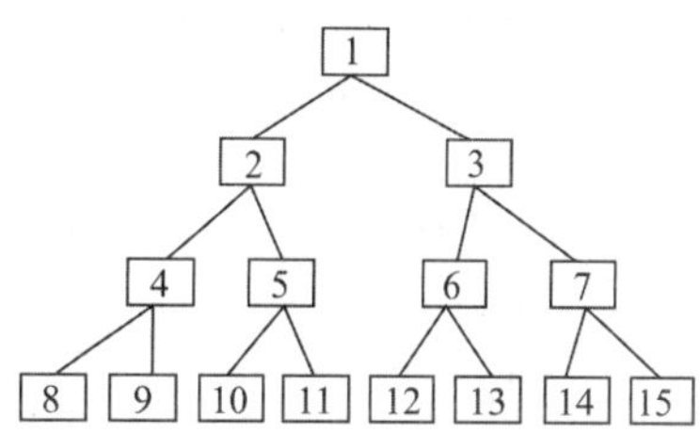

图 2.16　满二叉树

完全二叉树是指除最后一层外，每一层上的节点数均达到最大值，在最后一层上只缺少右边的若干节点的二叉树。图 2.17 所示为深度是 4 的完全二叉树。

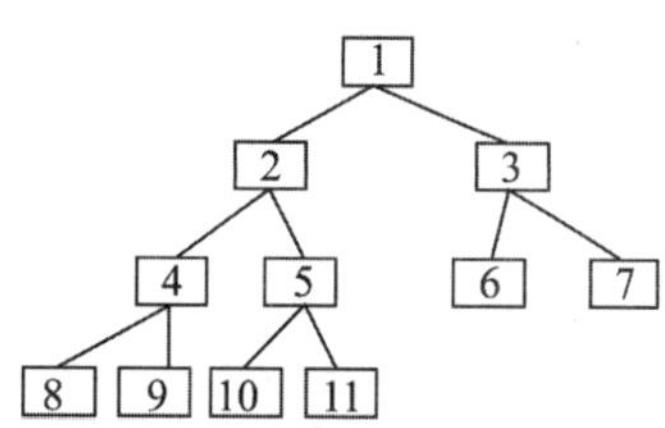

图 2.17　完全二叉树

由完全二叉树可知，满二叉树一定是完全二叉树，完全二叉树一般不是满二叉树。完全二叉树具有如下特点。

①叶子节点只可能在最后两层出现。

②对于任一节点，若其右子树的深度为 m，则该

节点左子树的深度为 m 或 $m+1$。

性质5:具有 n 个节点的完全二叉树的深度为 $[\log_2 n]+1$。

3. 二叉树的存储结构

在计算机中,二叉树通常采用链式存储结构。用于存储二叉树中元素的存储节点由数据域和指针域两部分构成。由于每一个元素可以有两个后件,因此用于存储二叉树中元素的存储节点的指针域有两个:一个用于指向该节点的左子节点,即左指针域;另一个用于指向该节点的右子节点,即右指针域。二叉树的存储节点如图 2.18 所示。

左指针域	数据域	右指针域
L(i)	Data(i)	R(i)

图 2.18　二叉树的存储节点

由于二叉树的存储结构中每一个存储节点有两个指针域,因此二叉树的链式存储结构也称为二叉链表。

满二叉树与完全二叉树可以按层次进行顺序存储。

4. 二叉树的遍历

二叉树的遍历是指不重复地访问二叉树中的所有节点。

在遍历二叉树的过程中,一般先遍历左子树,再遍历右子树。在先左后右的原则下,根据访问根节点的次序不同,二叉树的遍历可以分为 3 种:前序遍历(DLR)、中序遍历(LDR)、后序遍历(LRD)。

(1)前序遍历。

首先访问根节点,然后遍历左子树,最后遍历右子树;在遍历左子树和右子树时,仍然先访问根节点,然后遍历左子树,最后遍历右子树。对图 2.19 中的二叉树进行前序遍历的结果(或称为该二叉树的前序遍历序列)为 A,B,D,H,E,I,C,F,G。

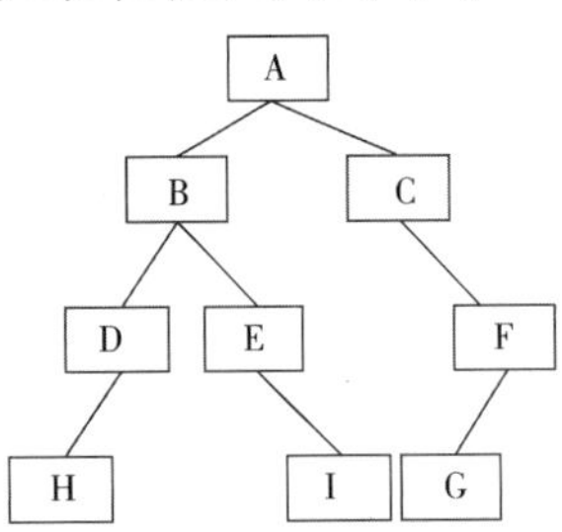

图 2.19　二叉树

(2)中序遍历。

首先遍历左子树,然后访问根节点,最后遍历右子树;在遍历左子树和右子树时,仍然首先遍历左子树,然后访问根节点,最后遍历右子树。对图2.19中的二叉树进行中序遍历的结果(或称为该二叉树的中序遍历序列)为 H,D,B,E,I,A,C,G,F。

(3)后序遍历。

首先遍历左子树,然后遍历右子树,最后访问根节点;在遍历左子树和右子树时,仍然首先遍历左子树,然后遍历右子树,最后访问根节点。对图2.19中的二叉树进行后序遍历的结果(或称为该二叉树的后序遍历序列)为 H,D,I,E,B,G,F,C,A。

如果已知一棵二叉树的前序遍历序列和中序遍历序列,可以唯一确定这棵二叉树;已知一棵二叉树的后序遍历序列和中序遍历序列,也可以唯一确定这棵二叉树。但是,已知一棵二叉树的前序遍历序列和后序遍历序列,不能唯一确定这棵二叉树。

【考点7】　查找

1. 顺序查找

基本思想:从线性表的第一个元素开始,逐个将线性表中的元素与被查元素进行比较,若相等,则查找成功,停止查找;若整个线性表扫描完毕,仍未找到与被查元素相等的元素,则表示线性表中没有要查找的元素,查找失败。

- 最好的情况下,第一个元素就是要查找的元素,则比较次数为 1。
- 最坏的情况下,最后一个元素才是要查找的元素,或者在线性表中,没有要查找的元素,则需要与线性表中所有的元素比较,比较次数为 n。
- 平均情况下,大约需要比较 $n/2$ 次。

在以下两种情况中,顺序查找是唯一的选择。

(1)线性表为无序表(表中的元素是无序的),则不管采用的是顺序存储结构,还是链式存储结构,都只能用顺序查找。

(2)即使线性表是有序的,如果采用的是链式存储结构,也只能用顺序查找。

2. 二分法查找

能使用二分法查找的线性表必须满足两个条件:①采用顺序存储结构;②线性表是有序表。此处的"有序"特指元素按非递减顺序排列,即从小到大排列,但允许相邻元素相等。

对于长度为 n 的有序线性表,利用二分法查找元素 X 的过程如下。

将 X 与线性表的中间项比较的过程如下。

- 如果 X 的值与中间项的值相等,则查找成功,结束查找。

● 如果 X 的值小于中间项的值，则在线性表的前半部分以二分法继续查找。

● 如果 X 的值大于中间项的值，则在线性表的后半部分以二分法继续查找。

顺序查找每比较一次，只将查找范围缩小 1，而二分法查找每比较一次，可将查找范围缩小为原来的一半，效率大大提高。对于长度为 n 的有序线性表，在最坏情况下，二分法查找只需比较 $\log_2 n$ 次。

【考点 8】　排序

排序是指将一个无序序列整理成按值非递减顺序排列的有序序列。

1. 交换类排序

交换类排序是借助数据元素的“交换”来进行排序的一种方法。

(1)冒泡排序。

在数据元素的序列中，对于某个数据元素，如果其后存在一个数据元素小于它，则称存在一个逆序。冒泡排序的基本思想就是通过两两相邻数据元素之间的比较和交换，不断地消去逆序，直到所有数据元素以非递减顺序排列。

在最坏情况下，对长度为 n 的线性表排序，冒泡排序需要比较的次数为 $n(n-1)/2$。

(2)快速排序。

基本思想：在待排序的 n 个数据元素中取一个数据元素 K(通常取第 1 个数据元素)，以 K 作为分割标准，把所有小于 K 的数据元素都移到 K 前面，把所有大于 K 的数据元素都移到 K 后面。这样，以 K 为分界线，把线性表分割为两个子表，这称为一趟排序。然后，对 K 前后的两个子表分别重复上述过程，直到分割的子表的长度为 1。这时线性表已经排好序。

快速排序在最坏情况下需要进行 $n(n-1)/2$ 次比较，但实际的排序效率要比冒泡排序高得多。

2. 插入类排序

插入类排序是每次将一个待排序的数据元素，按其值的大小插入前面已经排好序的子表中的适当位置，直到全部数据元素插入完成。

(1)简单插入排序。

简单插入排序是把 n 个待排序的数据元素看成一个有序表和一个无序表。开始时，有序表只包含一个数据元素，而无序表包含另外 $n-1$ 个数据元素。每次取无序表中的第 1 个数据元素插入有序表中的正确位置，使之成为增加一个数据元素的新的有序表。插入数据元素时，插入位置及其后的记录依次向后移动。最后有序表的长度为 n，而无序表为空，此时排序完成。

在最坏情况下，简单插入排序需要进行 $n(n-1)/2$ 次比较。

(2)希尔排序。

基本思想：先取一个整数 d_1(称为增量，$d_1<n$)，把全部数据元素分成 d_1 个组，所有距离为 d_1 倍数的数据元素放在一组中，组成了一个子序列，对每个子序列分别进行简单插入排序。然后取 $d_2(d_2<d_1)$ 重复上述分组和排序工作，直到 $d_i=1$，即所有记录在一组中。

希尔排序的效率与所选取的增量序列有关。在最坏情况下，希尔排序需要比较的次数是 $n^r(1<r<2)$。

3. 选择类排序

选择类排序的基本思想是通过每一次从待排序序列中选出值最小的数据元素，然后将其顺序放在已排好序的有序子表的后面，直到全部序列满足排序要求。

(1)简单选择排序。

基本思想：先从所有 n 个待排序的数据元素中选择最小的数据元素，将该数据元素与第 1 个数据元素交换，再从剩下的 $n-1$ 个数据元素中选出最小的数据元素与第 2 个数据元素交换。重复操作直到所有的数据元素有序。

简单选择排序在最坏的情况下需要比较 $n(n-1)/2$ 次。

(2)堆排序。

若有 n 个数据元素的序列($h_1,h_2,\cdots,h_n$)，将数据元素按顺序组成一棵完全二叉树，当且仅当满足下列条件时称为堆。

$$\begin{cases} h_i \geqslant h_{2i} \\ h_i \geqslant h_{2i+1} \end{cases}$$

或者

$$\begin{cases} h_i \leqslant h_{2i} \\ h_i \leqslant h_{2i+1} \end{cases}$$

其中，$i=1,2,3,\cdots,n/2$。

第 1 种情况称为大根堆，所有节点的值大于或等于左右子节点的值。第 2 种情况称为小根堆，所有节点的值小于或等于左右子节点的值。

堆排序在最坏情况下需要比较 $n\log_2 n$ 次。

2.1.3　程序设计基础

【考点 1】　程序设计风格

程序的质量主要受到程序设计的方法、技术及风格等因素的影响。“清晰第一、效率第二”是当今主导的程序设计风格，即首先要保证程序的清晰、易读，其次考虑提高程序的执行速度、节省系统资源。

要形成良好的程序设计风格，主要应注重和考虑下述因素。

(1)源程序文档化。

(2)数据说明风格：次序应规范化；变量安排有序化；使用注释来说明复杂数据的结构等。

(3)语句的结构：不要在同一行内写多个语句；首先保证程序正确，然后提高速度；尽可能使用库函数；避免不必要的转移等。

(4)输入和输出：对所有的输入数据都要进行检验，确保输入数据的合法性；在采用交互式输入/输出方式进行输入时，在屏幕上使用提示符明确提示输入的请求，同时在数据输入过程中和输入结束时，应在屏幕上给出状态信息；给所有的输出加注释，并设计良好的输出报表格式等。

【考点2】 结构化程序设计

就程序设计方法的发展而言，其主要经历了结构化程序设计和面向对象的程序设计这两个阶段。

1. 结构化程序设计的原则

结构化程序设计的重要原则是自顶向下、逐步求精、模块化及限制使用 goto 语句。

2. 结构化程序设计的基本结构

结构化程序设计方法是使用“顺序结构”“选择结构”“循环结构”3 种基本结构就足以表达其他各种结构的程序设计方法。它们的共同特征是：严格地只有一个入口和一个出口。

遵循结构化程序的设计原则，按此原则设计出的程序具有以下优点。

- 程序易于理解、使用及维护。
- 提高了编程工作的效率，降低了软件开发成本。

【考点3】 面向对象方法

1. 面向对象方法的优点

- 与人类习惯的思维方法一致。
- 稳定性好。
- 可重用性好。
- 便于开发大型软件产品。
- 可维护性好。

2. 面向对象方法的基本概念

(1)对象。

面向对象方法中的对象由两部分组成。

①数据，也称为属性，即对象所包含的信息，表示对象的状态。

②方法，也称为操作，即对象能执行的功能、所具有的行为。

对象的基本特点如表 2.14 所示。

表 2.14 对象的基本特点

特点	描述
标识唯一性	对象是可区分的，且由对象的本质来区分，而不是通过描述来区分
分类性	指可以将具有相同属性和操作的对象抽象成类
多态性	指同一个操作可以是不同对象的行为，不同对象执行同一操作可以产生不同的结果
封装性	从外面看只能看到对象的外部特性，对象的内部对外是不可见的
模块独立性好	由于完成对象功能所需的元素都被封装在对象内部，因此模块独立性好

(2)类和实例。

类(class)是具有共同属性、共同方法的对象的集合，是关于对象的抽象描述，反映属于该对象类型的所有对象的性质。一个具体对象则是其对应类的一个实例(instance)。

例如，“大学生”是一个大学生类，它描述了所有大学生的性质。因此，任何大学生都是“大学生”类的一个对象(这里的“对象”不可以用“实例”来代替)，而一个具体的大学生“张三”是“大学生”类的一个实例。

类是关于对象性质的描述，它同对象一样，包括一组数据属性和在数据上的一组合法操作。

(3)消息。

消息(message)传递是对象间通信的手段，一个对象通过向另一个对象发送消息来请求其服务。

(4)继承。

在面向对象的程序设计中，类与类之间可以继承，一个子类可以直接继承其父类的全部描述(数据和操作)。这些属性和操作在子类中不必定义。此外，子类还可以定义它自己的属性和操作。

如“四边形”类是“矩形”类的父类，“四边形”类可以有“顶点坐标”等属性，有“移动”“旋转”“求周长”等操作。“矩形”类除了继承“四边形”类的属性和操作外，还可定义自己的属性和操作，如“长”“宽”等属性和“求面积”等操作。

继承具有传递性，如果 Z 类继承 Y 类，Y 类继承 X 类，则 Z 类继承 X 类。

需要注意的是,类与类之间的继承应根据需要来做,并不是任何类都要继承。

(5)多态性。

在面向对象的软件技术中,多态性是指子类对象可以像父类对象那样使用,同样的消息(如方法)既可以发送给父类对象,也可以发送给子类对象。

例如,在一般类 polygon(多边形)中定义了一个方法 Show()来显示自身,但并不确定执行时到底画一个什么图形。square 类和 rectangle 类都继承了 polygon 类的显示操作,但其实现的结果却不同。把方法 Show()的消息发送给一个 rectangle 类的对象是在屏幕上画一个矩形,而将方法 Show()的消息发送给一个 square 类的对象则是在屏幕上画一个正方形。

2.1.4　软件工程基础

【考点1】　软件工程的基本概念

1. 软件定义与软件特点

计算机软件是由程序、数据及相关文档构成的完整集合,它与计算机硬件一起组成计算机系统。其中,程序和数据是机器可执行的,文档是机器不可执行的。

软件具有以下特点。

(1)软件是一种逻辑实体,具有抽象性。

(2)软件没有明显的制作过程。

(3)软件在使用期间不存在磨损、老化问题。

(4)软件对硬件和环境具有依赖性。

(5)软件复杂性高,成本高。

(6)软件开发涉及诸多的社会因素。

2. 软件的分类

计算机软件按功能分为系统软件、应用软件、支撑软件(或工具软件)。

(1)系统软件是管理计算机的资源、提高计算机的使用效率、为用户提供各种服务的软件,如操作系统(Operating System,OS)、数据库管理系统(Data Base Management System,DBMS)、编译程序、汇编程序及网络软件等。

(2)应用软件是为了应用于特定的领域而开发的软件。我们熟悉的办公软件、即时通信软件、杀毒软件、财务管理系统软件等都属于应用软件。

(3)支撑软件是介于系统软件和应用软件之间,协助用户开发软件的工具软件,其中包括帮助程序人员开发和维护软件产品的工具软件,也包括帮助管理人员控制开发进程和项目管理的工具软件。

3. 软件工程

软件工程是试图用工程、科学及数学的原理与方法研制、维护计算机软件的有关技术和管理方法,是应用于计算机软件的定义、开发及维护的一整套方法、工具、文档、实践标准及工序。软件工程包含 3 个要素:方法、工具及过程。

抽象、信息隐蔽、模块化、局部化、确定性、一致性、完备性及可验证性是软件工程的原则。

4. 软件过程

软件过程是把输入转换为输出的一组彼此相关的资源和活动。软件过程是指为了获得高质量软件所需要完成的一系列任务的框架,它规定了完成各项任务的工作步骤。软件过程所进行的基本活动主要有软件规格说明、软件开发或软件设计与实现、软件确认、软件演进。

5. 软件生命周期

软件开发应遵循软件生命周期。通常把软件产品从问题定义、可行性研究、需求分析、概要设计、详细设计、软件实现、软件测试到使用、维护和退役的过程称为软件生命周期。软件生命周期分为 3 个时期,共 8 个阶段,如图 2.20 所示。

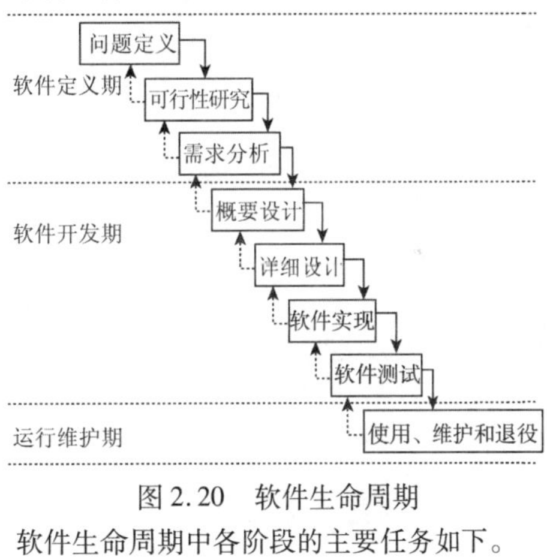

图 2.20　软件生命周期

软件生命周期中各阶段的主要任务如下。

(1)问题定义:确定要解决的问题是什么。

(2)可行性研究:决定该问题是否存在一个可行的解决办法,确定完成开发任务的实施计划。

(3)需求分析:对待开发软件提出的需求进行分析并给出详细定义。编写软件的需求规格说明书和初步的用户手册,提交评审。

(4)软件设计:通常又分为概要设计和详细设计两个阶段,其目的是给出软件的结构、模块的划分、功能的分配以及处理流程等。软件设计阶段提交评审的文档有概要设计说明书、详细设计说明书及测试计划初稿。

(5)软件实现:在软件设计的基础上编写程序。该阶段完成的文档有用户手册、操作手册等面向用户的文档,以及为下一阶段编写的单元测试计划。

(6)软件测试:在设计测试用例的基础上,检验软件的各个组成部分,编写测试分析报告。

(7)使用和维护:将已交付的软件投入运行,同时不断地维护,进行必要而且可行的扩充和删改。

【考点2】　需求分析及其方法

1. 需求分析

(1)需求分析相关概念。

需求分析是发现需求、求精、建模及定义需求的过程。需求分析将创建所需的数据模型、功能模型及控制模型。

需求分析阶段的工作可以分为4个方面:需求获取、需求分析、需求规格说明书编写及需求评审。

(2)需求规格说明书。

需求规格说明书是需求分析阶段的最后成果。需求规格说明书应重点描述软件的目标,如软件的功能需求、性能需求、外部接口、属性及约束条件等。

需求规格说明书的特点:正确性、无歧义性、完整性、可验证性、一致性、可理解性、可修改性、可追踪性。

(3)需求分析方法。

需求分析方法可以分为结构化分析方法和面向对象分析方法两大类。

①结构化分析方法。结构化分析方法主要包括面向数据流的结构化分析方法、面向数据结构的Jackson系统开发方法及面向数据结构的结构化数据系统开发方法。

②面向对象分析方法。面向对象分析是面向对象软件工程方法的第一个环节,包括概念原则、过程步骤、表示方法、提交文档等规范要求。

另外,从需求分析建模的特性来划分,需求分析方法还可以分为静态分析方法和动态分析方法。

2. 结构化分析方法的常用工具

结构化分析方法是使用数据流图、数据字典、结构化英语、判定表及判定树等工具,以建立一种新的、被称为结构化规格说明的目标文档。

需求分析的结构化分析方法中常用的工具是数据流图(Data Flow Diagram,DFD)。数据流图的主要图形元素与说明如表2.15所示。

表2.15　数据流图的主要图形元素与说明

名称	图形元素	说明
数据流(data flow)	⟶	沿箭头方向传输数据,一般在旁边标注数据流名
加工(process)	○	又称转换,表示数据处理
存储文件(file)	═	又称数据源,表示处理过程中存放各种数据的文件
源/宿(source/sink)	□	数据起源的地方或目的地

为使构造的数据流图表达完整、准确、规范,应遵循如下的构造规则和注意事项。

(1)数据流图上的每个元素都必须被命名。

(2)对加工处理建立唯一、层次性的编号,并且每个加工处理通常要求既有输入,又有输出。

(3)数据存储之间不应有数据流。

(4)数据流图的一致性,即输入/输出、读/写的对应。

(5)父图、子图关系与平衡规则:子图个数不大于父图中的处理个数。所有子图的输入/输出数据流和父图中相应处理的输入/输出数据流必须一致。

【考点3】　软件设计及其方法

1. 软件设计的基本概念

软件设计的基本目标是用比较抽象、概括的方式确定目标系统如何完成预定的任务。也就是说,软件设计是确定系统的物理模型。

软件设计是开发阶段最重要的步骤之一。从工程管理的角度来看,软件设计可分为两步:概要设计和详细设计。从技术的角度来看,软件设计包括结构设计、数据设计、接口设计、过程设计4个步骤。

将软件按功能分解为组成模块,是概要设计的主要任务。划分模块要本着提高独立性的原则。模块独立性的高低决定设计的好坏,而设计又是决定软件质量的关键环节。模块的独立性可以由两个定性标准度量:耦合性和内聚性。

(1)耦合性用于衡量不同模块彼此间互相依赖(连接)的紧密程度。

(2)内聚性用于衡量一个模块内部各个元素彼此结合的紧密程度。

模块的内聚性越高,模块间的耦合性就越低,可见模块的耦合性和内聚性是相互关联的。因此,好的软件设计,应尽量做到高内聚、低耦合。

2. 概要设计

（1）概要设计的任务。

概要设计又称总体设计，软件概要设计的基本任务如下。

①设计软件系统结构。

②设计数据结构和数据库。

③编写概要设计文档：概要设计阶段的文档有概要设计说明书、数据库设计说明书及集成测试计划等。

④评审概要设计文档。

（2）结构图。

在概要设计中，常用的软件结构设计工具是结构图（Structure Chart，SC），也称为程序结构图。它反映了整个系统的功能实现以及模块之间的联系。

结构图的基本图符及其含义如表 2.16 所示。

表 2.16　结构图的基本图符及其含义

概念	基本图符	含义
模块	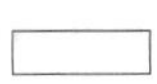	一个矩形代表一个模块，矩形内注明模块的名字或主要功能
调用关系		矩形之间的直线表示模块的调用关系
信息	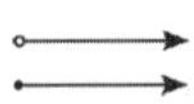	用带注释的箭头表示模块调用过程中来回传递的信息。如果希望进一步标明传递的信息是数据信息还是控制信息，则可用带实心圆的箭头表示控制信息，用带空心圆的箭头表示数据信息

软件结构图是一种层次化的表示，它指出了软件各个模块之间的关系，如图 2.21 所示。

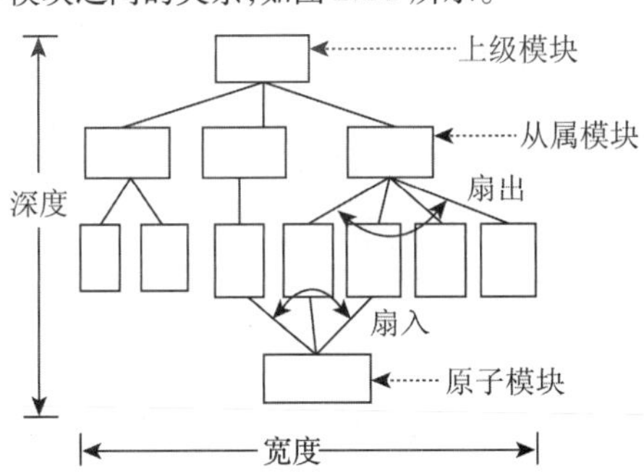

图 2.21　软件结构图

软件结构图术语及其含义如表 2.17 所示。

表 2.17　软件结构图术语及其含义

术语	含义
上级模块	控制其他模块的模块
从属模块	被另一个模块调用的模块
原子模块	位于叶子节点的模块，也就是没有从属节点的模块
深度	表示控制的层数
宽度	最大模块数的层的控制跨度
扇入	调用一个给定模块的模块个数
扇出	由一个模块直接调用的其他模块个数

好的软件设计结构通常顶层扇出多，中间扇出较少，底层扇入多。

3. 详细设计

详细设计的任务是为结构图中的每一个模块确定实现算法和局部数据结构，用某种选定的表达工具表示算法和数据结构的细节。

常用的设计工具有程序流程图（Program Flow Diagram，PFD）、N－S 图（Nassi-Shneiderman Diagram，N－S）、问题分析图（Problem Analysis Diagram，PAD）、HIPO（Hierarchy plus Input-Process-Output，HIPO）图、判定表、PDL。

【考点 4】　软件测试

1. 软件测试的目的和准则

软件测试的目的是在软件投入运行之前，尽可能多地发现软件中的错误。软件测试是保证软件质量、可靠性的关键步骤。它是对软件规格说明、设计及编码的最后复审。

软件测试应遵循如下准则。

（1）所有测试都应追溯到用户需求。

（2）在测试之前制订测试计划，并严格执行。

（3）充分注意测试中的群集现象。

（4）避免由程序的编写者测试自己的程序。

（5）不可能进行穷举测试。

（6）妥善保存测试计划、测试用例、出错统计及最终分析报告，为维护提供方便。

2. 软件测试方法

软件测试的方法较多，根据软件是否需要被执行划分，可以分为静态测试和动态测试；根据功能划分，可以分为白盒测试和黑盒测试。

（1）静态测试和动态测试。

①静态测试。静态测试包括代码检查、静态结构

分析、代码质量度量等。其中代码检查分为代码审查、代码走查、桌面检查、静态分析等具体形式。静态测试不实际运行软件,主要通过人工进行分析。

②动态测试。动态测试就是通常所说的上机测试,通过运行软件来检验软件中的动态行为和运行结果的正确性。

动态测试的关键是设计高效、合理的测试用例。测试用例就是为测试设计的数据,由测试输入数据和预期的输出结果两部分组成。

(2)白盒测试和黑盒测试。

①白盒测试。白盒测试假设程序装在一只透明的白盒子里,测试者完全了解程序的结构和处理过程。它根据程序的内部逻辑来设计测试用例,检查程序中的逻辑通路是否都按预定的要求正确地工作。

白盒测试的主要技术有逻辑覆盖测试、基本路径测试等。其中逻辑覆盖测试又分为语句覆盖、路径覆盖、判定覆盖、条件覆盖及判断-条件覆盖。

②黑盒测试。黑盒测试又称为功能测试或数据驱动测试,着重测试软件功能。黑盒测试假设程序装在一只黑盒子里,测试者完全不了解或不考虑程序的结构和处理过程。它根据规格说明书的功能来设计测试用例,检查程序的功能是否符合规格说明书的要求。

常用的黑盒测试方法有等价类划分法、边界值分析法、错误推测法及因果图等。

3. 软件测试的实施

软件测试的实施过程主要有4个步骤:单元测试、集成测试、确认测试及系统测试。

(1)单元测试。

单元测试也称模块测试。模块是软件设计的最小单位。单元测试是对模块的正确性进行检验,以期尽早发现各模块内部可能存在的各种错误。

单元测试通常在编码阶段进行,单元测试的依据除了源程序以外,还有详细设计说明书。

单元测试可以采用静态测试或者动态测试。动态测试通常以白盒测试为主,测试程序的结构;以黑盒测试为辅,测试程序的功能。

(2)集成测试。

集成测试也称组装测试,它是对各模块按照设计要求组装成的程序进行测试,主要目的是发现与接口有关的错误(系统测试与此类似)。

集成测试主要发现设计阶段产生的错误。集成测试的依据是概要设计说明书,通常采用黑盒测试。

集成可以分为非增量方式(一次性组装方式)集成和增量方式集成两种。增量方式包括自顶向下、自底向上,以及自顶向下和自底向上相结合的混合增量方式。

(3)确认测试。

确认测试也称验收测试,其任务是检查软件的功能、性能及其他特征是否与用户的需求一致,它是以需求规格说明书作为依据的测试。确认测试通常采用黑盒测试。

(4)系统测试。

在确认测试完成后,把软件系统整体作为一个元素,与计算机硬件、支持的软件、数据、人员及其他计算机系统的元素组合在一起,在实际运行环境下对计算机系统进行一系列的集成测试和确认测试,这样的测试称为系统测试。

【考点5】 程序调试

1. 程序调试的基本概念

调试(debug)也称为排错,是在成功测试之后出现的步骤。也就是说,调试是在测试发现错误之后排除错误的过程。程序调试的任务是诊断和改正程序中的错误。

程序调试由两部分组成。

(1)根据错误的迹象确定程序中错误的确切性质、原因及位置。

(2)对程序进行修改,改正这个错误。

2. 调试方法

从是否跟踪和执行程序的角度,调试分为静态调试和动态调试。静态调试是主要的调试手段,是指通过人的思维来分析源程序的代码和排错。而动态调试是静态测试的辅助手段,主要调试方法有强行排错法、回溯法、原因排除法(二分法、归纳法及演绎法)等。

2.1.5 数据库设计基础

【考点1】 数据库的基本概念

1. 基本概念

(1)数据。

描述事物的符号记录称为数据。数据库系统中的数据具有长期保存的特点,它们通常被称为持久性数据,而把一般存放在计算机内存中的数据称为临时性数据。

(2)数据库。

数据库(database,DB)是指长期存储在计算机内的、有组织的、可共享的数据集合。

通俗理解，数据库就是存放数据的仓库，只不过，数据库存放数据是按一定格式的数据模式存放的。数据库中的数据具有两大特点："集成"与"共享"。

(3)数据库管理系统。

数据库管理系统是数据库的机构，它是一个系统软件，负责数据库中的数据组织，数据操纵，数据维护、控制及保护，数据服务等。

数据库管理系统是数据库系统的核心，它位于用户与操作系统之间。从软件分类的角度来看，它属于系统软件。

数据库管理系统的主要功能包括数据模式定义；数据存取的物理构建；数据操纵；数据完整性、安全性的定义与检查；数据库的并发控制与故障恢复；数据的服务等。

为了完成以上功能，数据库管理系统提供了相应的数据语言。

①数据定义语言。该语言负责数据的模式定义与数据的物理存取构建。

②数据操纵语言。该语言负责数据的操纵，包括查、增、删、改等操作。

③数据控制语言。该语言负责数据完整性、安全性的定义与检查，以及并发控制、故障恢复等功能。

(4)数据库管理员。

由于数据库的共享性，数据库的规划、设计、维护、监视等需要有专人(数据库管理员)管理。其主要工作是设计数据库、维护数据库、改善系统性能及提高系统效率等。

(5)数据库系统。

数据库系统由如下几部分组成：数据库、数据库管理系统、数据库管理员、系统平台——硬件平台和软件平台。数据库系统是以数据库管理系统为核心的、完整的运行实体。

(6)数据库应用系统。

在数据库系统的基础上，如果使用数据库管理系统软件和数据库开发工具开发软件，用相关的可视化工具开发出软件界面，则构成了数据库应用系统(Database Application System，DBAS)。数据库应用系统包括数据库、数据库管理系统、人员(数据库管理员和用户)、硬件平台、软件平台、应用软件、应用界面 7 个部分。

2. 数据管理技术的发展

数据管理技术的发展经历了 3 个阶段：人工管理阶段、文件系统阶段及数据库系统阶段。3 个发展阶段的背景和特点如表 2.18 所示。

表 2.18　数据管理技术的 3 个发展阶段的背景和特点

对比项		人工管理阶段	文件系统阶段	数据库系统阶段
背景	应用目的	科学计算	科学计算、管理	大规模管理
	硬件背景	无直接存取设备	磁盘、磁鼓	大容量磁盘
	软件背景	无操作系统	有文件系统	有数据库管理系统
	处理方式	批处理	联机实时处理、批处理	分布处理、联机实时处理和批处理
特点	数据管理者	人	文件系统	数据库管理系统
	数据面向的对象	某个应用程序	某个应用程序	现实世界
	数据共享程度	无共享，冗余度大	共享性差，冗余度大	共享性好，冗余度小
	数据的独立性	不独立，完全依赖于程序	独立性差	具有高度的物理独立性和一定的逻辑独立性
	数据的结构化	无结构	记录内有结构，整体无结构	整体结构化，用数据模型描述
	数据控制能力	由应用程序控制	由应用程序控制	由数据库管理系统提供数据安全性、完整性、并发控制及恢复

3. 数据库系统的基本特点

与人工管理和文件系统相比，数据库系统具有图 2.22 所示的基本特点。

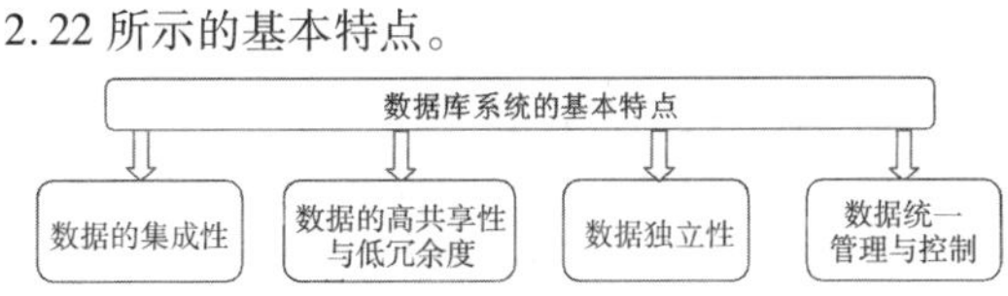

图 2.22　数据库系统的基本特点

数据库系统的数据独立性是指数据库中数据独立于应用程序且不依赖于应用程序，即数据的逻辑结构、存储结构与存取方式的改变不会影响应用程序。数据独立性一般分为物理独立性和逻辑独立性两级。

4. 数据库系统的内部结构体系

数据库系统在其内部分为三级模式和两级映射，如图 2.23 所示。

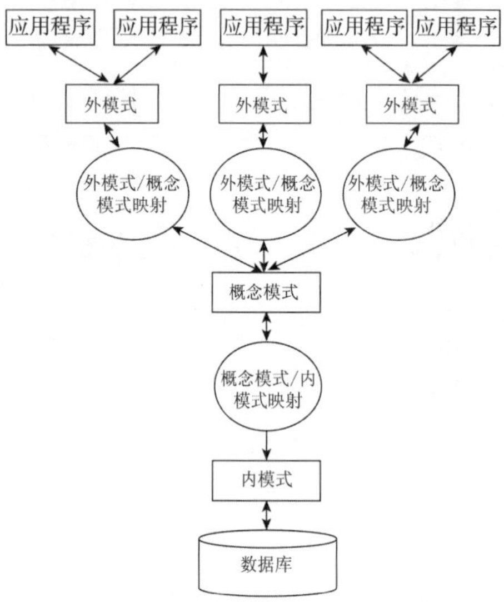

图 2.23　三级模式和两级映射关系

(1)数据库系统的三级模式。

数据库系统在其内部分为三级模式，即概念模式、外模式及内模式。

①概念模式。概念模式也称模式，是对数据库系统中全局数据逻辑结构的描述，是全体用户的公共数据视图。对它的描述可用数据库管理系统中的数据定义语言定义。

②外模式。外模式也称子模式或者用户模式，是用户的数据视图，也就是用户所能够看见和使用的局部数据的逻辑结构和特征的描述，是与某一应用有关的数据的逻辑表示。外模式通常是概念模式的子集。

③内模式。内模式也称物理模式，是数据库物理存储结构和物理存储方式的描述，是数据在数据库内部的表示方式。

三级模式反映了模式的 3 个不同环境和它们的不同要求。其中内模式处于最内层，它反映了数据在计算机物理结构中的实际存储形式；概念模式处于中层，它反映了设计者的数据全局逻辑要求；而外模式处于最外层，它反映了用户对数据的要求。

一个数据库只有一个概念模式和一个内模式，有多个外模式。

(2)数据库系统的两级映射。

数据库系统在三级模式之间提供了两级映射：外模式/概念模式映射和概念模式/内模式映射。两级映射保证了数据库中的数据具有较高的逻辑独立性和物理独立性。

【考点 2】　数据模型

1. 数据模型的基本概念

(1)数据模型的概念。

数据模型(data model)是对数据特征的抽象。通俗来讲，数据模型就是对现实世界的模拟、描述或表示，建立数据模型的目的是建立数据库来处理数据。

(2)数据模型的 3 个部分。

数据模型通常由数据结构、数据操作及数据约束 3 个部分组成。

①数据结构：主要描述数据的类型、内容、性质以及数据间的联系等。

②数据操作：主要描述在相应数据结构上的操作类型与操作方式。

③数据约束：主要描述数据结构内数据间的语法、语义联系，它们之间的制约与依存关系，以及数据动态变化的规则，以保证数据的正确、有效及相容。

(3)数据模型的类型。

数据模型按照不同的应用层次分为以下 3 种类型。

①概念模型：着重于对现实世界复杂事物的描述及对它们内在联系的刻画。目前，比较著名的概念模型有实体联系模型(E－R 模型)、面向对象模型、谓词模型等。

②数据模型：是面向数据库系统的模型，着重于在数据库系统一级的实现。成熟并大量使用的数据模型有层次模型、网状模型、关系模型及面向对象模型等。

③物理模型：是面向计算机物理实现的模型。此模型给出了数据模型在计算机上物理结构的表示。

2. E－R 模型

E－R 模型是广泛使用的概念模型。它采用了 3 个基本概念：实体、属性及联系。

(1)E－R 模型的基本概念。

①实体。客观存在并且可以相互区别的事物称为实体。实体可以是一个实际的事物，如一本书、一间教室等；也可以是一个抽象的事件，如一场演出、一场比赛等。

②属性。描述实体的特性称为属性。例如，一个学生可以用学号、姓名、出生年月等来描述。

③联系。实体之间的对应关系称为联系，它反映现实世界事物之间的相互关联。

根据一个实体型中可能出现的每一个实体和另一个实体型中有多少个具体实体存在联系，实体间联系可归纳为 3 种类型，如表 2.19 所示。

表 2.19　实体间联系的类型

类型	实例	对应图例
一对一联系（1:1）	一个学校只有一名校长，并且校长不可以在别的学校兼职，则校长与学校的联系就是一对一联系	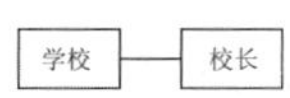
一对多联系（1:n）	公司的一个部门有多名职员，每名职员只能在一个部门任职，则部门与职员的联系就是一对多联系	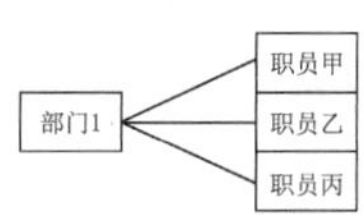
多对多联系（n:m）	一个学生可以选修多门课程，一门课程可以被多名学生选修，则学生和课程的联系就是多对多联系	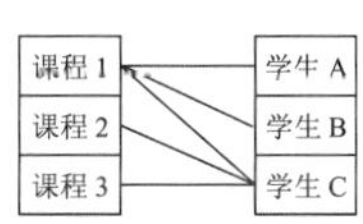

（2）E－R 模型的 3 个基本概念之间的连接关系。

E－R 模型的 3 个基本概念是实体、属性及联系，但现实世界是有机联系的整体，为了表示现实世界，必须把这三者连接起来。

①实体（集）与联系的连接关系。一般来说，实体集之间必须通过联系来建立连接关系。如教师与学生之间无法直接建立连接关系，他们只能通过“教与学”的联系才能在相互之间建立连接关系。

②属性与实体（集）/联系的连接关系。实体和联系是概念世界的基本元素，而属性是附属于实体和联系的，它本身并不是独立的单位。

联系也可以附有属性，如供应商和零件两个实体之间有“供应”的联系，该联系具有“供应量”的属性。联系和它的属性构成了联系的完整描述。

（3）E－R 图。

E－R 模型可以用图形来表示，该图形称为 E－R 图。E－R图可以直观地表达 E－R 模型。在 E－R 图中，我们分别用下面不同的几何图形（见图 2.24）表示 E－R 模型中的 3 个基本概念（见表 2.20）。

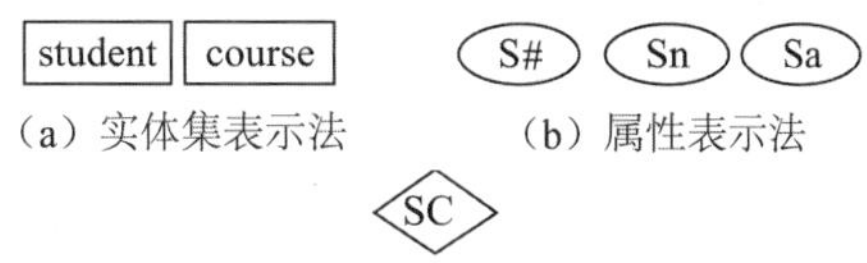

（a）实体集表示法　（b）属性表示法

（c）联系表示法

图 2.24　E－R 模型 3 个基本概念的示意

表 2.20　用几何图形表示 E－R 模型中的 3 个基本概念

概念	含义	实例
实体集表示法	E－R 图中，用矩形表示实体集，并在矩形内写上实体集的名字	如实体集学生（student）、课程（course），如图 2.24（a）所示
属性表示法	E－R 图中，用椭圆形表示属性，在椭圆形内写上该属性的名字	如学生的属性学号（S#）、姓名（Sn）及年龄（Sa），如图 2.24（b）所示
联系表示法	E－R 图中，用菱形表示联系，在菱形内写上联系的名字	如学生与课程间的联系 SC，如图 2.24（c）所示

3 个基本概念分别用 3 种几何图形表示。它们之间的连接关系也可用图形表示。如实体集 student 有属性S#（学号）、Sn（姓名）及 Sa（年龄）；实体集 course 有属性 C#（课程号）、Cn（课程名）及 P#（预修课号）；联系 SC 有属性 G（成绩），其 E－R 图如图 2.25 所示（线段上注明联系的类型）。

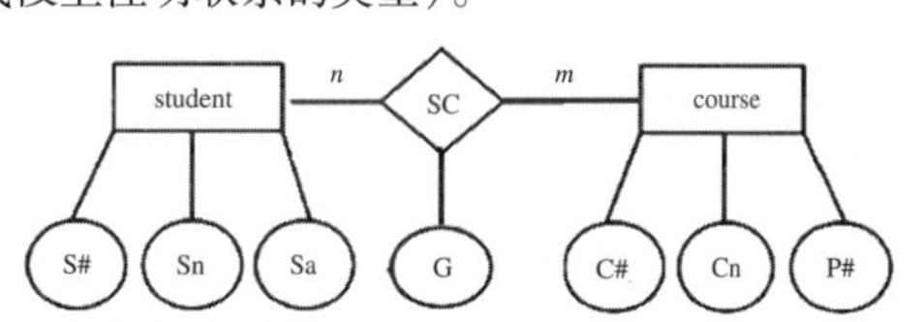

图 2.25　E－R 图

3. 关系模型

（1）关系模型的数据结构。

关系模型是目前常用的数据模型。关系模型的数据结构非常单一。在关系模型中，现实世界的实体和实体间的各种联系均用关系来表示。关系模型中常用的术语如表 2.21 所示。

表 2.21　关系模型中常用的术语

术语	含义	实例
关系	关系模型采用二维表来表示关系，简称表，由表框架和表的元组组成。一个二维表就是一个关系	表 2.22 所示的二维表就是一个关系
属性	二维表中的一列称为属性，属性的个数称为属性元数	表 2.22 所示的关系中，属性有学号、姓名、系号、年龄、性别，属性元数为“5”
值域	每个属性的取值范围	在表 2.22 中，“年龄”属性的值域不能为负数
元组	二维表中的一行称为元组	在表 2.22 中，(06001，方铭，01，22，男)就是一个元组
候选键	二维表中能唯一标识元组的最小属性集。候选键也称为候选码	在表 2.22 中，当姓名不允许重名时，学号和姓名都是候选键
主键	若一个二维表有多个候选键，则选定其中一个作为主键供用户使用。主键也称为主码	在表 2.22 中，存在两个候选键，即学号和姓名，若选中学号作为唯一标识，那么学号就是“学生登记表”关系的主键
外键	表 M 中的某属性集是表 N 的候选键或者主键，则称该属性集为表 M 的外键。外键也称为外码	如果表 2.23 所示的“系信息表”关系的主键是“系号”，那么“学生登记表”（见表 2.22）中的“系号”就是外键

表 2.22　学生登记表

学号	姓名	系号	年龄	性别
06001	方铭	01	22	男
06003	张静	02	22	女
06234	白穆云	03	21	男

表 2.23　系信息表

系号	系名	主任
01	计算机	张庆
02	电气工程	李梅
03	外语	陈大海

关系具有以下 7 个性质。

①元组个数的有限性：二维表中元组的个数是有限的。

②元组的唯一性：二维表中任意两个元组不能完全相同。

③元组的次序无关性：二维表中元组的次序，即行的次序可以任意交换。

④元组分量的原子性：二维表中元组的分量是不可分割的基本数据项。

⑤属性名的唯一性：二维表中不同的属性要有不同的属性名。

⑥属性的次序无关性：二维表中属性的次序可以任意交换。

⑦分量值域的同一性：二维表属性的分量具有与该属性相同的值域，或者说列是同质的。

满足以上 7 个性质的二维表称为关系，以二维表为基本结构所建立的模型称为关系模型。

(2)关系模型的完整性约束。

关系模型有 3 种完整性约束：实体完整性约束、参照完整性约束及用户定义的完整性约束。在这 3 种完整性约束中，前两种约束是任何一个关系数据库都必须满足的，由关系数据库管理系统自动支持。

①实体完整性约束。若属性 M 是关系的主键，则属性 M 中的属性值不能为空值。如“学生登记表”中，主键为“学号”，则“学号”不能为空值。

②参照完整性约束。若属性(或属性组)A 是关系 M 的外键，它与关系 N 的主键相对应，则对于关系 M 中的每个元组在 A 上的值：要么为空(A 的每个属性值均为空)，要么等于关系 N 中某个元组的主键值。

例如，对于“学生登记表”和“系信息表”，“学生登记表”中每个元组的“系号”属性只能取两类值：空值，表示尚未给该学生分配系；非空值，该值必须是“系信息表”中某个元组的“系号”值，表示该学生不可能分配到一个不存在的系。

③用户定义的完整性约束。用户定义的完整性约束反映了某一具体应用所涉及的数据必须满足的语义要求。例如，某个属性的取值范围为 1 ~ 200，某个属性必须取唯一值等。

【考点 3】　关系代数

关系代数就是关系与关系之间的运算。在关系代数中，进行运算的对象都是关系，运算的结果也是关系(表)。

1. **差运算**

关系 R 和关系 S 经过差运算后得到的关系由属于关系 R 但不属于关系 S 的元组构成，记为 R – S。图 2.26 所示为对关系 R 和关系 S 做差运算的示例。

关系R

A	B	C
a	1	2
b	2	1
c	3	1
e	4	5

关系S

A	B	C
d	3	2
c	3	1

关系T=R–S

A	B	C
a	1	2
b	2	1
e	4	5

图 2.26　差运算示例

2. **交运算**

假设有 n 元关系 R 和 n 元关系 S，它们经过交运算得到的关系仍然是一个 n 元关系，该关系由属于关系 R 且属于关系 S 的元组组成，并记为 R∩S。R∩S = R – (R – S)。图2.27所示为对关系 R 和关系 S 做交运算的示例。

关系R

A	B	C
a	1	2
b	2	1
c	3	1
e	4	5

关系S

A	B	C
d	3	2
c	3	1

关系T=R∩S

A	B	C
c	3	1

图 2.27　交运算示例

3. **并运算**

关系 R 与关系 S 经过并运算后得到的关系由属于关系 R 或属于关系 S 的元组构成，记为 R∪S。图 2.28 所示为对关系 R 和关系 S 做并运算的示例。

关系R

A	B	C
a	1	2
b	2	1
c	3	1
e	4	5

关系S

A	B	C
d	3	2
c	3	1

关系T=R∪S

A	B	C
a	1	2
b	2	1
c	3	1
d	3	2
e	4	5

图 2.28　并运算示例

4. **笛卡儿积运算**

设有 n 元关系 R 和 m 元关系 S，它们分别有 p 和 q 个元组，则关系 R 与关系 S 的笛卡儿积记为 R × S。它是一个 $m+n$ 元关系，元组个数是 $p \times q$。图 2.29 所示为对关系 R 和关系 S 做笛卡儿积运算的示例。

关系R

A	B	C
a	b	21
b	a	19
c	d	18
d	f	22

关系S

A	B	C
b	a	19
d	f	22
f	h	19

关系T=R × S

R.A	R.B	R.C	S.A	S.B	S.C
a	b	21	b	a	19
a	b	21	d	f	22
a	b	21	f	h	19
b	a	19	b	a	19
b	a	19	d	f	22
b	a	19	f	h	19
c	d	18	b	a	19
c	d	18	d	f	22
c	d	18	f	h	19
d	f	22	b	a	19
d	f	22	d	f	22
d	f	22	f	h	19

图 2.29　笛卡儿积运算示例

5. **投影运算**

从关系模式中指定若干个属性组成新的关系称为投影。

对关系 R 进行投影运算的结果记为 $\pi_A(R)$，其形式定义如下：

$$\pi_A(R) = \{t[A] \mid t \in R\}$$

其中，A 为 R 中的属性列。

例如，对关系 R 中的“系”属性进行投影运算，记为 $\pi_{系}(R)$，得到无重复元组的新关系 S，如图2.30 所示。

关系R

姓名	性别	系
李明	男	新闻
赵刚	男	建筑
张圆	女	通信
王晓	男	电子
李健	男	数学
李文	男	建筑

⇒

投影运算后得到的新关系 S

系
新闻
建筑
通信
电子
数学

图 2.30　投影运算示例

6. **选择运算**

从关系中找出满足给定条件的元组的操作称为选择。选择的条件以逻辑表达式给出，使逻辑表达式为真的元组将被选取。

选择是在二维表中选出符合条件的行，并形成新的关系的过程。选择运算用公式表示如下：

$$\sigma_F(R)=\{t|t\in R \text{ 且 } F(t) \text{ 为真}\}$$

其中，F 表示选择条件，它是一个逻辑表达式，取逻辑值“真”或“假”。逻辑表达式 F 由逻辑运算符（$\neg$、$\wedge$、$\vee$ 等）连接各算术表达式组成。算术表达式的基本形式如下：

$$X\theta Y$$

其中，θ 表示比较运算符 >、<、≤、≥、= 或 ≠。X、Y 为属性名常量或简单函数。属性名也可以用它的序号来代替。

例如，在关系 R 中选择出“系”为“建筑”的学生，表示为 $\sigma_{系=建筑}(R)$，得到新的关系 S，如图 2.31 所示。

关系R

姓名	性别	系
李明	男	新闻
赵刚	男	建筑
张圆	女	通信
王晓	男	电子
李健	男	数学
李文	男	建筑

⇒

选择运算后得到的新关系S

姓名	性别	系
赵刚	男	建筑
李文	男	建筑

图 2.31　选择运算示例

7. 除运算

除运算可以近似地看作笛卡儿积的逆运算。当 S×T=R 时，则必有 R÷S=T，T 称为 R 除以 S 的商。

设关系 R 有属性 $M_1, M_2, \cdots, M_n$，关系 S 有属性 $M_{n-s+1}, M_{n-s+2}, \cdots, M_n$，此时有

$$R\div S=\pi_{M_1,M_2,\cdots,M_{n-s}}(R)-\pi_{M_1,M_2,\cdots,M_{n-s}}((\pi_{M_1,M_2,\cdots,M_{n-s}}(R)\times S)-R)$$

例如，有关系 R、S，如图 2.32(a) 和图 2.32(b) 所示，求 T(T=R÷S)，结果如图 2.32(c) 所示。

关系R

A	B	C	D
a	b	19	d
a	b	20	f
a	b	18	b
b	c	20	f
b	c	22	d
c	d	19	d
c	d	20	f

(a)

关系S

C	D
19	d
20	f

(b)

关系T=R÷S

A	B
a	b
c	d

(c)

图 2.32　除运算示例

8. 连接运算

连接运算也称 θ 连接，是对两个关系进行的运算，其意义是从两个关系的笛卡儿积中选择满足给定属性间一定条件的元组。

设 *m* 元关系 R 和 *n* 元关系 S，则 R 和 S 两个关系的连接运算用公式表示如下：

$$R\underset{A\theta B}{\bowtie}S$$

它的含义可用如下公式定义：

$$R\underset{A\theta B}{\bowtie}S=\sigma_{A\theta B}(R\times S)$$

其中，A 和 B 分别为关系 R 和关系 S 上度数（属性数量）相等且可比的属性组。连接运算从关系 R 和关系 S 的笛卡儿积 R×S 中，找出关系 R 在属性组 A 上的值与关系 S 在属性组 B 上的值满足 θ 关系的所有元组。

当 θ 为“=”时，该运算称为等值连接；当 θ 为“<”时，该运算称为小于连接；当 θ 为“>”时，该运算称为大于连接。

设关系 R 和关系 S 如图 2.33(a) 和图 2.33(b) 所示，对图中的关系 R 和关系 S 做连接运算的结果如图 2.33(c) 和图 2.33(d) 所示。

关系R

A	B	C	D
a	b	b	20
b	a	d	21
c	d	f	17

(a)

关系S

E	F
19	d
20	f
18	h

(b)

$$R\underset{D=E}{\bowtie}S$$

A	B	C	D	E	F
a	b	b	20	20	f

(c)

$$R\underset{D>E}{\bowtie}S$$

A	B	C	D	E	F
a	b	b	20	19	d
a	b	b	20	18	h
b	a	d	21	19	d
b	a	d	21	20	f
b	a	d	21	18	h

(d)

图 2.33　连接运算示例

在实际应用中，常用的连接是自然连接。自然连接要求两个关系中进行比较的是相同的属性，并且进

行等值连接，相当于 θ 恒为“＝”，在结果中还要把重复的属性列去掉。自然连接可记为：

$$R\bowtie S$$

设有关系 R 和关系 S，如图 2.34(a)和图 2.34(b)所示，则 $R\bowtie S$ 的结果如图 2.34(c)所示。

关系R

A	B	C	D
a	b	b	20
b	a	d	21
c	d	f	17
c	d	h	22

(a)

关系S

D	E
19	d
20	f
21	h
20	d

(b)

$R\bowtie S$

A	B	C	D	E
a	b	b	20	f
a	b	b	20	d
b	a	d	21	h

(c)

图 2.34　自然连接运算示例

【考点 4】　数据库设计

1. 数据库设计概述

基本思想：过程迭代和逐步求精。

方法：面向数据的方法和面向过程的方法。

设计过程：需求分析→概念设计→逻辑设计→物理设计→编码→测试→运行→进一步修改。

2. 数据库设计的需求分析

需求收集和分析是数据库设计的第一阶段，常采用结构化分析方法(自顶向下、逐层分解)和面向对象分析方法，主要工作有绘制数据流图、分析数据、分析功能、确定功能处理模块和数据间关系等。

数据字典包括数据项、数据结构、数据流、数据存储和处理过程，是对系统中数据的详尽描述。

3. 数据库的设计

(1)数据库的概念设计：分析数据间内在的语义关联，以建立数据的抽象模型。

(2)数据库的逻辑设计：从 E－R 图向关系模型转换，使逻辑模式规范化，关系视图设计可以根据用户需求随时创建。实体转换为元组，属性转换为关系的属性，联系转换为关系。

(3)数据库的物理设计：对数据在物理设备上的存储结构与存取方法进行设计，目的是对数据库内部物理结构进行调整并选择合理的存取路径，以提高数据访问速度和增加存储空间。

4. 范式

关系数据库中的关系需要满足一定要求，满足不同程度要求的关系为不同的范式。满足最低要求的关系称为第一范式，简称 1NF。在满足第一范式的基础上，进一步满足更多要求的关系称为第二范式(2NF)。在满足第二范式的基础上，还可以再满足更多要求的关系称为第三范式(3NF)，以此类推。

对于关系，若其中的每个属性都已不能再分为简单项，则它属于第一范式。

例如，关系 SC(学号，姓名，所在系，系主任，年龄，课程号，课程名，成绩)，其中的每个属性都不能再分，属于第一范式。

若某个关系 R 为第一范式，并且 R 中每一个非主属性完全依赖于 R 的某个候选键，则它属于第二范式。第二范式消除了非主属性对主键的部分依赖。

例如，关系 SC 的主键为复合键(学号，课程号)，但明显有学号→姓名、课程号→课程名等，存在非主属性对主属性的部分依赖。对关系 SC 进行如下分解，就可以消除对非主属性的部分依赖，满足第二范式：

S1(学号，姓名，所在系，系主任，年龄)

C(课程号，课程名)

SC1(学号，课程号，成绩)

如果关系 R 是第二范式，并且每个非主属性都不传递依赖于 R 的候选键，则称 R 为第三范式(传递依赖：在关系模式中，如果 Y→X，X→A，X 不决定 Y 且 A 不属于 X，那么 Y→A 是传递依赖)。

例如，在关系 S1 中，学号→所在系，所在系→系主任，所以“系主任”传递依赖于主属性“学号”。对关系 S1 进行如下分解，即可消除传递依赖，满足第三范式：

S2(学号，姓名，所在系，年龄)

D(所在系，系主任)

C(课程号，课程名)

SC1(学号，课程号，成绩)

比第三范式更高级的是 BC 范式，它要求所有属性都不传递依赖于关系的任何候选键。

关系模式进行规范化的目的是使关系结构更加合理，消除存储异常，使数据冗余尽量小，便于进行插入、删除及更新等操作。

2.2　二级 Python 语言程序设计高频考点

2.2.1　Python 程序的基本语法

【考点 1】　程序的格式框架

1. 缩进

Python 有着严格的书写格式，Python 中用缩进表示语句之间的逻辑关系，这种设计有助于提高代码的可读性和可维护性。

缩进指每一行代码前面的留白部分，用来表示代码之间的层次关系。不需要有层次关系的代码顶行编写，不留空白。当表示分支、循环、函数、类等程序含义时，在 if、while、for、def、class 等关键字所在完整语句后通过英文冒号(:)结尾并在之后进行缩进。例如：

```
for i in range(1,10):
    for j in range(1,i+1):
        print("{}*{}={:2}".format(j,i,
i*j),end="\t")
    print("\n")
```

一般一行代码不超过 80 个字符。若实际代码超过 80 个字符，可以使用反斜线(\)延续行。例如：

```
s1 = "Everybody in this world should learn how to
program a computer,\
because it teaches you how to think."
print(len(s1))
```

缩进表达了所属关系。单层缩进属于之前相邻的一行非缩进代码，多层缩进代码根据缩进关系决定所属范围。在编写大量的代码时，需要留意层级之间的缩进。

2. 注释

代码中的辅助性文字称为注释，在程序运行时会被编译器或解释器略去，一般表示程序员对代码的解释说明。Python 中采用“#”表示一行注释的开始，多行注释即在需要注释的内容首尾加上三引号('''或""")。

注释可以位于一行中的任意一个位置，“#”后面的内容作为注释不被执行，前面的内容仍是 Python 程序的一部分。

Python 程序中的非注释语句将按编写的逻辑顺序逐句执行，注释语句会被解释器过滤掉，不被执行。注释一般用于表明作者和版权信息，或解释该部分代码的原理或用途，或作为标记辅助程序调试等。例如：

```
#这个函数将接收的字符串变为 Python 语句
value = eval(input("请输入一个整数:"))
```

3. 分号

Python 允许在一行代码的末尾加分号，但是不建议，也不要用分号将两条命令放在同一行中，建议一条命令单独放在一行。

4. 空格

对于赋值(=)、比较(==、<、>、!=、<=、>=、in、not in、is、is not)、布尔(and、or、not)等运算符，在运算符两边各加上一个空格，可以使代码更加清晰、明了。例如：

```
x = 5
while x < 6:
    x = x + 1
print(x)
```

【考点 2】　Python 的基本数据类型

Python 的基本数据类型有数字类型和字符串类型两种。其中数字类型有 3 种：整数(int)、浮点数(float)、复数(complex)。使用内置函数 type(object)可以返回 object 的数据类型；使用内置函数 isinstance(obj,class)可以测试对象 obj 是否为指定类型 class 的实例。

1. 数字类型

(1)整数。

没有小数部分的数被称为整数，如 20、63、0、-65。和其他编程语言不同，Python 的整数类型没有长度限制，支持任意大的数字，只受限于内存大小。

整数类型支持 4 种进制表示方式——二进制、八进制、十进制及十六进制，如表 2.24 所示。十进制是默认的方式，而其他 3 种进制需要加前缀方可表示，分别是 0b、0o、0x，其字母也可以用大写形式。其中十六进制需要用 A～F 表示 10～15。例如：

```
>>> x = 0b1010
>>> x
10
>>> x = 0o111
>>> x
73
>>> x = 0x254
>>> x
596
```

表 2.24　整数类型支持 4 种进制表示方式

类型	前缀
二进制	0b/0B
八进制	0o/0O
十进制	无
十六进制	0x/0X

(2)浮点数。

浮点数是带有小数部分的数字。与整数不同，Python 中浮点数存在范围的限制，计算结果超出上限或下限都会产生溢出错误。浮点数的取值范围一般是 $-10^{308} \sim 10^{308}$。

浮点数有两种表示方法：十进制和科学记数法。

科学记数法使用字母 e 或者 E 作为幂的符号，以 10 为基数，如 <a>e<b> = $a \times 10^b$。

(3)复数。

复数可以看作二元有序实数对(a,b)，表示 $a+bj$，其中 a 是实部，b 是虚部。1j 表示 -1 的平方根。复数对象可用属性 real 和 imag 查看复数的实部和虚部。例如：

```
>>> 3 + 7j
(3 +7j)
>>> (3 + 7j).real
3.0
>>> (3 + 7j).imag
7.0
```

(4)数据类型转换。

在一些实际程序中，所获得的数据有可能需要进行类型转换才成为我们所需要的数据，这时就需要用到一些函数对其类型进行转换。表 2.25 所示为常见的类型转换函数。

表 2.25　常见的类型转换函数

函数	描述
int(x)	将 x 转换为一个整数
float(x)	将 x 转换为一个浮点数
complex(x)	将 x 转换为一个复数，实部为 x，虚部为 0
complex(x,y)	将 x 和 y 转换为一个复数，实部为 x，虚部为 y

例如：

```
>>> int(333.333)
333
>>> float(100)
100.0
>>> complex(5,6)
(5 +6j)
```

2. 字符串类型

(1)字符串的组成。

字符串是由字符组成的序列。在 Python 中，可以使用一对单引号('')或者一对双引号("")创建字符串。单引号和双引号的作用相同。例如：

```
>>> name = "The world is so big,I want to see "
>>> print(name)
The world is so big,I want to see


>>> name = 'I will go home'
>>> print(name)
I will go home
```

字符串不能进行数学运算。例如：

```
>>> '6' + '5'
'65'
>>> 6 + 5
11
```

(2)字符串的连接。

字符串与字符串之间使用“+”进行首尾连接，且中间没有空格。例如：

```
>>> 'I' + 'love' + 'you'
'Iloveyou'
>>> 'I ' + 'love' + ' you'
'I love you'
```

(3)字符串的复制。

“*”在字符串中的作用是使前面的字符串按照后面的数字重复若干次。例如：

```
>>> "I love Python " *3
'I love Python I love Python I love Python '
>>> "面朝大海，春暖花开 " *2
'面朝大海，春暖花开 面朝大海，春暖花开 '
```

(4)转义字符。

在字符串的一些操作中需要保留字符原本的含义，此时就需要用反斜线来转义字符，以便表示特殊字符。常见的转义字符如表 2.26 所示。

表 2.26　常见的转义字符

转义字符	含义
\n	换行符
\t	横向制表符
\v	纵向制表符
\r	回车符
\f	换页符

续表

转义字符	含义
\0	空值
\'	单引号（'）
\"	双引号（"）
\\	\
\a	响铃
\b	退格

一些字符串中包含反斜线，表示特定的含义，不需要转义字符生效，此时需要把 r 或 R 加在字符串的前面。例如：

```
>>> string = 'D:\nothing'
>>> print(string)
D:
othing
>>> string = r'D:\nothing'
>>> print(string)
D:\nothing
```

（5）字符串的切片。

在 Python 中，可以使用切片（slice）截取字符串中的部分字符。字符串中可通过方括号运算符（[ ]）来获取相应索引位置的字符。

Python 有两种索引方式：一种是正序，n 个字符，从 0 开始到 $n-1$；另一种是逆序，n 个字符，从 -1 开始到 $-n$。例如：

```
>>> s = 'Facing the sea, with spring blossoms. '
>>> print(s[0:16])
Facing the sea,
```

切片共有 3 个参数，用冒号分隔开。第 1 个参数表示切片开始位置（默认为 0），第 2 个参数表示切片截止位置（但不包含该位置，默认为字符串长度），第 3 个参数表示切片的步长（默认为 1）。步长省略时，可以省略最后一个冒号。例如：

```
>>> s = 'Facing the sea, with spring blossoms. '
>>> s[:]
'Facing the sea, with spring blossoms. '
>>> s[:10]
'Facing the'
>>> s[7:]
'the sea, with spring blossoms. '
>>> s[17:37]
'ith spring blossoms. '
>>> s[7:14:3]
't a'
```

字符串是不可变对象，所以不可以对字符串的切片赋值。

（6）字符串相关函数和方法。

①len()：字符串长度函数，可以确定字符串包含多少个字符。例如：

```
>>> s = "Python 基本程序设计"
>>> len(s)
12
```

②ord()：对于单个字符，该函数将该字符转换成对应的 Unicode 值。例如：

```
>>> ord('A')
65
```

③chr()：该函数可将 Unicode 值转换成对应的字符。例如：

```
>>> chr(111)
'o'
```

④title()方法：以首字母大写的方式显示每一个单词，即每个单词的首字母都改为大写。例如：

```
>>> s = 'jack love rose'
>>> s.title()
'Jack Love Rose'
```

⑤upper()和 lower()方法：将字符串的字符全部改为大写或者小写。例如：

```
>>> s = 'Jack Love Rose'
>>> s.upper()
'JACK LOVE ROSE'
>>> s.lower()
'jack love rose'
```

⑥rstrip()方法：删除字符串末尾的空白字符。例如：

```
>>> name = 'python '
>>> name.rstrip()
'python'
```

⑦lstrip()方法：删除字符串开头的空白字符。例如：

```
>>> name = ' python'
>>> name.lstrip()
'python'
```

⑧strip()方法：删除字符串首尾两端的空白字符。例如：

```
>>> name = ' python '
>>> name.strip()
'python'
```

【考点 3】　基本运算和表达式

1. 命名

Python 采用大写字母、小写字母、数字、下划线及汉字等字符及其组合对变量进行命名，但是名字的首字母不能是数字，标识符中间不能出现空格。

标识符名字不能与关键字(保留字)同名,关键字是指被编程语言内部定义并保留使用的标识符。Python 3.x 共有 35 个关键字,分别为 and、as、assert、async、await、break、class、continue、def、del、elif、else、except、False、finally、for、from、global、if、import、in、is、lambda、None、nonlocal、not、or、pass、raise、return、True、try、while、with 和 yield。

2. 变量

(1)变量的定义。

在 Python 中没有专门的变量定义语句,第一次对变量进行赋值时就已经完成对变量的定义。例如:

```
>>> x
Traceback (most recent call last):
  File "<pyshell#51>", line 1, in <module>
    x
NameError: name 'x' is not defined
>>> x=1
>>> x
1
```

变量必须在定义之后才能访问。Python 中的变量比较灵活,同一个变量名称可以先后赋予不同类型的值,定义为不同的变量对象参与运算。

(2)删除变量。

使用 del 命令可以删除一个对象(变量、函数等)并释放对象所占用的资源,删除之后就不能再次访问这个对象,但是可以重新定义该变量的值。

变量是否存在取决于变量是否占据一定的内存空间。当一个变量被定义时,操作系统会为其分配内存空间,可以使用 id()函数查看变量引用的内存地址。

3. 表达式

表达式类似数学中的计算公式,以表达单一功能为目的,运算后产生运算结果,运算结果的类型由运算符或操作符决定。

按照运算符的种类,表达式可以分为算术表达式、关系表达式、逻辑表达式、测试表达式等。

多种运算构成的表达式,按照运算符的优先级和结合性依次进行运算,出现括号时,先计算括号内的。

在运算过程中会要求两个操作数类型一致,当操作数类型不一致时,系统会自动将低类型向高类型转换后计算。例如:

```
>>> x=2.3
>>> y=5
>>> x+y
7.3
```

运算符优先级如表 2.27 所示。

表 2.27 运算符优先级

优先级	由低到高(括号内优先级相同)
由低到高	or、and、not
	(=、+=、-=、*=、/=、//=、%=、**=)
	(>、>=、<、<=、==、!=、is、is not)
	(+、-)
	(*、/、//、%)
	**
	[]

4. 算术运算符

Python 中常用的算术运算符如表 2.28 所示。

表 2.28 算术运算符

运算符	描述
x+y	两个数相加
x-y	两个数相减
x*y	两个数相乘
x/y	两个数相除(结果为浮点数)
x%y	两个数之商的余数
x**y	x 的 y 次幂
x//y	不大于 x 与 y 之商的最大整数

例如:

```
>>> a=6
>>> b=3
>>> a+b
9
>>> a-b
3
>>> a*b
18
>>> a/b
2.0
>>> a//b
2
>>> a%b
0
>>> a**b
216
```

5. 比较运算符

Python 中常用的比较运算符如表 2.29 所示。比较运算返回的结果若为 True,则表示真;若为 False,则表示假。

表 2.29　比较运算符

运算符	描述
x == y	比较两个数是否相等
x! = y	比较两个数是否不相等
x > y	比较 x 是否大于 y
x < y	比较 x 是否小于 y
x >= y	比较 x 是否大于等于 y
x <= y	比较 x 是否小于等于 y

例如：

```
>>> a = 11
>>> b = 16
>>> a == b
False
>>> a != b
True
>>> a > b
False
>>> a < b
True
>>> a >= b
False
>>> a <= b
True
```

6. 赋值运算符

Python 中常用的赋值运算符如表 2.30 所示。

表 2.30　赋值运算符

运算符	描述
=	简单赋值运算
+=	加法赋值运算
-=	减法赋值运算
*=	乘法赋值运算
/=	除法赋值运算
%=	取模赋值运算
**=	幂赋值运算
//=	取整赋值运算

例如：

```
>>> a = 3
>>> b = 6
>>> c = 0
>>> c = a + b
>>> c += 5
>>> c
14
>>> c -= a
>>> c
11
>>> c *= a
>>> c
33
>>> c /= a
>>> c
11.0
>>> c %= a
>>> c
2.0
>>> c **= a
>>> c
8.0
>>> c //= a
>>> c
2.0
```

7. 逻辑运算符

Python 中常用的逻辑运算符如表 2.31 所示。

表 2.31　逻辑运算符

运算符	描述
and	布尔“与”
or	布尔“或”
not	布尔“非”

例如：

```
>>> a = 3
>>> b = 6
>>> a and b
6
>>> a = 0
>>> b = 3
>>> a and b
0
>>> a or b
3
>>> not a
True
```

由实例可知，“与”运算时，如果 a 为假，a and b 就返回 a 的值，否则返回 b 的值；“或”运算时，如果 a 为真，返回 a 的值，否则返回 b 的值；“非”运算时，如果 a 为真，就返回假，如果 a 为假，就返回真。

【考点 4】　基本输入/输出函数

1. 输入函数

input( )函数可以让程序暂停运行并输出提示内

容，等待用户输入数据后按 <Enter> 键结束，输入的内容将被保存到对应的变量中。函数最后把不包含回车符的字符串作为结果返回，系统继续向下执行代码。每次使用 input( ) 时，都应该给出清晰、明了的提示，准确地告诉用户希望得到什么样的信息。语法格式如下。

<变量> = input(<提示字符串>)

例如：

```
>>> name = input("请输入你的姓名:")
请输入你的姓名:张三
```

不管用户输入的是什么信息，input( ) 函数一律将其视为字符串，必要时需要使用内置函数 int( )、float( ) 或 eval( ) 对输入的内容进行类型转换。

2. 输出函数

输出函数 print( ) 可以将运行结果按照一定的输出格式显示在输出设备上，供用户查看。语法格式如下。

print(<输出值 1>[, <输出值 2>,… <输出值 *n*>, sep = '', end = '\n'])

通过 print( ) 函数可以将若干个输出值转换为字符串并输出，值与值之间用 sep 分隔，最后以 end 结束。sep 默认为空格符，end 默认为换行符。例如：

```
>>> print('你好','中国。',sep = ',',end = '\n')
你好,中国。
```

3. eval( ) 函数

eval( ) 函数的作用是去掉字符串最外侧的引号，并按照 Python 语句执行方式来执行引号内的内容，语法格式如下。

<变量> = eval(<字符串>)

例如：

```
>>> a = eval('3 + 5')
>>> a
8
```

eval( ) 函数通常与 input( ) 函数一起使用。

2.2.2　Python 的组合数据类型

【考点 1】　列表

Python 的列表(list)是有序的。在列表中，值可以是任何数据类型，被称为元素(element)或项(item)。Python 可以通过元素在列表中所占的位置进行访问，即对列表中的所有元素按序编号(称为索引)，从而实现对列表的操作。列表的索引是从 0 开始的，依次类推。列表没有长度限制，因为元素类型可以不同，所以不需要预先定义列表长度。

列表用方括号表示，用逗号分隔其中的元素，也可以通过 list( ) 函数将元组或字符串转换成列表。直接使用 list( ) 函数会返回一个空列表。

1. 创建列表

创建列表和创建变量一样，用方括号把一组数据括起来，元素与元素之间用逗号分隔即可。如下都是合法的列表对象：

```
[5,6,4,8,7,56]
['a','d','e','r','f']
['s',23,3.2,[5,8]]
[{8,5},{2:5},['file',123,4]]
```

2. 向列表添加元素

使用 append( ) 方法可向列表中添加元素。例如：

```
>>> num = [1,2,3]
>>> num.append(5)
>>> num
[1, 2, 3, 5]
```

若要在指定位置添加元素，需要使用 insert( ) 函数。insert( ) 函数有两个参数：第 1 个参数表示插入的位置，第 2 个参数表示插入的元素。例如，把 8 插入列表的第 2 个位置：

```
>>> num.insert(1,8)
>>> num
[1, 8, 2, 3, 5]
```

3. 从列表中访问元素

列表是有序集合，因此要访问列表中的任何元素，只需要将该元素的位置或索引告诉 Python 即可。要访问列表元素，需指出列表的名称，再指出元素的索引，并把索引放在方括号内。例如：

```
>>> fruit = ['草莓','苹果','香蕉','芒果']
>>> fruit[1]
'苹果'
```

使用 for 循环输出列表元素：

```
>>> lis = ['C++','Java','Python','php']
>>> for i in lis:
        print(i,end = " ")
C++ Java Python php
```

4. 从列表删除元素

删除列表中的元素可以使用 remove( ) 方法、pop( ) 方法、del 语句。例如：

```
>>> fruit.remove('苹果')
>>> fruit
['草莓', '香蕉', '芒果']
```

使用 remove( ) 方法时，只需要知道删除的元素存在于列表中，不需要知道元素在列表中的位置，删除后的元素是可以接着使用的。若删除的元素不在列表中，程序就会报错。并且，remove( ) 方法只删除第一个指定的值，如果要删除的值在列表中出现多次，就需要使用循环判断列表中是否删除了所有这样的值。

pop()方法可删除列表末尾的元素,但可以继续使用该元素。例如:

```
>>> fruit = ['草莓', '香蕉', '芒果']
>>> fruit.pop()
'芒果'
>>> fruit.pop()
'香蕉'
>>> fruit
['草莓']
>>> fruit = ['草莓', '香蕉', '芒果']
>>> last_fruit = fruit.pop()
>>> fruit
['草莓', '香蕉']
>>> "I love " + last_fruit
'I love 芒果'
```

实际上,可以使用 pop()方法删除列表中任何位置的元素,只需要在圆括号中指定要删除的元素的索引即可。指定索引,删除元素后,会把删除的元素返回。例如:

```
>>> fruit = ['草莓', '香蕉', '芒果']
>>> fruit.pop(1)
'香蕉'
>>> fruit
['草莓', '芒果']
```

若 del 后跟列表的名字,则删除整个列表的内容。使用 del 语句可以删除任何位置上的列表元素,条件是必须知道元素的索引。例如:

```
>>> del fruit
>>> fruit
Traceback (most recent call last):
  File "<pyshell#111>", line 1, in <module>
    fruit
NameError: name 'fruit' is not defined
>>> fruit = ['草莓', '香蕉', '芒果']
>>> del fruit[1]
>>> fruit
['草莓', '芒果']
```

使用 del 语句将元素从列表中删除之后,就没有办法再访问该元素。

5. 列表的其他常用操作方法

(1)count()方法。

count()方法返回某个元素在列表中出现的次数。例如:

```
>>> num = [1,2,3,5,4,1,2,3,6,1,2,2,1,2,4,5,4]
>>> num.count(1)
4
```

(2)extend()方法。

extend()方法在列表末尾一次性追加另一个列表的所有元素,用于扩展列表。例如:

```
>>> a = [1,2,3,4]
>>> b = [5,6,7,8]
>>> a.extend(b)
>>> a
[1, 2, 3, 4, 5, 6, 7, 8]
```

(3)index()方法。

index()方法返回列表中第一次出现的 x 元素的索引,若不存在该元素则报错。例如:

```
>>> lis = [1,2,1,2,5,4,8,2]
>>> lis.index (2)
1
>>> lis.index(3)
Traceback (most recent call last):
  File "<pyshell#2>", line 1, in <module>
    lis.index(3)
ValueError: 3 is not in list
```

(4)reverse()方法。

reverse()方法反转列表元素的排列顺序,此方法不需要传入任何参数且“永久性”地修改了列表元素的排列顺序。例如:

```
>>> num = [1,2,3,4,5]
>>> num.reverse()
>>> num
[5, 4, 3, 2, 1]
```

(5)sort()方法。

sort()方法“永久性”地修改了列表元素的排列顺序,默认为升序。例如:

```
>>> num = [7,2,1,4,6,3]
>>> num.sort()
>>> num
[1, 2, 3, 4, 6, 7]
>>> num = [2,4,1,3,5]
>>> sorted(num)
[1, 2, 3, 4, 5]
>>> num
[2, 4, 1, 3, 5]
```

sorted()函数对列表元素进行临时排列,并且返回排序后的列表副本,即列表本身的排序没有发生改变。

(6)clear()方法。

clear()方法用于清空列表,与 del 语句的功能类似。例如:

```
>>> num = ['python','study','is']
>>> num.clear()
>>> num
[]
```

6. **列表切片**

列表的第 1 个元素的索引为 0,第 2 个元素的索引为 1,根据这种简单的计数方式,访问列表的任何元素,都可以把位置减 1。要创建切片,首先需要指定使用的第 1 个元素和最后 1 个元素的索引。例如,要输出列表的前 3 个元素,需要指定索引 0 ~ 3,即可输出索引分别为 0、1 及 2 的元素。

【例】列表的切片方法。

代码如下。

```
>>> lis = [4,5,6,8,7,9,1,2,4,5,8]
>>> lis[2:5]
[6,8,7]
>>> lis[: -1]
[4,5,6,8,7,9,1,2,4,5]
>>> lis[5:]
[9,1,2,4,5,8]
>>> lis[4:9:3]
[7,2]
>>> lis[8:2: -2]
[4,1,7]
```

列表的元素检查,代码如下。

```
>>> 2 in lis
True
>>> 11 in lis
False
```

【考点 2】　元组

元组与列表相似,不同之处在于元组的元素不能修改。

1. **创建和访问元组**

元组(tuple)的创建语法非常简单:若用逗号分隔一些数据,系统会自动创建元组。元组也可以用圆括号标注。例如:

```
>>> 'hello','python'
('hello', 'python')
>>> (7,8,9)
(7, 8, 9)
```

需要注意的是,如果创建的元组中仅包含一个值,也必须在该值后面加上逗号,否则不会创建元组。例如:

```
>>> 21,
(21,)
>>> 21
21
```

元组的访问和列表一样,都是通过索引进行访问。例如:

```
>>> tuple1 = ('world','apple','pink','black')
>>> tuple1[2]
'pink'
>>> tuple1[1:3]
('apple', 'pink')
>>> tuple1[:]
('world', 'apple', 'pink', 'black')
```

2. **连接、删除元组**

元组的元素值是不允许被修改的,但是可以对元组进行连接。例如:

```
>>> tuple1 = (1,2,3)
>>> tuple2 = (4,5,6)
>>> tuple1 + tuple2
(1,2,3,4,5,6)
```

元组的元素也是不允许删除的,但是可以使用 del 语句删除整个元组。例如:

```
>>> tuple1 = ('one','two','three','four')
>>> del tuple1
>>> tuple1
Traceback (most recent call last):
  File "<pyshell#43>",line 1,in <module>
    tuple1
NameError:name 'tuple1' is not defined
```

3. **元组的内置函数**

Python 为元组提供了一些内置函数,如 len()、max()、min()、tuple()等。

len()用于获取元组的长度。例如:

```
>>> tuple1 = ('like','happy','sun','beauty')
>>> len(tuple1)
4
```

max()用于返回元组中的最大值。例如:

```
>>> tuple1 = (88,55,12,30,64)
>>> max(tuple1)
88
```

min()用于返回元组中的最小值。例如:

```
>>> tuple1 = (88,55,12,30,64)
>>> min(tuple1)
12
```

tuple()用于将列表转换为元组。例如:

```
>>> lis = ['月季','百合','牡丹']
>>> tuple(lis)
('月季', '百合', '牡丹')
```

【考点3】 字典

字典(dict)是键值对的无序集合。字典中的每个元素包含用冒号分隔开的“键”和“值”两部分,表示一种映射关系,也称为关联数组。

字典中的“键”可以是 Python 中任意不可变数据,如整数、元组、字符串等,而且“键”不可以重复,“值”可以重复。

1. 字典的创建

字典是由花括号({})和键值对构成的,可以直接使用花括号创建字典,也可以用 dict()创建字典。用 dict()创建字典时会使用很多圆括号,这是因为 dict()的参数可以是一个序列,但不能是多个序列。例如:

```
>>> dic = {1:'A',2:'B',3:'C'}
>>> dic
{1: 'A', 2: 'B', 3: 'C'}
>>> dict((('A',101),('B',201),('C',41)))
{'A': 101, 'B': 201, 'C': 41}
```

2. 访问字典的键和值

要访问字典中的某个值,可以用字典名加上方括号获取,方括号中放入的是该值对应的键。如果键不在字典中就会引发 KeyError。例如:

```
>>> dic = {'A': 101, 'B': 201, 'C': 41}
>>> dic['A']
101
>>> dic['D']
Traceback (most recent call last):
  File "<pyshell#59>",line 1,in <module>
    dic['D']
KeyError: 'D'
```

字典中可包含任意数量的键值对。

3. 更新字典

字典是一种动态结构,可随时在其中修改和添加键值对。需要注意的是,键值对的排列顺序与添加顺序不同。Python 不关心键值对的添加顺序,只关心键和值之间的关联关系。例如:

```
>>> dic = {1:10.2,2:3,3:41.2,4:55}
>>> dic[2] =3.5
>>> dic
{1:10.2, 2:3.5, 3:41.2, 4:55}
>>> dic[5] =66
>>> dic
{1:10.2,2:3.5,3:41.2,4:55, 5:66}
```

4. 删除键值对

对于字典中不需要的元素,可以使用 del 语句将相应的键值对彻底删除。使用 del 语句时,需要指定字典名和要删除的键。例如:

```
>>> snacks = {"薯片":11.2,"瓜子":8.8,"牛奶":5}
① >>> del snacks["牛奶"]
>>> snacks
{'薯片': 11.2,'瓜子': 8.8}
```

①所示的代码将键“牛奶”从字典 snacks 中删除,同时删除与这个键相关联的值。

5. 遍历字典

一个字典可能包含几个键值对,也可能包含成千上万个键值对。由于字典可能包含大量的数据,因此可以使用多种方法遍历字典中的键值对。例如:

```
snacks = {
    "薯片":"9.8",
    "牛奶":"5.6",
    "坚果":"18.5",
    "榴莲糖":"8.6",
    "大白兔":"8.8",
    "好丽友":"6.4",
    "绿豆糕":"12.3"
    }
①for k,v in snacks.items():
②    print("\nkey:" + k)
③    print("value:" + v)
```

如①所示,先声明两个变量,分别存储字典中对应的键和值,变量名称可以使用任意名称。items()方法返回一个键值对列表,然后用 for 循环依次把每个键值对存储到对应的变量中。

如②所示,在输出语句前面加上“\n”是为了在输出每个键值对前都插入一个空行,使输出的键值对更加简洁、直观。输出结果如下。

```

key:薯片
value:9.8

key:好丽友
value:6.4

key:坚果
value:18.5

key:牛奶
value:5.6

key:绿豆糕
value:12.3
```

key:大白兔
value:8.8

key:榴莲糖
value:8.6

6. 字典的操作方法

(1)clear()方法。

clear()方法用于清空字典的内容。该方法不需要参数,没有返回值。例如:

```
>>> dic = {1:'香蕉',2:'苹果',3:'西瓜'}
>>> dic.clear()
>>> dic
{}
```

(2)copy()方法。

copy()方法返回一个具有相同键值对的新字典,不是原字典的副本。例如:

```
>>> dic = {'张三':74,'李四':85,'杨娟':66}
>>> st = dic.copy()
>>> st
{'李四':85,'杨娟':66,'张三':74}
```

(3)get()方法。

get()方法返回指定键的值,如果值不存在就返回默认值。例如:

```
>>> dic = {'张三':74,'李四':85,'杨娟':66}
>>> dic.get('张三')
74
>>> dic.get('何生')
>>>
```

(4)items()方法。

items()方法用于返回字典的所有键值对。例如:

```
>>> dic = {'张三':74,'李四':85,'杨娟':66}
>>> dic.items()
dict_items([('李四',85),('杨娟',66),('张三',74)])
```

(5)keys()方法。

keys()方法返回字典的所有键。例如:

```
>>> dic = {'张三':74,'李四':85,'杨娟':66}
>>> dic.keys()
dict_keys(['李四','杨娟','张三'])
```

(6)update()方法。

update()方法用于把一个字典的键值对更新到另一个字典中,该方法无返回值。例如:

```
>>> dic = {'王铭':1001,'张莉':1002}
>>> dic2 = {'余温':1003}
>>> dic.update(dic2)
>>> dic
{'王铭':1001,'张莉':1002,'余温':1003}
```

(7)values()方法。

values()方法以列表形式返回字典中的所有值。例如:

```
>>> dic = {'王铭':1001,'张莉':1002,'余温':1003}
>>> dic.values()
dict_values([1001, 1002, 1003])
```

【考点 4】　集合

集合不同于列表和元组,集合存储的元素是无序且不重复的。元素类型只能是不可变数据类型,如整数、浮点数、字符串、元组等。由于元素间没有顺序,因此元素不能比较、不能排序。

1. 集合的创建

集合可以直接使用花括号标注元素,也可以使用 set()创建。例如:

```
>>> set1 = {'医生','护士','护工'}
>>> set2 = set(['老师','学生','园丁'])
>>> set1
{'护工','护士','医生'}
>>> set2
{'老师','学生','园丁'}
>>> T = {'想法',112,1010,321,1010}
>>> T
{'想法', 321, 1010, 112}
```

2. 访问集合元素

由于集合元素的无序性,因此不可以使用索引进行访问,但是可以使用迭代把集合中的元素逐一读取出来。例如:

```
>>> set1 = {1,2,2,1,3,5,4,6,5,4,}
>>> for num in set1:
        print(num,end = ',')
1,2,3,4,5,6,
```

3. 集合的操作符

集合的操作符及运算如表 2.32 所示。

表 2.32　集合的操作符及运算

操作符及运算	描述
S - T	返回新的集合,包含在 S 中但不在 T 中的元素
S & T	返回新的集合,同时包含在 S 和 T 中的元素
S ^ T	返回新的集合,包含在 S 和 T 中的非共同元素
S | T	返回新的集合,包含在 S 和 T 中的所有元素

4. 集合使用的方法

表 2.33 所示为集合使用的方法。

表 2.33 集合使用的方法

方法	描述
s.issubset(t)	若 s 是 t 的子集，返回 True，否则返回 False
s.issuperset(t)	若 s 是 t 的超集，返回 True，否则返回 False
s.union(t)	返回新的集合，s 和 t 的并集
s.intersection(t)	返回新的集合，s 和 t 的交集
s.difference(t)	返回新的集合，元素属于 s 但不属于 t
s.symmetric_difference(t)	返回新的集合，是 s 和 t 中不重复元素
s.copy()	返回新的集合，是 s 的浅复制

2.2.3 Python 程序的控制结构

【考点 1】 基本赋值语句

1. 简单赋值语句

把赋值号（=）右边的表达式计算后的结果赋给左边的变量的语句称为赋值语句。例如：

```
>>> name = '杨洋'
>>> age = 24
>>> x = 3 + 4j
>>> score = 84.5
```

上述 4 条语句分别实现了：为变量 name 赋值一个字符串，为变量 age 赋值一个整数，为变量 x 赋值一个复数，为变量 score 赋值一个浮点数。

赋值语句还有增量赋值的形式：

<变量> += <表达式>

该表达式等价于：

<变量> = <变量> + <表达式>

可以用于增量赋值语句的运算符还有 -=、*=、/=、&=、>>= 等。

赋值语句还有下面的形式：

```
x = y = z = 2
```

这种形式对 3 个变量的赋值都是一样。

Python 定义的对象是有类型的，但是变量是没有类型的。赋值语句使某个变量得到表达式的值，但它只是引用了该对象的值。对于同一个变量，第一次赋值的类型可以和第二次赋值的类型不同。

2. 序列赋值语句

序列赋值可以为多个变量分别赋予不同的值，变量之间用逗号隔开。例如：

```
name, age = '夏天', 8
```

上述语句表示，赋值号右边的值分别依次赋值给左边的变量。Python 可以通过序列赋值语句实现两个变量的值的交换。例如：

```
>>> score1, score2 = 87, 99
>>> score1, score2 = score2, score1
>>> score1
99
>>> score2
87
```

【考点 2】 顺序结构

顺序结构是所有程序执行的默认结构。程序按照语句编写的先后顺序依次执行，它有一个入口和一个出口。顺序结构的流程如图 2.35 所示。

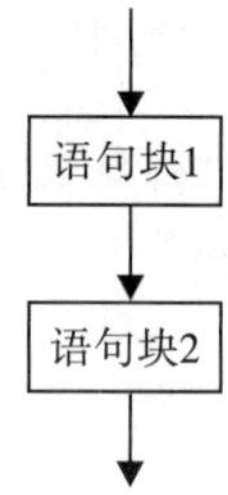

图 2.35 顺序结构的流程

下面通过一个例子学习如何使用顺序结构解决实际的问题。

【例】编写程序，用键盘输入物理、生物、化学这 3 门课的成绩，计算平均成绩并输出，要求平均成绩保留 2 位小数。

分析：要计算 3 门课的平均成绩，首先需要获得 3 门课的成绩，然后求和。此时需要用到 input() 函数，但是此函数得到的是字符串，需要用 eval() 函数将其转换为数字方可计算。输出时采用格式输出方式保留 2 位小数。

代码如下。

```
physics = eval(input("请输入物理成绩:"))
biology = eval(input("请输入生物成绩:"))
chemistry = eval(input("请输入化学成绩:"))
avg = (physics + biology + chemistry)/3
print('{:.2f}'.format(avg))
```

【考点 3】 分支结构

分支结构分为单分支结构、二分支结构及多分支结构，分别用 if、if-else 及 if-elif-else 语句描述解决问题。

1. 单分支结构（if 语句）

if 语句的语法格式如下。

if <条件>:

    <语句块>

其中<条件>是任意的数值、字符、关系或逻辑表达式,也可以用其他数据类型的表达式。<条件>以 True 表示真,False 表示假。

<语句块>执行与否依赖于条件判断,不管语句块的内容是否执行,都会转到与 if 语句同级别的下一条语句,如图 2.36 所示。

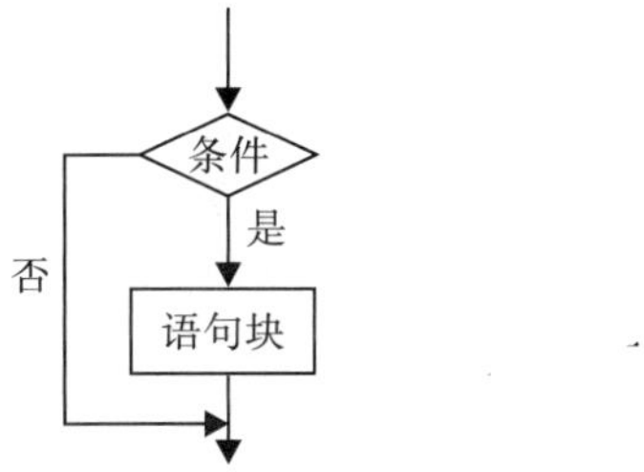

图 2.36　单分支结构流程图

【例 1】编写程序,用键盘输入姓名和年龄,如果年龄超过 18 岁,输出"符合国家驾照考试规定"。

代码如下。

```
name = input("输入你的姓名:")
age = int(input("输入你的年龄:"))
if age >= 18:
    print(name + "符合国家驾照考试规定")
```

<条件>可以是一个或者多个条件,多个条件之间可以使用 and 或者 or 进行逻辑组合。and 表示且的关系,即所有的条件必须满足,才能执行语句块的内容;or 表示或的关系,即只要满足其中一个条件,就可以执行语句块的内容。not 表示条件否的关系。例如:

```
s = eval(input("请输入一个整数:"))
if s%3 ==0 and s%7 ==0:
    print("这个数可以被 3 和 7 整除。")
print("输入的数字是:",s)

s = eval(input("请输入一个整数:"))
if s%2 ==0 or s%5 ==0:
    print("这个数可以被 2 或者 5 整除。")
print("输入的数字是:",s)
```

2. 二分支结构(if-else)

if – else 的语法格式如下。

if <表达式>:

　　<语句块 1>

else:

　　<语句块 2>

<语句块 1>是在 if 条件满足后执行的一条或多条语句,<语句块 2>是无法满足条件而执行的语句。条件的真与假分别形成了两条不同的执行路径,如图 2.37 所示。

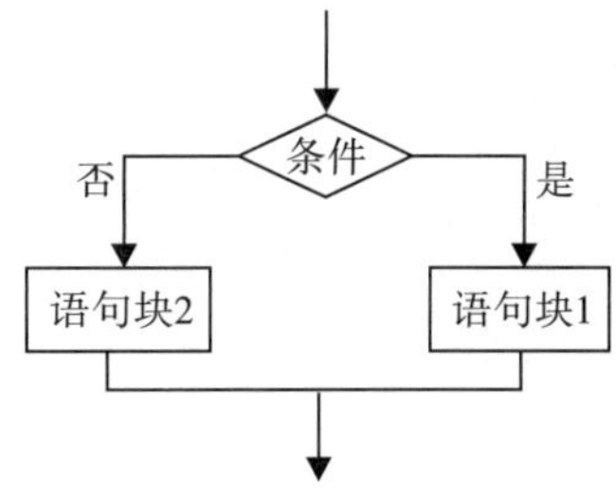

图 2.37　二分支结构流程图

【例 2】编写程序,输入姓名和年龄,若年龄达到 18 岁,输出"符合国家驾照考试规定";若小于 18 岁,输出"您的年龄不符合考试规定"。

代码如下。

```
name = input("输入你的姓名:")
age = int(input("输入你的年龄:"))
if age >= 18:
    print(name +"符合国家驾照考试规定。")
else:
    print(name +"您的年龄不符合考试规定。")
```

二分支结构还有一种更简洁的表达方式,该方式适用于<语句块 1>和<语句块 2>只包含一条表达式的情况,语法格式如下。

<表达式 1> if <条件> else <表达式 2>

例如:

```
s = eval(input("请输入一个整数:"))
token = "@" if s%3 ==0 and s%5 ==0 else "不"
print("{}这个数字能够同时被 3 和 5 整除".format(token))
```

3. 多分支结构(if-elif-else)

Python 的多分支结构使用关键字 if-elif-else 对多个条件进行判断,并根据不同条件的结果执行相应的分支。多分支的语法格式如下。

if <条件 1>:

　　<语句块 1>

elif <语句 1>:

　　<语句块 2>

…

else:

　　<语句块 *n*>

当所遇到的条件较多时就需要用到多分支结构,不管有多少分支,程序执行其中一个分支之后,其他分支不再执行。当多分支中的多个条件都满足时,系统只执行第一个满足条件对应的语句块,如图 2.38 所示。

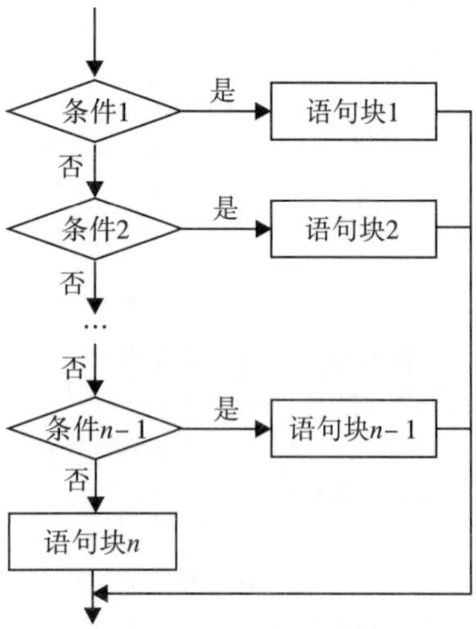

图 2.38　多分支结构流程图

多分支结构通常用于判断一类条件或同一个条件的多个执行路径。需要注意的是，在执行分支结构时是按照条件的代码顺序逐一判断，直到找到一个结果为 True 的条件，然后执行该条件对应的语句块，并在结束后直接跳出整个多分支结构。如果所有条件都不满足，就直接执行 else 下面的语句块。

使用多分支结构编写代码时需要注意多个逻辑条件的先后顺序，避免逻辑上的错误。

【例 3】编写程序，用键盘输入一个数，判断其是否可以被 2 整除，被 2 整除的时候能否被 3 和 4 整除，不被 2 整除的时候能否被 3 整除。

代码如下。

```
n = eval(input("请输入一个数字:"))
if n%2 ==0:
    if n%3 ==0:
        print("输入的数字可以被 2 和 3 整除。")
    elif n%4 ==0:
        print("输入的数字可以被 2 和 4 整除。")
    else:
        print("输入的数字可以被 2 整除,但是不可以被 3 和 4 整除。")
else:
    if n%3 ==0:
        print("输入的数字可以整除 3,但不能整除 2。")
    else:
        print("输入的数字不能被 2 和 3 整除。")
```

【例 4】编写程序，根据用户输入的年龄，判断用户处在哪个年龄段。

代码如下。

```
age = int(input("请输入你的年龄:"))
if age < 7:
    print("幼儿")
elif 7 <= age < 13:
    print("儿童")
elif 13 <= age < 20:
    print("青少年")
elif 20 <= age < 65:
    print("成年人")
else:
    print("老年人")
```

4. 判断条件表达式

分支结构中的判断条件表达式可以使用任何能够产生 True 和 False 的语句或者函数。创建判断条件表达式的一般方式是采用关系操作符，如表 2.34 所示。

表 2.34　关系操作符

操作符	含义
>	大于
<	小于
==	等于
>=	大于等于
<=	小于等于
!=	不等于

例如：

```
>>> 8 >5
True
>>> "a" >"b"
False
>>> not False
True
```

【考点 4】　循环结构

1. while 循环(无限循环)

while 循环与 if 分支结构类似，在条件为真的情况下，执行一段代码。两者的区别：只要条件为真，会一直重复执行这段语句块，把这段代码称为循环体。while 循环的语法格式如下。

```
while <条件>:
    <语句块>
```

whlie 循环的流程如图 2.39 所示。

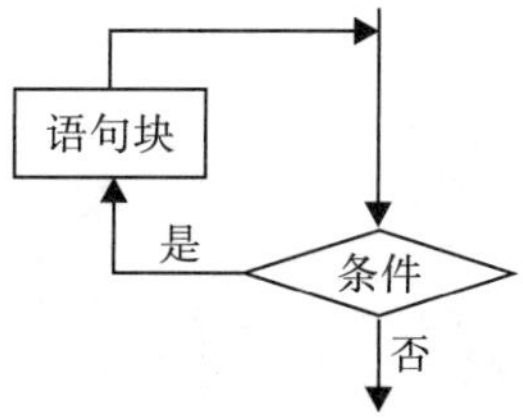

图 2.39　while 循环的流程

【例】输出 1 ~ 100 所有的整数。

代码如下。

```
n = 1
while n <= 100:
    print(n,end = ',')
    n += 1
```

while 循环在执行时，如果条件为 True，则执行循环体内的语句，语句结束后返回；再次判断 whlie 条件是否满足，直到条件为 False 时，循环终止，执行与 while 循环同级的语句。

while 循环有一种扩展模式，语法格式如下。

while <条件>:
　　<语句块 1>
else:
　　<语句块 2>

当这种扩展模式中的 while 循环执行完成之后，程序会继续执行 else 语句的内容。例如：

```
a,b = "Python",0
while b < len(a):
    print(a[b])
    b += 1
else:
    print("程序执行完成!")
```

输出结果如下。

```
P
y
t
h
o
n
程序执行完成!
```

2. for **循环（遍历循环）**

for 循环的语法格式如下。

for <循环变量> in <遍历结构>:
　　<语句块>

for 循环的流程如图 2.40 所示。

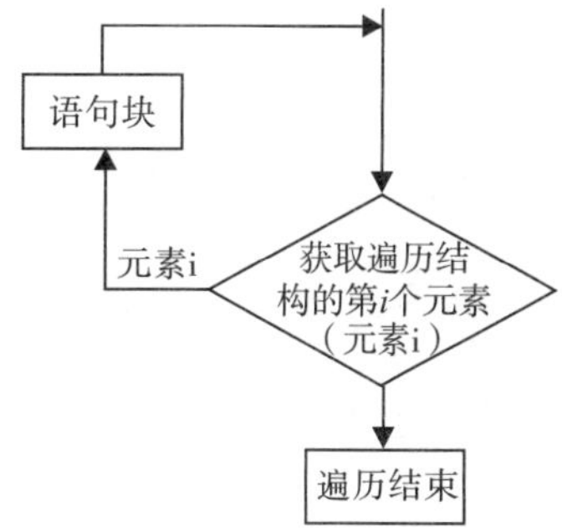

图 2.40　for 循环的流程

由图 2.40 可以了解到，从遍历结构中逐一取出元素存储在变量中，对于每次获取到的元素都要执行一次语句块。for 循环执行的次数，是根据遍历结构中的元素的个数来确定的。

遍历结构可以是字符串、range( ) 函数、文件或组合数据类型等。例如：

```
lis = [1,2,3,4,5,6]
for i in lis:
    print(i,end = ',')
```

上述代码的功能是将列表中的元素依次输出。执行原理是首先判断列表 lis 中是否包含元素，若有则将索引为 0 的元素赋值给变量 i，然后执行输出语句。直到把列表中的内容完全输出，循环结束，执行下一语句。

使用 range( ) 函数可以指定循环次数。语法格式如下。

for <循环变量> in range(<循环次数>):
　　<语句块>

例如：

```
for i in range(4):
    print(i)
```

输出结果如下。

```
0
1
2
3
```

在实际编程中，for 循环还有一种扩展模式，语法格式如下。

for <循环变量> in <遍历结构>:
　　<语句块 1>
else:
　　<语句块 2>

上述代码表示 for 循环正常执行之后，程序继续执行 else 语句块的内容。else 中的语句块 2 只有在循环正常执行之后才执行，其执行之后，整段代码执行完成。例如：

```
for i in "python":
```

```
    print(i)
else:
    print("循环结束")
```

输出结果如下。

```
p
y
t
h
o
n
循环结束
```

【考点5】　break 和 continue

1. break

break 语句用来终止循环语句,即使循环条件中没有 False 条件或序列中的元素还没有遍历完,也会停止循环语句。例如:

```
for st in 'Python':
    if st == 'o':
        break
    print('当前字母为:',st)
```

输出结果如下。

```
当前字母为: P
当前字母为: y
当前字母为: t
当前字母为: h
```

如果有两层循环或多层循环,break 语句退出最内层循环。例如:

```
while True:
    name = input("\n 请输入姓名(按 Q 退出):")
    if name == "Q":
        break
    for n in name:
        if n == "晓":
            break
        print(n ,end = "")
print("退出循环!")
```

输出结果如下。

```
请输入姓名(按 Q 退出):张三
张三
请输入姓名(按 Q 退出):张晓梅
张
请输入姓名(按 Q 退出):
```

2. continue

与 break 语句不同,continue 语句用于中断本次循环的执行,继续执行下一轮循环。

【例】编写程序,输出 100 以内的奇数。

代码如下。

```
for num in range(1,101):
    if num%2 ==0:
        continue
    print(num,end = ' ')
```

输出结果如下。

1 3 5 7 9 11 13 15 17 19 21 23 25 27 29 31 33 35 37 39 41 43 45 47 49 51 53 55 57 59 61 63 65 67 69 71 73 75 77 79 81 83 85 87 89 91 93 95 97 99

【考点6】　程序的异常处理

1. 异常处理:try-except 语句

Python 通常使用 try-except 语句实现异常处理,语法格式如下。

```
try:
    <语句块 1>
except <异常类型>:
    <语句块 2>
```

把容易出现错误的代码放在语句块 1 中,如果语句块 1 中的代码运行正常,Python 将跳过语句块 2;如果语句块 1 中的代码导致了错误,Python 将找到语句块 2,并运行其中的代码,但前提是指定的错误和引发的错误相同。

例如:

```
while True:
    try:
        num = eval(input("\n 请输入一个整数:"))
        print(num * 3)
    except NameError:
        print("输入错误,请输入一个整数!!!")
```

输出结果如下。

```
请输入一个整数:6
18

请输入一个整数:s
输入错误,请输入一个整数!!!
```

如果 try-except 语句后还有其他同级代码,程序将继续执行,因为程序已经告诉计算机如何处理这种错误。

2. 异常的高级用法

try-except 语句可以支持多个 except 语句,语法格式如下。

```
try:
    <语句块 1>
```

```
except <异常类型1>:
    <语句块2>
    …
except <异常类型n>:
    <语句块n+1>
except:
    <语句块n+2>
```

由异常处理结构可以看出，从 1 到 n 个 except 语句后面都指定了异常类型，说明这些 except 所包含的语句块只处理对应的异常。若最后一个 except 语句没有指定任何类型，则表示它可以处理所有的其他异常。例如：

```
while True:
    try:
        str1 ="jgfvfhjgfiurw NBVHOIKRJOIGRUEI"
        num = eval(input("请输入一个整数:"))
        print(str1[num])
    except NameError:
        print("输入错误,请输入一个整数!")
    except:
        print("其他错误。")
```

上述程序的主要作用是把用户用键盘输入的整数作为索引用来输出 str1 中的某个字符串。如果输入的不是整数，就会被 except NameError 捕获异常，提示用户输入错误；如果是其他的错误，就会被 except 捕获异常。输出结果如下。

```
请输入一个整数:5
h
请输入一个整数:a
输入错误,请输入一个整数!
请输入一个整数:30
其他错误。
请输入一个整数:
```

try-except 语句还有一种用法，与 else 和 finally 放在一起，语法格式如下。

```
try:
    <语句块1>
except <异常类型>:
    <语句块2>
else:
    <语句块3>
finally:
    <语句块4>
```

语句块 3 只有在语句块 1 正常执行时才会执行，而语句块 4 不管语句块 1 是否正常执行都会执行，所以语句块 4 可以看作处理该段程序的收尾工作。例如：

```
while True:
    try:
        str1 = "jgfvfhjgfiurw NBVHOIKRJOIGRUEI"
        num = eval(input("请输入一个整数:"))
        print(str1[num])
    except NameError:
        print("输入错误,请输入一个整数!")
    else:
        print("没有发生异常。")
    finally:
        print("程序执行完毕。")
```

输出结果如下。

```
请输入一个整数:5
h
没有发生异常。
程序执行完毕。
```

Python 虽然能够识别多种异常类型，但是不建议过度依赖 try－except 这种处理异常的机制。

2.2.4　函数

【考点 1】　函数的定义与使用

函数是将具有独立功能的代码块组织成一个整体，使其具有特殊功能的代码集。使用函数可以提高代码的复用性，降低编程的难度，提高程序编写的效率。

1. 函数的定义

定义函数的语法格式如下。

```
def <函数名>(<形式参数列表>):
    <函数体>
    return <返回值列表>
```

函数定义以 def 关键字开头，后接函数名和圆括号；圆括号可以用于定义参数，函数可以有 0 个、1 个或多个参数，有多个参数时各参数用逗号分隔。函数体是函数每次被调用时执行的代码，由一行或多行语句组成。return <返回值列表>结束函数，有选择性地返回一个值给调用方；函数可以没有 return 语句，函数体执行结束后将控制权交给调用方。例如：

```
#定义一个对两个数求和的函数
def add(x,y):
    s = x + y
    return s
```

2. 函数的使用

定义后的函数不能直接运行，需要经过“调用”

方可运行。因此，在 Python 中函数必须“先定义后调用”。调用函数的语法格式如下。

<函数名>(<实际赋值参数列表>)

例如：

```
#定义一个对两个数求和的函数
def add(x,y):
    s = x + y
    return s
#调用对两个数求和的函数
print(add(8,10))
```

3. 函数的返回值

Python 函数使用 return 语句返回“返回值”。所有函数都有返回值，如果没有 return 语句，会隐式地调用 return None 作为返回值。如果函数执行了 return 语句，函数会立刻返回，结束调用，return 语句之后的其他语句都不会被执行。

return 语句可以出现在函数的任何部分，同时可以将 0 个、1 个或多个函数运算的结果返回给函数被调用处的变量。当有多个返回值时，可以使用一个变量（元组数据类型）或多个变量保存结果。例如：

```
def multiply(a,b):
    a * b #函数没有返回值
s = multiply(2,5)
print(s)
```

输出结果如下。

```
None
```

```
def multiply(a,b):
    return a * b #函数有一个返回值
s = multiply(2,5)
print(s)
```

输出结果如下。

```
10
```

```
def multiply(a,b):
    return a * b, a + b, a - b #函数有多个返回值
s = multiply(2,5) #使用一个变量保存结果
print(s)
m,n,k = multiply(2,5) #使用多个变量保存结果
print(m)
print(n)
print(k)
```

输出结果如下。

```
(10, 7, -3)
10
7
-3
```

一个函数可以存在多条 return 语句，但只有一条 return 语句可以被执行。

【考点 2】 参数的传递方式

1. 实参和形参

Python 函数有两种类型参数：实参和形参。在函数定义时传入的参数称为形参，形参不是实际存在的变量。形参存在的目的是接收调用函数时传入的参数，在调用时将实参的值赋给形参。因此，实参的个数与类型要与形参一一对应。函数调用时传入的参数称为实参。实参可以是常量、变量、表达式、函数等，无论实参是何种类型，在函数调用时，它们都必须具有确定的值，便于把值传递给形参。例如：

```
def test(name,age):
    print('年龄:',age)
    print('姓名:',name)
test('Jack',18)
```

在函数体内都是对形参进行操作，不能操作实参，即不能对实参做出更改。

2. 位置参数

位置参数是函数最常用的一种传参方式，调用函数时实参的数量与顺序必须和函数声明时形参的一样。例如：

```
>>> def test(a,b):
        print(a,b)
>>> test(3,4)
3 4
```

3. 默认值参数

在定义函数时，给参数一个默认值，此时的参数称为默认值参数。调用函数时，如果没有给参数赋值，调用的函数就会使用这个默认值。例如：

```
>>> def people(name,age = 18):
        print("my name is:",name)
        print("my age is",age)
>>> people("Rose")
```

输出结果如下。

```
my name is: Rose
my age is 18
```

从上述示例可以看出，调用函数时没有对 age 赋值，输出的结果使用了函数的默认值。

下面给出对 age 赋值的示例。

```
>>> people("Jack",36)
my name is: Jack
my age is 36
```

当对默认值传参时，函数执行调用时传入的参数值，无赋值时使用的是默认值参数。

如果把函数的默认值参数放在前面是否可行？例如：

```
>>> def people(age = 18, name):
        print(name)
```

SyntaxError: non - default argument follows default argument

执行结果报错，提示非默认值参数跟在默认值参数的后面。因此，默认值参数一定要放在非默认值参数的后面。

如果位置参数和默认值参数同时存在，参数应当如何定义？

【例 1】

```
def people(age = 23, name, addr = '杭州'):
    print("我的名字是:", name)
    print("今年", age)
    print("现在居住在", addr)

def people2(age = 23, addr = '杭州', name):
    print("我的名字是:", name)
    print("今年", age)
    print("现在居住在", addr)

people('Rose')
people2('Jack')
```

运行结果如图 2.41 所示。

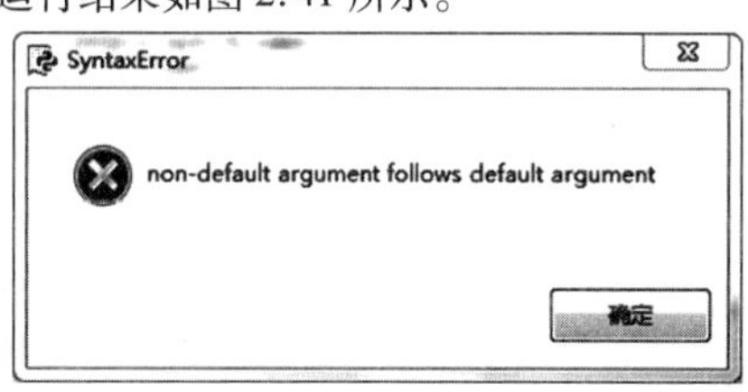

图 2.41　运行结果

【例 2】

```
def people(name, age = 23, addr = '杭州'):
        print("我的名字是:", name)
        print("今年", age)
        print("现在居住在", addr)
print(" - 传入位置参数 - ")
people('Jack')
print('-传入位置参数,更改第一个默认值参数-')
people('Jack', 45)
print('-传入位置参数,更改全部默认值参数-')
people('Jack', 45, '苏州')
print('-传入位置参数,指定默认值参数名称并更改参数值-')
people('Jack', addr = '南京')
print('-传入必须参数,指定参数名并更改-')
people('Jack', addr = '西安', age = 44)
print('-传入位置参数,第一个默认值参数不带名,第二个带-')
people('Jack', 21, addr = '北京')
```

输出结果如下。

```
-传入位置参数-
我的名字是: Jack
今年 23
现在居住在 杭州
-传入位置参数,更改第一个默认值参数-
我的名字是: Jack
今年 45
现在居住在 杭州
-传入位置参数,更改全部默认值参数-
我的名字是: Jack
今年 45
现在居住在 苏州
-传入位置参数,指定默认值参数名称并更改参数值-
我的名字是: Jack
今年 23
现在居住在 南京
-传入必须参数,指定参数名并更改-
我的名字是: Jack
今年 44
现在居住在 西安
-传入位置参数,第一个默认值参数不带名,第二个带-
我的名字是: Jack
今年 21
现在居住在 北京
```

从以上输出结果可得出结论。

(1)函数定义时，若有默认值参数和位置参数同时存在，默认值参数必须全部放在位置参数后面。

(2)函数有默认值参数时，如果不传入实际参数，则使用默认值参数。

(3)如果要更改默认值参数，又不想传入其他参数，而且该默认值参数不是默认值参数中的第一个，则可以通过参数名对默认值参数赋值。

(4)如果不是第一个默认值参数，想要通过参数名更改参数值，则其他需要更改的默认值参数都需要传入参数名更改参数，否则报错。

(5)通过传入参数名更改默认值参数时，可以不按照函数定义时的默认值参数顺序传入。

4. **关键字参数**

关键字参数传参是指在调用函数时通过参数名传递值,与函数的定义无关。实参的顺序和形参的顺序可以不一致,只要明确传递值相对应的参数即可。例如:

```
>>> def test(a,b,c):
        print(a,b,c)
>>> test(b=4,a=21,c=4)
21 4 4
```

5. **可变参数**

在函数定义时,也可以设计可变参数,通过在参数前加星号(*)实现。可变参数在函数定义时主要有两种表现形式:*param 和**param。前者表示可以接收多个位置参数收集的实参组成一个元组,后者表示可以接收多个关键字参数收集的实参名和值组成一个字典。

下面是两种不同表现形式的可变参数的使用方法。

【例3】

```
def people(arg, *p):
    print(arg)
    for num in p:
      print("可变参数部分:",num)
print('-只有位置参数-')
people('Rose')
print('-带两个可变参数-')
people('Rose',23,'杭州')
print('-带三个可变参数-')
people('Rose',21,'杭州','女')
```

输出结果如下。

```
-只有位置参数-
Rose
-带两个可变参数-
Rose
可变参数部分: 23
可变参数部分: 杭州
-带三个可变参数-
Rose
可变参数部分: 21
可变参数部分: 杭州
可变参数部分: 女
```

【例4】

```
data={'性别':'男','爱好':'读书'}
def people(name,number,**p):
    print('名字:',name,'学号:','其他:',p)
people('张宇',1001,**data)
```

输出结果如下。

```
名字: 张宇 学号: 其他: {'爱好': '读书', '性别': '男'}
```

6. **组合参数**

在实践中,经常会遇到位置参数、默认值参数、可变参数及关键字参数4种参数组合使用的情况。这时参数的使用顺序必须是位置参数、默认值参数、可变参数及关键字参数。例如:

```
def test(a,b,c=1, *p, **k):
    print('a=',a,'b=',b,'c=',c,'p=',p,'k =',k)
test(3,4)
test(3,4,5)
test(3,4,5,'A','B')
test(3,4,5,'AB',x=7,y=8)
```

输出结果如下。

```
a=3 b=4 c=1 p=() k={}
a=3 b=4 c=5 p=() k={}
a=3 b=4 c=5 p=('A', 'B') k={}
a=3 b=4 c=5 p=('AB',) k={'x':7, 'y':8}
```

【考点3】 变量作用域

变量作用域是指在程序中能够对该变量进行操作的范围。根据作用域的不同,变量分为全局变量和局部变量。全局变量是指在函数之外定义的变量,在程序执行全过程有效。局部变量是指在函数内部定义的变量,仅在函数内部有效,当函数使用过后,变量从内存中释放。例如:

```
a=1 #a是全局变量
def calc():
    b=a+ 3 #b是局部变量
    print(b)
calc()
print(b)
```

输出结果如下。

```
4
Traceback (most recent call last):
    File "C:\Users\Administrator\AppData\Local\Programs\Python\Python35\test.py", line 484, in <module>
      print(b)
NameError: name 'b' is not defined
```

如下代码表示当函数执行完之后,其局部变量b将被释放。

```
n=1
def calc(a,b):
    n=b
    return a+ b
s=calc(5,4)
```

```
print(s,n)   #测试 n 的值是否发生变化
```

输出结果如下。

9 1

函数 calc()使用了变量 n,且将参数 b 赋值给变量 n,函数 calc()有自己的内存空间,n = b 实际上是重新生成的局部变量,此时函数没有将 n 看作全局变量 n。当函数退出时,局部变量 n 被释放,全部变量的值没有改变。

如果要在函数中使用全局变量,只需要在函数内部的变量前加上关键字 global。例如:

```
n = 1
def calc(a,b):
    global n
    n = b
    return a + b
s = calc(5,4)
print(s,n)
```

输出结果如下。

9 4

【考点 4】 匿名函数

Python 中使用关键字 lambda 创建匿名函数,其主体仅仅是一个表达式而不需要使用代码块。匿名函数并不是没有名字,而是将函数名作为函数的结果返回,语法格式如下。

<函数名> = lambda <形式参数列表>: <表达式>

匿名函数适用于处理不再需要在其他位置复用代码的函数逻辑,可以省去函数的定义过程和函数的命名,使代码更加简洁,提高可读性。例如:

```
def add(x,y):
    return x + y
```

可定义为匿名函数:

```
f = lambda x,y:x + y
```

2.2.5 文件和数据维度

【考点 1】 文件的类型

文件是数据的集合和抽象。文件包括文本文件和二进制文件两种类型。

1. 文本文件

文本文件存储的是常规字符串,由若干文本行组成,每行以换行符(\n)结尾。常规字符串是指记事本之类的文本编辑器可以正常显示、编辑并且人类能够直接阅读和理解的字符串,如英文字母、汉字、数字字符串。在 Windows 操作系统中,扩展名为.txt、.ini、.log 的文件都属于文本文件,可以使用文字处理软件进行编辑,如记事本、gedit、UltraEdit 等。文本文件在磁盘上也是以二进制形式存储的,只是在读取时需要使用对应的编码标准解码,作为人们可以理解的字符串信息。

2. 二进制文件

二进制文件包括图形/图像文件、音频文件、视频文件、可执行文件、各种数据库文件、各类 Office 文件等。二进制文件把信息以字节为单位进行存储,无法用普通的文字处理软件直接编辑,需要使用正确的软件进行解码或反序列化之后才能被读取、显示、修改或执行。图 2.42 所示为使用记事本查看 Python 主程序文件 python. exe,该文件是二进制文件,用记事本打开只会显示为乱码。读者可以尝试使用 Python 自带的 IDLE 软件或者 Geany 等编辑器打开二进制文件进行查看和修改,但是需要对不同类型的二进制文件结构有非常深入的理解。

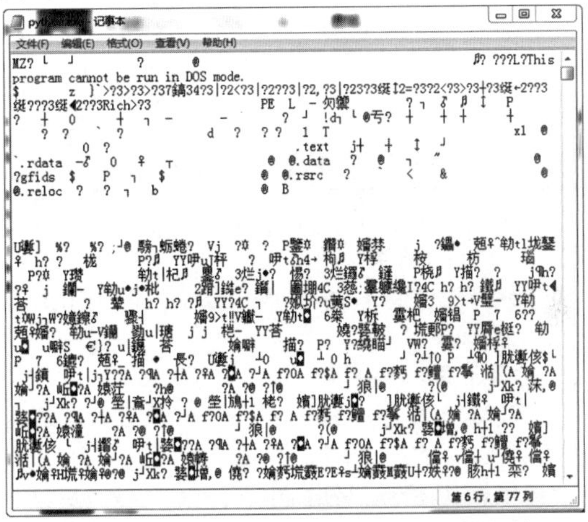

图 2.42 使用记事本无法查看二进制文件

文本文件和二进制文件最主要的区别在于是否有统一的字符编码。文本文件一般有统一的字符编码,如 UTF-8。二进制文件没有统一的字符编码,其中的信息只能当作字节流,而不能看作字符串。

无论文件创建为文本文件还是二进制文件,都可以用“文本文件方式”和“二进制文件方式”打开,但打开后的操作不同。

【考点 2】 文件的打开和关闭

Python 通过 open()函数打开一个文件,并返回一个操作该文件的变量,其语法格式如下。

<变量名> = open(<文件路径及文件名>, <打开方式>)

其中,文件名可以是文件的实际名字,也可以是包含完整路径的名字。打开方式用于控制使用哪种方式打开文件(字符串方式表示),open()函数提供了表 2.35所示的 7 种基本的文件的打开方式。

表 2.35　文件的打开方式

打开方式	功能
r	以只读方式打开文件，这是默认方式。文件必须存在，若不存在则返回异常 FileNotFoundError
w	以只写方式打开文件。如果该文件已存在则将其覆盖；如果该文件不存在，则创建新文件
x	以只写方式创建文件。如果文件不存在，则创建，存在则返回异常 FileExistsError
a	打开一个文件用于追加（写入）。如果该文件已存在，新的内容将会被写入已有内容之后；如果该文件不存在，则创建新文件进行写入
b	以二进制文件方式打开
t	以文本文件方式打开，这是默认打开方式
+	与 r/w/x/a 一同使用，在原有功能基础上同时增加读/写功能

r、w、x、a 可以和 b、t、+ 组合使用，形成既表达读/写又表达文件类型的方式。

处理完一个文件后，需要关闭文件。关闭文件的语法格式如下。

<变量名>.close()

文件关闭后，系统会释放该文件对象占有的内存资源，便于对该文件进行其他操作。

【例】文件的打开与关闭。

代码如下。

```
>>> import os
>>> os.chdir("D:\Python\Python36-32")
>>> f=open("demo.py",'r')
>>> f.close()
```

【考点 3】　文件的读/写

1. 文件读取方法

(1) read() 方法。

从一个打开的文件中读取文本，该方法返回一个字符串。可用参数 size 表示读取的字符数或字节流，可以省略，若省略则表示读取文件中所有内容并返回。若指针已在文件末尾，则返回空字符串('')。例如：

```
>>> import os
>>> os.chdir("D:\Python\Python36-32")
>>> f=open("poetry.txt")
>>> f.read()
'从明天起，做一个幸福的人\n喂马，劈柴，周游世界\n从明天起，关心粮食和蔬菜\n我有一所房子，面朝大海，春暖花开\n\n从明天起，和每一个亲人通信\n告诉他们我的幸福\n那幸福的闪电告诉我的\n我将告诉每一个人\n\n给每一条河每一座山取一个温暖的名字\n陌生人，我也为你祝福\n愿你有一个灿烂的前程\n愿你有情人终成眷属\n愿你在尘世获得幸福\n我只愿面朝大海，春暖花开'
>>> f.read()
''
```

(2) readline() 方法。

该方法返回一个字符串，内容为文件的一行内容。换行符出现在字符串的末尾，若指针在文件末尾，则返回一个空字符串('')；若是空行，则返回\n。例如：

```
>>> f.read()
''
>>> f.seek(0)
0
>>> f.readline()
'从明天起，做一个幸福的人\n'
```

(3) readlines() 方法。

该方法从文件中读取所有行，返回一个以每行为元素的列表。如果指定参数，则表示读取的行数。例如：

```
>>> f.seek(0)
0
>>> f.readlines()
['从明天起，做一个幸福的人\n', '喂马，劈柴，周游世界\n', '从明天起，关心粮食和蔬菜\n', '我有一所房子，面朝大海，春暖花开\n', '\n', '从明天起，和每一个亲人通信\n', '告诉他们我的幸福\n', '那幸福的闪电告诉我的\n', '我将告诉每一个人\n', '\n', '给每一条河每一座山取一个温暖的名字\n', '陌生人，我也为你祝福\n', '愿你有一个灿烂的前程\n', '愿你有情人终成眷属\n', '愿你在尘世获得幸福\n', '我只愿面朝大海，春暖花开']
```

(4) seek() 方法。

该方法用来定位文件的读/写位置。通常用 open() 创建文件对象后，文件指针定位在文件开始位置，然后按照文件从左到右的顺序访问。seek() 方法的语法格式如下。

f.seek(<偏移位置>[,起始位置])

其中，起始位置为 0 表示从文件开头开始，为 1 表示从当前指针位置开始，为 2 表示从文件末尾开始。

偏移值表示从起始位置到移动位置的距离，以字节为单位。偏移值为正表示向右（文件末尾的方向），为负表示向左（文件开头的方向）。只有 b 模式可以指定非零的偏移值。

2. **文件写入方法**

(1) write( )方法。

该方法用于将指定的数据写入文件，参数必须为字符串或字节串。如需换行，需要加入换行符。例如：

```
>>> f = open("test.txt",'w')
>>> f.write('陌上花开，可缓缓归矣。')
11
>>> f.close()
```

写入的文件结果如图 2.43 所示。

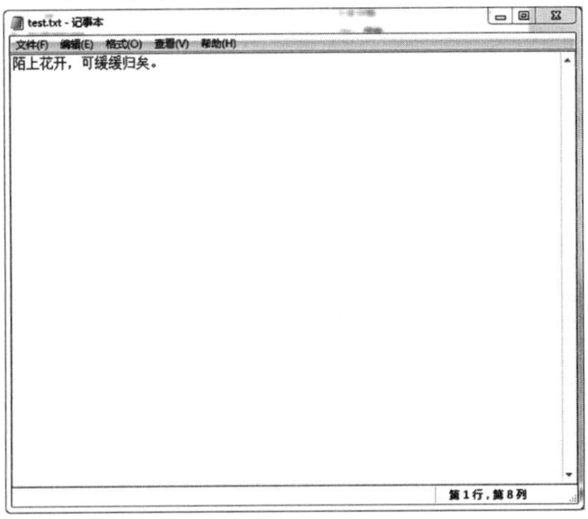

图 2.43　写入的文件结果

(2) writelines( )方法。

该方法是将一个元素作为字符串的序列(如列表)整体写入文件。例如：

```
>>> fp = open("D:/jys.txt","w")
>>> ls = ["床前明月光","疑是地上霜","举头望明月","低头思故乡"]
>>> fp.writelines(ls)
>>> fp.close()
```

运行后将在 D 盘目录下生成文件 jys.txt，内容如下。

床前明月光疑是地上霜举头望明月低头思故乡

【例】文件 data.txt 中有若干整数，整数之间使用逗号分隔，编写程序读取所有数据，使其按降序排列后再写入文本文件 data_write.txt 中，得到的结果如图2.44所示。

代码如下。

```
f = open("D:\Python\Python36 - 32\data.txt",'r')
data = f.readline()
data = data.split(',')
data = [int(item) for item in data]
data.sort(reverse = True)
data = ','.join(map(str,data))
fp = open("D:\Python\Python36 - 32\data_write.txt",'w')
fp.write(data)
fp.close()
```

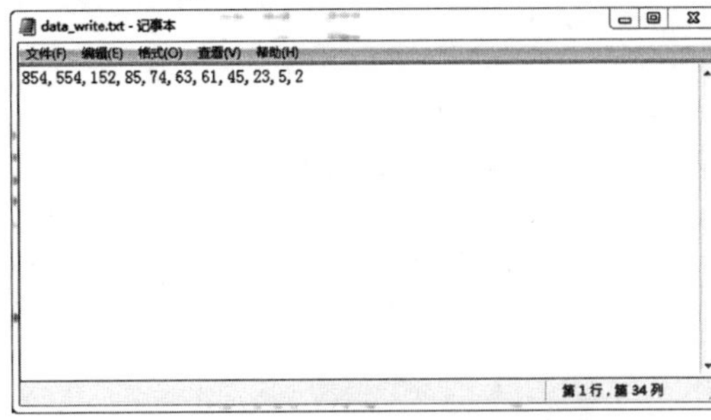

图 2.44　从大到小排列顺序结果

【考点 4】　目录

文件操作会涉及文件在磁盘中存储的目录。Python 提供了许多关于文件和目录的操作方法。下面只列举其中的一部分，在使用这些方法之前，需要提前导入 os 模块。

(1) remove( )方法。

该方法用于删除文件，参数就是要删除的文件名(文件名以字符串形式表示)。例如：

```
>>> import os
>>> os.remove('D:\Python\Python36 - 32\poetry.txt')
```

(2) rename( )方法。

该方法用于对文件重新命名，语法格式如下。

os.rename(current_file_name,new_file_name)

例如：

```
>>> import os
>>> os.rename('test.txt','test1.txt')
```

(3) mkdir( )方法。

该方法可以在当前目录下创建新的目录，新目录名以字符串的形式作为参数。例如：

```
>>> import os
>>> os.mkdir('abc.txt')
```

(4) chdir( )方法。

该方法用于设置当前目录。例如：

```
>>> import os
>>> os.chdir('D:\Python')
```

(5) getcwd( )方法。

该方法用于显示当前的工作路径。例如：

```
>>> os.getcwd()
'D:\\Python'
```

(6) rmdir( )方法。

该方法用于删除目录，在删除目录之前先清除其中所有的内容。例如：

```
>>> os.rmdir('test.txt')
```

(7)listdir()方法。

该方法用于返回当前目录下的文件与子目录名称。例如：

```
>>> os.listdir()
['alien_invasion', 'capter16', 'data', 'file', 'Python36-32', 'python_work']
```

【考点5】 数据组织的维度

计算机在处理一组数据之前需要对这些数据进行一定的组织，表明数据之间的基本关系和逻辑，进而形成"数据的维度"。根据数据关系的不同，数据组织可以分为一维数据、二维数据和高维数据。

1. 一维数据

一维数据由对等关系的有序或无序数据构成，采用线性方式组织，对应数学中的集合或数组。

一维数据在生活中十分常见，任何可以以序列或集合表示的内容都可以看作一维数据。一维数据具有线性特点。

2. 二维数据

二维数据也称为表格数据，由关联关系数据构成，采用二维表格方式组织，对应数学中的矩阵，常见的表格都属于二维数据。

例如，表2.36所示为3个省市中虚构的姓名重复的数据。表格横向包括"姓名""北京""浙江""安徽"，表格纵向为具体数据，形成了二维数据关系。其中，第一行是说明部分，可以看作与其他行一致的一行二维数据，也可以看作数据外的说明部分。

表2.36 3个省市中姓名重复的数据

姓名	北京	浙江	安徽
陈玉	112	75	89
李秋春	63	55	65
李秋香	58	26	42
赵福英	77	36	85
张莹莹	89	58	44

3. 高维数据

高维数据由键值对类型的数据构成，采用对象方式组织，可以多层嵌套。

目前对高维数据的挖掘已经成为数据挖掘的重点和难点。随着技术的进步，数据收集变得越来越容易，以至于数据库规模越来越大，复杂性越来越高。如各种类型的贸易交易数据、Web文档、用户评分数据等，它们的维度通常可以达到成百上千维，甚至更高。高维数据衍生出HTML、XML、JSON等具体数据组织的语法结构。

以JSON为例，下面给出了描述"超市"的高维数据表示形式，其中，冒号与逗号分隔键值对，JSON格式中花括号组织各键值对成为一个整体，与"超市"形成高层次的键值对。高维数据相比一维数据和二维数据能表达更加灵活和复杂的关系。

```
"超市":{
    "毛巾":"22.5",
    "洗衣皂":"6.8",
    "牙刷":"13.5",
    "洗面奶":"88",
    "牙膏1":"15.8",
    "牙膏2":"13.5",
    "电风扇":"129",
    "保温杯":"32.0",
    "水果刀":"9.9",
    "盘子":"22.4",
    "电水壶":"45.8",
    "洗洁精":"8.9",
    "洗衣液":"24.6",
    "洗衣粉":"16",
}
```

【考点6】 一维数据

1. 一维数据的表示

一维数据是最简单的一种数据组织类型，因为它是线性结构，所以可以使用列表形式表示。例如：

```
>>> lis = ['北京','上海','杭州','天津']
>>> lis
['北京', '上海', '杭州', '天津']
```

使用列表表示一维数据时需要注意每个数据的数据类型。

2. 一维数据的存储

一维数据有多种存储方式，一般思路是采用特殊字符把每个数据分隔开。常用的存储方法包括下面几种。

(1)空格符分隔，例如：

北京 上海 杭州 天津

(2)逗号分隔，例如：

北京,上海,杭州,天津

(3)换行符分隔，例如：

北京
上海
杭州
天津

(4)其他特殊字符分隔，例如：

北京;上海;杭州;天津

上面 4 种方法中，以逗号分隔的存储方式称为逗号分隔值（Comma - Separated Values，CSV）格式，它是一种通用的、相对简单的文件格式。大部分编辑器都可以支持或保存 CSV 格式。

一维数据被保存为 CSV 格式后，各元素被英文逗号分隔，形成一行。从 Python 表示到数据存储，需要将列表对象输出为 CSV 格式数据，以及将 CSV 格式数据读入成列表对象。

对于列表对象，采用字符串的 join( ) 方法输出格式为 CSV 的文件更为简单方便。例如：

```
lis = ['北京','上海','杭州','天津']
f = open("city.csv",'w')
f.write(','.join(lis) + "\n")
f.close()
```

上述代码执行后生成的 city.csv 文件内容如下：

北京，上海，杭州，天津

3. 一维数据的处理

从 CSV 文件读入一维数据，并把它表示为列表对象。从 CSV 文件获取数据时，最后一个元素后面包含了一个换行符。这个换行符对于数据的使用来说是多余的，需要使用字符串的strip( ) 方法去掉数据尾部的换行符，进而使用split( ) 方法以逗号进行分隔，且split( ) 方法返回的是以分隔符分隔的新的字符串列表。例如：

```
f = open('city.csv','r')
ls = f.read().strip()
item = ls.split(',')
f.close()
print(item)
```

程序执行后的结果如下。

['北京','上海','杭州','天津']

【考点 7】　二维数据

1. 二维数据的表示

二维数据由多个一维数据构成，可以看作一维数据的组合形式。二维数据可以使用二维列表表示，即列表中的每一个元素对应二维数据的每一行。例如：

```
lis = [
    ['姓名','语文','数学','英语','历史'],
    ['陈玉','90','75','89'],
    ['李秋春','63','55','65'],
    ['李秋香','58','26','42'],
    ['赵福英','77','36','85']
  ]
```

2. 二维数据的存储

二维数据由一维数据组成，所以也是用 CSV 格式存储。CSV 文件的每一行都是一维数据，整个文件是一个二维数据。

二维数据存储为 CSV 格式，需要将二维列表对象写入 CSV 格式的文件，以及把 CSV 格式数据读入成二维列表对象。例如：

```
ls = [
['城市','2015','2016','2017'],
['北京','112','130','450'],
['上海','132','150','165'],
['广州','98','87','110'],
['天津','101','130','99'],
['深圳','98','87','95']
]
f = open('data.csv','w')
for row in ls:
    f.write(','.join(row) + '\n')
f.close()
```

3. 二维数据的处理

对二维数据进行处理，需要从文件中读取数据，并把它用二维列表表示。例如：

```
f = open('data.csv','r')
ls = []
for line in f:
    ls.append(line.strip('\n').split(','))
f.close()
print(ls)
```

输出结果如下。

[['城市','2015','2016','2017'],['北京','112','130','450'],['上海','132','150','165'],['广州','98','87','110'],['天津','101','130','99'],['深圳','98','87','95']]

2.2.6　Python 计算生态

【考点 1】　计算生态

Python 是一门免费、开源、跨平台的高级动态编程语言，支持命令式和函数式编程，支持面向对象程序设计，拥有强大的内置对象、标准库和来自各个领域热爱编程的人员的思路、创意或者推测。在 Python 中可以直接调用内置函数或者标准库方法来实现特定功能，大幅度减少代码量，使后期维护更加方便。

近年来，“开源运动”在各信息技术领域产生了大量的可重用资源，有力地支撑了信息技术的飞速发展，形成了“计算生态”。Python 从诞生之初就致力于开源、开放，并建立了全球编程计算生态。

有一部分 Python 计算生态采用额外安装的方式

服务于用户，这样的 Python 计算生态称为 Python 第三方库。Python 官方网站提供了第三方库索引功能（the Python Package Index，PyPI）。

PyPI 页面中罗列出了十几万个 Python 第三方库的基本信息，这些库几乎涵盖了信息技术领域所有的技术方向。由于 Python 的编程方式比较简单，很多采用 C、C++、Java 等语言编写的专业库可以经过简单的接口封装供 Python 程序调用。

正是因为 Python 的这种特性，围绕它迅速形成了全球编程语言开发社区，建立了几十万个第三方库的庞大规模，构建了计算生态。

Python 第三方程序包括库（library）、模块（module）、类（class）及程序包（package）等多种命名，这些概念之间有稍许区别，本书统一将这些可重用代码称为“库”。

【考点2】 Python 内置函数

Python 解释器提供了 68 个内置函数。内置函数不需要关键字 import 导入就可以直接使用。下面介绍其中常用的 20 个内置函数。

（1）abs(x)函数。

求 x 的绝对值。如果 x 是复数，返回复数的模。例如：

```
>>> abs(-15)
15
>>> abs(3+4j)
5.0
```

（2）all(x)函数。

组合类型变量 x 中所有元素均为真时返回 True，否则返回 False；若 x 为空，则返回 True。例如：

```
>>> lis = ['python',1,2,5]
>>> all(lis)
True
>>> lis1 = [0,2,'520']
>>> all(lis1)
False
>>> lis2 = []
>>> all(lis2)
True
```

（3）any(x)函数。

组合类型变量 x 中有一个元素为真时返回 True，否则返回 False；若 x 为空，则返回 False。例如：

```
>>> lis3 = [1,2,3,4,0]
>>> any(lis3)
True
>>> lis4 = [0]
>>> any(lis4)
False
>>> lis5 = []
>>> any(lis5)
False
```

（4）ascii(object)函数。

返回一个字符串对象，如果参数中有非 ASCII 字符则用\u、\v、\x 来替代。例如：

```
>>> ascii(1)
'1'
>>> ascii('&')
"'&'"
>>> ascii(9000000)
'9000000'
>>> ascii('中文')
"'\\u4e2d\\u6587'"
```

（5）bin(x)函数。

将整数 x 转换为等值的二进制字符串。例如：

```
>>> bin(254)
'0b11111110'
```

（6）bool(x)函数。

将 x 转换为布尔型。例如：

```
>>> bool(121)
True
>>> bool(0)
False
```

（7）bytearray(x)函数。

返回一个新字节数组且元素可变，每个元素的值的范围：0≤x<256。当 x 是一个字符串，必须给出一种编码方式，以便转换为合适的字节保存；当 x 是一个整数，则这个数组将初始化为空字节；当 x 是一个有缓冲区接口的对象，那么只读的接口初始到数组里；当 x 是一个迭代对象，则这个迭代对象的元素都必须符合 0≤x<256，以便于初始化到数组里。例如：

```
>>> a = bytearray('中国','utf-8')
>>> a
bytearray(b'\xe4\xb8\xad\xe5\x9b\xbd')
>>> c = [1,2,3,4,5]
>>> bytearray(c)
bytearray(b'\x01\x02\x03\x04\x05')
>>> bytearray()
bytearray(b'')
```

（8）bytes(x)函数。

返回一个新的不可修改的字节数组，每个数值元素都必须在 0～255。和 bytearray()函数具有相同的行为，差别仅仅是返回的字节数组不可修改。例如：

```
>>> bytes(2)
```

```
b'\x00\x00'
>>> bytes('中国','utf-8')
b'\xe4\xb8\xad\xe5\x9b\xbd'
>>> bytes()
b''
```

(9)chr(x)函数。

返回统一码(Unicode)为 x 的字符。例如:

```
>>> chr(1200)
'¥'
>>> chr(97)
'a'
```

(10)complex(r,i)函数。

创建一个复数,其中 i 可以省略。例如:

```
>>> complex(10,2)
(10+2j)
>>> complex(5)
(5+0j)
```

(11)dict()函数。

创建字典类型。例如:

```
>>> dict()
{}
>>> dict(python=1)
{'python': 1}
```

(12)divmod(a,b)函数。

返回 a 和 b 的商和余数。例如:

```
>>> divmod(45,3)
(15,0)
>>> divmod(10,3)
(3, 1)
```

(13)range(a,b,s)函数。

输出一个[a,b),步长为 s 的序列。例如:

```
>>> for i in range(1,10,2):
        print(i)
1
3
5
7
9
```

(14)set()函数。

将组合类型转换为集合类型。例如:

```
>>> lis=[1,2,3,4]
>>> set(lis)
{1, 2, 3, 4}
```

(15)round(n)函数。

四舍五入计算 n。例如:

```
>>> round(12.3)
12
>>> round(12.5)
12
>>> round(12.6)
13
```

(16)exec(s)函数。

计算字符串 s 作为 Python 语句的值。例如:

```
>>> exec('a=12+5')
>>> a
17
```

(17)max()函数。

返回参数的最大值。例如:

```
>>> max(2,3,6,9,1,10,12)
12
```

(18)min()函数。

返回参数的最小值。例如:

```
>>> min(2,3,6,9,1,10,12)
1
```

(19)sum()函数。

对组合数据类型求各元素的和。例如:

```
>>> sum([2,3,6,9,1,10,12])
43
```

(20)type(x)函数。

返回变量 x 的数据类型。例如:

```
>>> type([2,3,6,9,1,10,12])
<class 'list'>
```

【考点3】 Python 标准库

部分 Python 计算生态是随 Python 安装包一起发布的,用户可以随时使用,这样的 Python 计算生态称为 Python 标准库。

1. 库的导入

无论是标准库、第三方库还是自定义库,在使用之前都需要导入。

(1)import 导入方式。

使用 import 语句导入库,语法格式如下。

```
import <库1>
import <库2>
…
import <库n>
```

只要导入了某个库,在后面的代码编写中就可以使用它的所有公共函数、类及属性。当程序执行到该语句时,若在搜索路径中找到该库,程序会自动加载。如果导入的库位于代码的开始,则它的作用域属于全局;若是在某个函数中导入的库,则它的作用域仅仅局限于该函数。

用 import 语句导入库就代表在当前的名称空间建立了一个指向该库的引用,这种引用必须使用全称。例如:

```
>>> import turtle
>>> t = turtle. penup( )
```

如果在调用 turtle 库中的 penup( ) 函数时没有加上库名,系统就会报错。例如:

```
>>> import turtle
>>> t = penup( )
Traceback (most recent call last):
  File " <pyshell#60 > ", line 1, in <module >
    t = penup( )
NameError: name 'penup' is not defined
```

若引用的文件名过长时,可以使用关键字 as 定义一个别名。如 import turtle as t,后面需要使用 turtle库时,都可以用 t 代替。

(2)from 导入方式。

把库中的指定属性或者函数导入当前的命名空间,语法格式如下。

from <库名> import <函数名>

例如:

```
>>> from turtle import penup
>>> t = penup( )
```

从上述代码可以看出,使用这种方法时,在调用库中的 penup( ) 函数时,就不需要在函数名称前加上库名称了。同理,把一个库中的所有函数导入的写法为 from turtle import * 。

使用这种方法虽然可以把库中的所有函数导入当前的命名空间,但是可能造成新导入的函数和当前函数的名称相同,则导入的函数就会覆盖当前的函数。因此,使用这种方法时要谨慎。

2. turtle 库

(1)turtle 库概述。

turtle 库是 Python 重要的标准库之一,它能够进行基本的图形绘制。turtle 库绘制图形有一个基本的框架,即以窗体中心为原点建立的平面坐标系。turtle 库绘图坐标体系如图 2.45 所示。

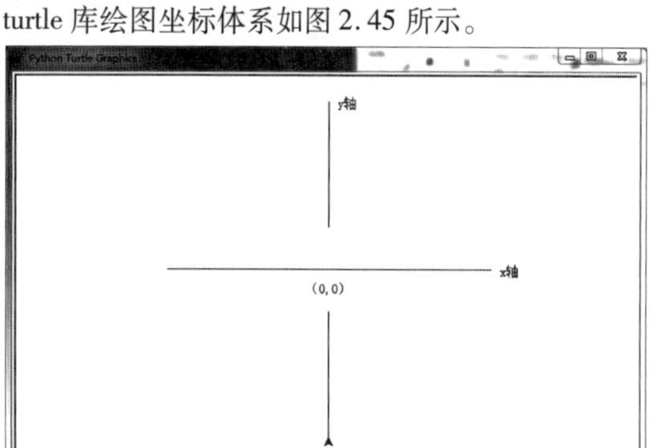

图 2.45 turtle 库绘图坐标体系

(2)turtle 库绘图基本方法。

①窗体函数 setup(width, height, startx, starty)。

setup( ) 函数用于设置画布的大小和位置,参数包括画布窗口宽、高,窗口在屏幕的水平起始位置和垂直位置。

例如,setup(640,500,350,350)表示在桌面(350,350)位置开始创建 640 × 500 大小的画布窗体。

②画笔状态函数。

penup( ):没有参数,作用是提起画笔后移动画笔不会再绘制图形。

pendown( ):没有参数,作用是放下画笔后移动画笔可以绘制图形。

pensize(width):参数是所要设置画笔的宽度,当无参时返回当前的画笔宽度。

pencolor(color):参数用来设置画笔的颜色,无参时返回当前画笔的颜色。

color( ):设置画笔和填充颜色。

begin_fill( ):在填充图形之前调用。

end_fill( ):在填充图形之后调用,表示填充颜色结束。

filling( ):返回填充的状态,True 表示已填充,False 表示未填充。

clear( ):清空当前窗口,但不改变当前画笔的位置。

reset( ):清空当前窗口,并把所有状态重置为默认值。

screensize( ):设置画布的宽、高、背景颜色。

hideturtle( ):隐藏画笔的 turtle 形状。

showturtle( ):显示画笔的 turtle 形状。

isvisible( ):如果 turtle 可见,则返回 True。

write( ):输出中文标签,可选的参数有对齐方式 align(left, center, right)、font 元组型字体设置(字体、字号、字形)。

③画笔运动函数。

forward(distance): 把画笔向当前方向前进 distance距离。

backward(distance):沿着当前相反的方向后退 distance 距离。

right(angle):向右旋转 angle 角度。

left(angle):向左旋转 angle 角度。

goto(x, y):把当前坐标移动到坐标(x, y)处。

seth(to_ angle):设置画笔当前朝向为 to_ angle 角度,该角度是绝对方向角度值。

home( ):设置当前画笔位置为原点,向右为正。

circle(radius, extent = None):根据半径 radius 绘制角度为 extent 的图形;当不给 extent 参数或者 extent = None 时,绘制整个圆形。

【例 1】绘制一个五角星。

代码如下。

```
from turtle import *
```

```
fillcolor("red")
begin_fill()
for i in range(5):
    fd(200)
    right(144)
end_fill()
```

效果如图 2.46 所示。

图 2.46　五角星绘制效果

【例 2】使用 turtle 库绘制树形。

代码如下。

```
from turtle import Turtle, mainloop
from time import clock

def tree(plist,l,a,f):
  if l > 3:
    lst = []
    for p in plist:
      p.forward(l)
      q = p.clone()
      p.left(a)
      q.right(a)
      lst.append(p)
      lst.append(q)
    for x in tree(lst,l * f,a,f):
      yield None

def maketree():
  p = Turtle()
  p.setundobuffer(None)
  p.hideturtle()
  p.speed(0)
  p.getscreen().tracer(30,0)
  p.left(90)
  p.penup()
  p.forward( -210)
  p.pendown()
  t = tree([p], 200, 65, 0.6375)
  for x in t:
    pass
  print(len(p.getscreen().turtles()))

def main():
  a = clock()
  maketree()
  b = clock()
  return "done: %.2f sec." % (b - a)

if __name__ == "__main__":
  msg = main()
  print(msg)
  mainloop()
```

效果如图 2.47 所示。

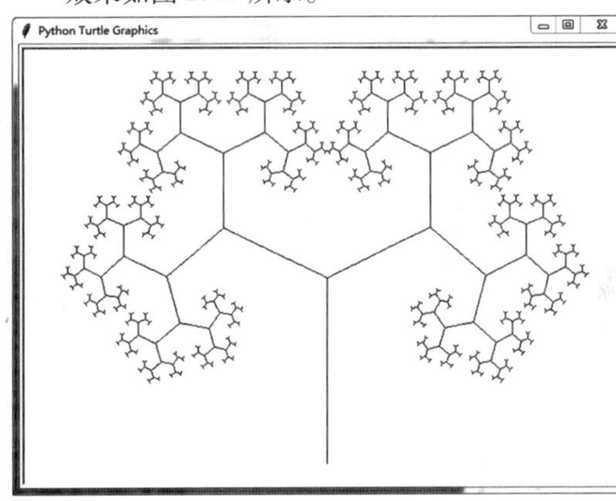

图 2.47　树形绘制效果

3. random 库

随机数在计算机领域十分常见，Python 提供了 random 库用于产生各种各样分布的伪随机数序列。random 库采用梅森旋转算法生成伪随机序列，可用于除了随机性要求较高的加/解密算法以外的大多数工程应用。

random 库主要用来生成随机数，所以只要会使用 random 库中的随机数生成函数即可。

(1) random() 函数。

random() 是用来产生[0.0,1.0)的随机数，该函数没有参数。例如：

```
>>> import random
>>> a = random.random()
>>> a
0.5907768344994607
```

所有随机函数都是基于 random() 函数实现的具体功能。

(2) seed(a = None) 函数。

初始化随机数种子,默认值为当前系统时间。只要种子相同,每次生成的随机数序列也相同。例如:

```
>>> from random import *
>>> seed(456)
>>> randint(1,9)
8
>>> seed(452)
>>> randint(1,9)
6
>>> seed(456)
>>> randint(1,9)
8
```

(3)randint(a,b)函数。

随机生成一个[a,b]之间的整数。例如:

```
>>> randint(7,89)
62
```

(4)uniform(a,b)函数。

生成一个[a,b]之间的小数。例如:

```
>>> uniform(4,66)
28.217769676794003
>>> uniform(1,3)
2.7790142990373035
```

(5)randrange(start,stop[,step])函数。

生成一个[start,stop]之间且以 step 为步长的随机整数。例如:

```
>>> randrange(4,7)
4
>>> randrange(1,49,3)
10
```

(6)getrandbits(k)函数。

生成一个二进制形式长度为 k 位的随机整数。例如:

```
>>> getrandbits(8)
83
>>> getrandbits(2)
1
```

(7)choice(seq)函数。

从序列类型中随机返回一个元素。例如:

```
>>> choice([1,5,4,6,8])
1
>>> choice(['A','B','C'])
'A'
>>> choice('python')
'h'
```

(8)shuffle(seq)函数。

把序列中的元素随机排列,返回"打乱"后的序列。例如:

```
>>> a = [1,2,3,4,5]
>>> shuffle(a)
>>> print(a)
[3,1,2,4,5]
```

(9)sample(pop,k)函数。

从 pop 类型中随机选取 k 个元素,以列表形式返回。例如:

```
>>> sample('zjhdcjwkvyfhiwu',5)
['i','h','d','k','w']
```

4. time 库

time 库是 Python 提供系统级精确计时器的计时功能的时间标准库,可以用于分析程序性能,也可以让程序暂停运行时间。time 库采用的是格林尼治时间从 1970 年 01 月 01 日 00 分 00 秒起到现在的总时间以秒为单位的数值。time 库的功能主要分为 3 个方面:时间处理、时间格式化及计时。

(1)时间处理函数。

①time()函数。

获取当前时间戳。例如:

```
>>> from time import *
>>> time()
1536895337.5334084
```

②gmtime(secs)函数。

获取当前时间戳对应的 struct_time 对象。例如:

```
>>> gmtime(1536895337.5334084)
time.struct_time(tm_year = 2018, tm_mon = 9, tm_mday = 14, tm_hour = 3, tm_min = 22, tm_sec = 17, tm_wday = 4, tm_yday = 257, tm_isdst = 0)
```

③ctime(secs)函数。

获取的时间戳被内部调用,localtime()函数输出当地时间。例如:

```
>>> ctime(1536895337.5334084)
'Fri Sep 14 11:22:17 2018'
```

(2)时间格式化函数。

time 库使用 mktime()、strftime()、strptime()进行时间格式化。

使用 mktime(t)将 struct_time 对象 t(代表当地时间)格式化。struct_time 对象的元素构成如表2.37所示。

表 2.37　struct_time 对象的元素构成

下标	属性	值
0	tm_year	年份,整数
1	tm_mon	月份[1,12]
2	tm_mday	日期[1,31]
3	tm_hour	小时[0,23]
4	tm_min	分钟[0,59]

续表

下标	属性	值
5	tm_sec	秒[0,59]
6	tm_wday	星期[0,6],0 表示星期一
7	tm_yday	该年第几天[1,366]
8	tm_isdst	是否为夏令时,0 表示否,1 表示是,-1 表示未知

例如：

```
>>> t = localtime()
>>> mktime(t)
1536897377.0
>>> ctime(mktime(t))
'Fri Sep 14 11:56:17 2018'
```

strftime()函数是时间格式化最有效的函数。

例如：

```
>>> strftime("%Y-%m-%d %H:%M:%S",t)
'2018-09-14 11:58:33'
```

表 2.38 给出了 strftime()函数的格式化控制符。

表 2.38　strftime()函数的格式化控制符

格式化控制符	描述
%a	星期几缩写名称 Mon ~ Sun
%A	星期几完整名称 Monday ~ Sunday
%b	月名缩写 Jan ~ Dec
%B	完整月名 January ~ December
%c	语言环境的适当日期和时间表示
%d	日期 01 ~ 31
%H	24 小时制的小时 00 ~ 23
%I	12 小时制的小时 01 ~ 12
%j	一年中的一天
%m	月份 01 ~ 12
%M	分钟数值 00 ~ 59
%p	上/下午 AM/PM
%S	秒数值 00 ~ 59
%U	一年中的星期数(00 ~ 53),星期天为星期的开始
%w	星期(0 ~ 6),星期天为星期的开始
%W	一年中的星期数(00 ~ 53),以星期一为星期的开始
%x	本地相应日期表示
%X	本地相应时间表示
%y	两位数的年份 01 ~ 99
%Y	4 位数的年份 0001 ~ 9999
%Z	当前时区的名称
%%	%本身

strptime()函数与 strftime()函数完全相反,用于提取字符串中的时间来生成 strut_time 对象,可以很灵活地作为 time 库的输入接口。

(3)计时功能。

通过 time()函数计算两端代码间隔的时间。

```
>>> x = time()
>>> time() - x
9.41753888130188
```

【考点 4】　第三方库

1. 第三方库的安装

Python 有标准库和第三方库两种类库。标准库是随 Python 安装包一起下载的,不需要用户单独下载安装使用,第三方库需要安装之后方能使用。Python有 3 种安装第三方库的方式:pip 工具安装、自定义安装、文件安装。

(1)pip 工具安装。

pip 工具安装是最常用且最高效的 Python 第三方库安装方式之一。pip 是 Python 官方提供并维护的在线第三方库安装工具。

使用 pip 安装第三方库需要网络处于良好状态。在命令行执行 pip -h 命令可以列出 pip 常用的子命令,如图 2.48 所示。

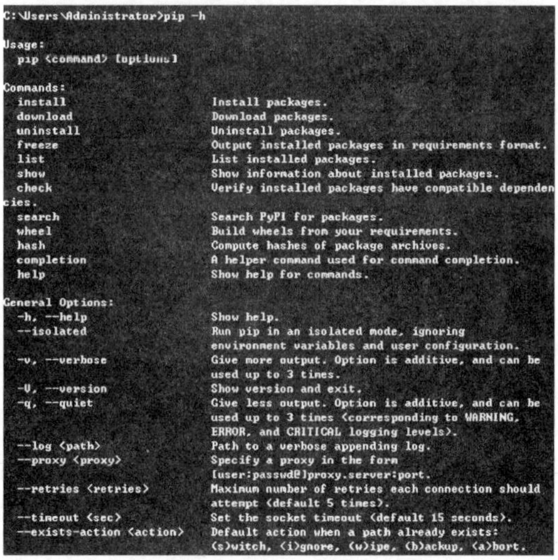

```
C:\Users\Administrator>pip -h

Usage:
  pip <command> [options]

Commands:
  install                     Install packages.
  download                    Download packages.
  uninstall                   Uninstall packages.
  freeze                      Output installed packages in requirements format.
  list                        List installed packages.
  show                        Show information about installed packages.
  check                       Verify installed packages have compatible dependen
cies.
  search                      Search PyPI for packages.
  wheel                       Build wheels from your requirements.
  hash                        Compute hashes of package archives.
  completion                  A helper command used for command completion.
  help                        Show help for commands.

General Options:
  -h, --help                  Show help.
  --isolated                  Run pip in an isolated mode, ignoring
                              environment variables and user configuration.
  -v, --verbose               Give more output. Option is additive, and can be
                              used up to 3 times.
  -V, --version               Show version and exit.
  -q, --quiet                 Give less output. Option is additive, and can be
                              used up to 3 times (corresponding to WARNING,
                              ERROR, and CRITICAL logging levels).
  --log <path>                Path to a verbose appending log.
  --proxy <proxy>             Specify a proxy in the form
                              [user:passwd@]proxy.server:port.
  --retries <retries>         Maximum number of retries each connection should
                              attempt (default 5 times).
  --timeout <sec>             Set the socket timeout (default 15 seconds).
  --exists-action <action>    Default action when a path already exists:
                              (s)witch, (i)gnore, (w)ipe, (b)ackup, (a)bort.
```

图 2.48　查看 pip 常用的子命令

安装命令格式如下。

pip install <第三方库名>

安装 Pillow 库，pip 默认下载 Pillow 库安装文件并自动安装到系统中，安装命令如图 2.49 所示。

```
C:\Users\Administrator>pip install pillow
```

图 2.49　pip 安装 Pillow 库的命令

使用 list 命令可查看系统已经安装了哪些第三方库，如图 2.50 所示。

```
numpy (1.15.1)
Pillow (5.2.0)
pip (9.0.1)
setuptools (28.8.0)
```

图 2.50　list 命令

pip 的 download 命令可以下载第三方库的安装包，但是并不自动安装，如图 2.51 所示。

```
C:\Users\Administrator>pip download wordcloud
Collecting wordcloud
  Using cached https://files.pythonhosted.org/packages/d4/95/d260ce89441d1f28192
fa5a0a016f547829517b11cabe0079ab91c56f6cd/wordcloud-1.5.0.tar.gz
  Saved c:\users\administrator\wordcloud-1.5.0.tar.gz
Collecting numpy>=1.6.1 (from wordcloud)
  Using cached https://files.pythonhosted.org/packages/13/73/a58d0ce1af2deaae887
d87915910926a908767320f09c0ef81d491b5f555/numpy-1.15.1-cp35-none-win32.whl
  Saved c:\users\administrator\numpy-1.15.1-cp35-none-win32.whl
Collecting pillow (from wordcloud)
  Using cached https://files.pythonhosted.org/packages/8f/a2/df0d0a3333ece976cb9
b83b4a097104056ec2214435573f3fbc75f8e37e9/Pillow-5.2.0-cp35-cp35m-win32.whl
  Saved c:\users\administrator\pillow-5.2.0-cp35-cp35m-win32.whl
Successfully downloaded wordcloud numpy pillow
```

图 2.51　download 命令

pip 支持安装（install）、下载（download）、卸载（uninstall）、列表（list）等一系列安装和维护子命令。

pip 工具在 macOS 和 Linux 等操作系统中可以安装几乎所有的第三方库，在 Windows 操作系统中，有一些第三方库需要用其他的安装方法。

（2）自定义安装。

自定义安装指的是按照第三方库提供的步骤和方式安装。第三方库都有主页用于维护库的代码和文档。

（3）文件安装。

有的 Python 第三方库只提供源代码，无法通过 pip 工具下载安装，这时可以到相应网站下载自己所需要的库文件。这里以 Pygame 为例，首先在网页内找到 Pygame 库对应的文件，如图 2.52 所示；选择其中以 .whl 为扩展名的文件进行下载（选择与安装的 Python 解释器相对应版本的文件：pygame－1.9.4－cp35－cp35m－win32.whl）并放到 Python 文件夹下；然后进入该目录下使用 pip 命令安装该文件，如图 2.53 所示。

Pygame, a library for writing games based on the SDL library.

- pygame-1.9.4-cp27-cp27m-win32.whl
- pygame-1.9.4-cp27-cp27m-win_amd64.whl
- pygame-1.9.4-cp34-cp34m-win32.whl
- pygame-1.9.4-cp34-cp34m-win_amd64.whl
- pygame-1.9.4-cp35-cp35m-win32.whl
- pygame-1.9.4-cp35-cp35m-win_amd64.whl
- pygame-1.9.4-cp36-cp36m-win32.whl
- pygame-1.9.4-cp36-cp36m-win_amd64.whl
- pygame-1.9.4-cp37-cp37m-win32.whl
- pygame-1.9.4-cp37-cp37m-win_amd64.whl

图 2.52　Pygame 库对应的文件

```
D:\Python>pip install pygame-1.9.4-cp35-cp35m-win32.whl
Processing d:\python\pygame-1.9.4-cp35-cp35m-win32.whl
Installing collected packages: pygame
Successfully installed pygame-1.9.4
```

图 2.53　使用 pip 命令安装该文件

2. PyInstaller 库

PyInstaller 库可以在 Windows、Linux、MacOS 等操作系统下把 Python 源文件打包变成可运行的可执行文件。

通过对源文件打包，Python 在没有安装 Python 程序的环境中也可以运行。

PyInstaller 库的使用方法如下。

pyinstaller <Python 源程序文件名>

执行完毕后，源文件所在的目录会生成 dist 和 build 两个文件夹。其中 build 文件夹只是用来存储临时文件的，可以安全删除。dist 文件夹下面存放的是与源文件同名的打包后的程序。目录中其他文件是可执行文件的动态链接库。

可以通过－F 参数对 Python 源程序生成一个单独的可执行文件，用法如下。

pyinstaller －F <Python 源程序文件名>

执行后在 dist 目录中出现了以 .exe 为扩展名的文件，没有任何依赖库，直接双击即可运行。

使用 PyInstaller 库转换可执行文件时需要注意以下两点。

①文件路径中不能出现空格和下角点（.）。

②源文件必须使用 UTF－8，暂时不支持其他类型的编码。

3. jieba 库

jieba 库是 Python 中一个重要的第三方中文分词函数库，能够将一段中文文本分隔成中文词语序列。

jieba 库分词所采用的原理就是把分词的内容与分词的中文词库进行对比，通过图结构和动态规划方法找到最大概率的词组。如“Python 是一门开源的编程语言”，获得其中的单词十分困难，因为英文文本可以通过空格符或者标点符号分隔，但中文文本之间缺少分隔符，这是中文及相似语言特有的“分词”问题，如图 2.54 所示。

```
>>> import jieba
>>> jieba.lcut("Python是一门开源的编程语言")
Building prefix dict from the default dictionary ...
Dumping model to file cache C:\Users\ADMINI~1\AppData\Local\Temp\jieba.cache
Loading model cost 1.328 seconds.
Prefix dict has been built succesfully.
['Python', '是', '一门', '开源', '的', '编程语言']
```

图 2.54　jieba 库示例

jieba 库支持 3 种分词模式：精确模式，将句子精确地切开，适合文本分析；全模式，把句子中所有可以成词的词语都扫描出来，速度快但是不能消除歧义；搜索引擎模式，在精确模式的基础上，对长词再次切分，提高召回率，适用于搜索引擎分词。

(1)lcut(s)函数。

精确模式,返回一个列表类型。例如:

```
>>> import jieba
>>> ls = jieba.lcut("全国计算机等级考试Python科目。")
>>> ls
['全国', '计算机', '等级', '考试', 'Python', '科目', '。']
```

(2)lcut(s,cut_all = True)函数。

全模式,返回一个列表类型。例如:

```
>>> ls = jieba.lcut("全国计算机等级考试Python科目。",cut_all = True)
>>> ls
['全国', '国计', '计算', '计算机', '算机', '等级', '考试', 'Python', '科目', "。"]
```

(3)lcut_for_search(s)函数。

搜索引擎模式,返回一个列表类型。例如:

```
>>> ls = jieba.lcut_for_search("全国计算机等级考试 Python 科目。")
>>> ls
['全国', '计算', '算机', '计算机', '等级', '考试', 'Python', '科目', '。']
```

由搜索引擎模式的结果可知,用这种方式寻找短语会出现一定的分词冗余。

(4)add_word(w)函数。

向分词词典中添加新词 w。例如:

```
>>> add_word('全国计算机')
>>> ls = lcut('全国计算机等级考试 Python 科目')
>>> ls
['全国计算机', '等级', '考试', 'Python','科目']
```

由此可以看出,增加新词后,当再次遇到该词时将不再被分开。

【例 1】《面朝大海,春暖花开》是海子于 1989 年所写的一首抒情诗。全诗的内容存放在 spring.txt 中。编写程序,使用 jieba 库对文件 spring.txt 进行分词并统计每个词出现的次数。

代码如下。

```
import jieba
fi = open('spring.txt','r')
txt = fi.read()
fi.close()
words = jieba.lcut(txt)
counts = {}
for word in words:
    if len(word) == 1:
        continue
    else:
        counts[word] = counts.get(word,0) + 1
items = list(counts.items())
items.sort(key = lambda x:x[1],reverse = True)
for i in range(15):
    word,count = items[i]
    print('{0:<10}{1:>5}'.format(word,count))
```

输出结果如下。

```
一个            5
幸福            4
告诉            3
明天            3
春暖花开        2
面朝            2
大海            2
前程            1
劈柴            1
陌生人          1
一所            1
尘世            1
有情人终成眷属  1
关心            1
```

4. **wordcloud 库**

在生成词云时,wordcloud 库会默认以空格符或标点符号为分隔符对目标文本进行分词处理。对于中文文本,分词需要用户来完成。通常的操作步骤是,首先把文本分词处理,然后用空格符拼接,最后调用 wordcloud 库函数处理。需要注意的是,在代码中需要把使用的字体文件与代码放在同一目录下或者使用文件的全路径。

【例 2】使用一种字体对"In the warm spring, flowers are coming out with a rush."进行分词显示,并保存扩展名为.png 的图片。

代码如下。

```
import jieba
from wordcloud import WordCloud
txt = "In the warm spring, flowers are coming out with a rush."
words = jieba.lcut(txt)
newtxt = ''.join(words)
wordcloud = WordCloud(font_path = "Iloveyou.ttf").generate(newtxt)
wordcloud.to_file('词云实例图.png')
```

产生的词云效果如图 2.55 所示。

图 2.55　词云效果

在上面的实例代码中可以看到使用了两个方法：generate(text)方法是把文本 text 生成词云；to_file(filename)方法是将词云图保存为以 filename 为名的文件。

WordCloud 类是 wordcloud 库的核心类。WordCloud类在创建时有一些可选的参数可用来配置词云图片，如表 2.39 所示。

表 2.39　WordCloud 类在创建时使用的参数

参数	描述
font_path	字体文件的完整路径
width	生成图片宽度，默认为 400 像素
height	生成图片高度，默认为 400 像素
mask	词云形状，默认为方形图
min_font_size	词云中最小的字体、字号，默认为 4 号
max_font_size	词云中最大的字体、字号，根据高度自动变化
font_step	字号步进间隔，默认为 1
stopwords	被排除词列表，排除的词不在词云中显示
background_color	图片背景颜色，默认为黑色
max_words	词云图中最大词数，默认为 200

【考点 5】　其他方向的第三方库

1. 网络爬虫方向

(1)Requests 库。

Requests 库是一个用来处理 HTTP 请求的第三方库，它最大的优点是编写程序过程中更接近于 URL 访问过程。Requests 库支持非常丰富的链接访问功能，包括国际域名和 URL 获取、HTTP 长连接和连接缓存、HTTP 会话和 cookie 保持、浏览器使用风格的 SSL 验证、基本的摘要认证、有效的键值对 cookie 记录、自动解/压缩、文件分块上传、连接超时处理等。

(2)Scrapy 库。

Scrapy 库是用 Python 开发的 Web 获取框架。Scrapy 库不同于其他简单的网络爬虫库，它只是一个半成品，它本身包含了成熟网络爬虫系统的部分功能，任何人都可以利用这个框架进行扩展，打造专业的网络爬虫系统。

Scrapy 库的用途范围较广，可以应用于数据挖掘、网络监控及自动化测试等。Scrapy 库提供 URL 队列、异步多线程访问、定时访问、数据库集成等众多功能。

(3) pyspider 库。

pyspider 库由 Python 编写，分布式架构，支持多种数据库后端、强大的 Web UI 支持脚本编辑器、任务监视器、项目管理器以及结果查看器。pyspider 库是以 Python 脚本驱动的抓取环模型爬虫。通过 Python 脚本进行结构化信息的提取，follow 链接调度抓取控制，实现最大的灵活性；通过 Web 化的脚本编写、调试环境。

2. 数据分析方向

(1) NumPy 库。

NumPy 库是 Python 的一种开源数值计算扩展的第三方库，用于处理数据类型相同的多维数组。NumPy 库比 Python 中的列表处理数据要高效得多。

NumPy 是采用 C 语言编写、用 Python 封装的。因此，基于 NumPy 库的 Python 程序在计算运行时的速度接近 C 语言的运行速度。

(2) pandas 库。

pandas 库是为解决数据分析而创建的，因此，pandas 库提供了一批标准的数据模型和大量高效处理数据的函数和方法。pandas 库提供两种最基本的数据类型：代表一维数组类型的 Series 和代表二维数组类型的 DataFrame。

(3) SciPy 库。

SciPy 是在 NumPy 库的基础上增加了一些关于数学、科学以及工程计算中常用的库函数的一款简单、易用的工具包。SciPy 包含了统计、整合、线性代数、信号分析、图像处理等众多模块，便于使用。

3. 文本处理方向

(1) PDFMiner 库。

PDFMiner 库是一个可以从 PDF 文件中提取各类信息并且能够分析 PDF 文本数据的第三方库。PDFMiner 库可以获取 PDF 文本的准确位置、行数、字体等信息，并且可以把 PDF 文件转换为 HTML 或者文本格式。

(2) python-docx 库。

python-docx 库是一个处理 Word 文档的第三方库，它支持读取、查询以及修改 DOC 和 DOCX 文件，并且能够对 Word 常见样式进行编程设置，包括字符样式、表格样式、段落样式、页面样式等，进一步使用该库可以实现添加和修改文本、样式、图像及文档等功能。

(3) beautifulsoup4 库。

beautifulsoup4 库是一个从 HTML 或者 XML 中

提取数据的 Python 库。beautifulsoup4 库将复杂的 HTML 文档转换成一个复杂的树形结构，每个节点都是 Python 对象。它提供一种方法去遍历和解析树，将专业的 Web 页面格式解析部分封装成函数，提供了若干有用且便捷的处理函数。

4. 数据可视化方向

（1）Matplotlib 库。

数据可视化指的是通过可视化探索数据，与数据挖掘紧密相关，而数据挖掘指的是通过代码来探索数据集的规律和关联。Matplotlib 库是一个数学绘图库，主要进行二维图表数据展示，在科学计算的数据可视化中可大量应用。

（2）seaborn 库。

seaborn 库同 Matplotlib 库一样，也是 Python 进行数据可视化分析的第三方库，但是 seaborn 库在 Matplotlib库的基础上进行了更高级的 API 封装，使可视化更加容易，图形更加漂亮。

（3）Mayavi 库。

Mayavi 库的 mlab 模块提供了方便快捷的绘制三维图函数。把数据准备好后，一般只需要调用一次 mlab 模块的函数就可以看到数据的三维效果。

5. 用户图形界面方向

（1）PyQt5 库。

PyQt5 库是 Python 的第三方库，它大约包括 620 个类、6000 个函数和方法。它是 Python 中最为成熟的商业级 GUI 第三方库之一，而且可以在多种操作系统上使用，如 Linux、MacOS 及 Windows 等。PyQt5 把事件和对应的处理程序绑定在一起。

（2）wxPython 库。

wxPython 库是 Python 的一个优秀的用户界面图形库，它可以使程序员快速、简单地创建可靠、功能强大的 GUI 程序。

（3）PyGTK 库。

PyGTK 库是基于 Python 封装的，它提供了各种可视化元素和功能，能够轻松创建具有图形界面的程序。PyGTK 库可以跨平台操作，代码可以不加改动就稳定地在其他操作系统中运行。

6. 机器学习方向

（1）scikit-learn 库。

scikit-learn 库是一个数据挖掘和数据分析工具。它是 2007 年由 David Cournapeau 组织使用 Python 专门针对机器学习而开发的一款框架。scikit-learn 库也被称为 sklearn。

（2）TensorFlow 库。

TensorFlow 库是第二代人工智能学习系统，也是支撑 AlphaGo 的操作系统的后台框架。Tensor 指 n 维数组，Flow 指基于数据流图的计算，TensorFlow 库描述张量从流图的一端流动到另一端的计算过程。

（3）MXNet 库。

MXNet 库是亚马逊提供的深度学习库，它拥有类似于 TensorFlow 库的数据流图，为多 GPU 配置提供了良好的配置，有着类似于 Lasagne 和 Blocks 更高级别的模型构建块，并且可以在任何计算机上运行。

7. Web 开发方向

（1）Django 库。

Django 库是 Python 中流行的开源 Web 应用框架。Django 库采用模型、模板及视图的编写模式。其中，模型是数据存取层，用于处理与数据相关的事务；模板是表现层，用于处理与表现相关的功能；视图是业务层，用于存取模板，以及调取恰当模板的相关逻辑，是模板与模型的“桥梁”。

（2）Pyramid 库。

Pyramid 库是 Python 的一个开源的 Web 程序开发框架，主要目的是使创建 Web 应用更加简单。与 Django 库一样，Pyramid 库虽然面向较大规模的 Web 应用，但它更注重灵活性，开发者可以灵活选择所使用的数据库、模板风格、URL 等内容。

（3）Flask 库。

相比 Django 和 Pyramid 库，Flask 库被称为微框架。Flask 库可以用几行代码创建一个小型网站。Flask 库不直接包含抽象的访问层，而是通过扩展模块形式来支持。

8. 游戏开发方向

（1）pygame 库。

pygame 库是一组功能强大而有趣的库，可用于管理图形、动画乃至声音，能够更轻松地开发复杂的游戏。pygame 库是在 SDL 库基础上进行封装的、面向游戏开发入门的 Python 第三方库，除了可以制作游戏外，还可以制作多媒体软件。

（2）Panda3D 库。

Panda3D 库是一个开源、跨平台的 3D 渲染和游戏开发库，简单来说就是一个游戏引擎。它支持 Python和 C ++ 两种程序语言。Panda3D 库支持很多先进的游戏引擎所支持的特性。

（3）Cocos2D 库。

Cocos2D 库是一个构建 2D 游戏和图形界面交互式应用的框架。Cocos2D 库基于 OpenGL 进行图形渲染，可以利用 GPU 加速。Cocos2D 库采用树形结构管理游戏对象，一个游戏划分为不同游戏场景，一个场景又被分为不同层，每个层分别处理并响应用户事件。

第3部分

Part

3 无纸化考试题库试题及答案解析

目前，市场上绝大多数参考书往往提供大量的题目。受此误导，很多考生深陷“题海战术”不能自拔，走进考场之后感觉题目似曾相识，做起来却全无思路，最终在考试中折戟沉沙。

本部分在深入研究考试试题的基础上，对考试的题型和考点加以总结。本部分不仅提供了 10 套典型试题，还对试题进行了详细分析，对选择题部分提供了答案和解析，对操作题部分提供了参考答案和解题思路，旨在帮助考生快速掌握解题技巧。本部分可使考生不再迷失于题海，帮助考生在更短的时间内，投入更少的精力，顺利通过考试。

3.1　无纸化考试题库试题

第 1 套　无纸化考试题库试题

一、选择题(每题 1 分,共 40 分)

1. 计算机完成一条指令所花费的时间称为一个(　　)。
   A)执行时序　B)存取周期　C)执行速度　D)指令周期
2. 顺序程序不具有(　　)。
   A)顺序性　B)并发性　C)封闭性　D)可再现性
3. 下列叙述中正确的是(　　)。
   A)算法的复杂度与问题的规模无关
   B)算法的优化主要通过程序的编制技巧来实现
   C)对数据进行压缩存储会降低算法的空间复杂度
   D)数值型算法只需考虑计算结果的可靠性
4. 设有一个栈与一个队列的初始状态均为空。现有一个序列 A,B,C,D,E,F,G,H。先分别将序列中的前 4 个元素依次入栈,后 4 个元素依次入队;然后分别将栈中的元素依次退栈,再将队列中的元素依次退队。最后得到的序列为(　　)。
   A)A,B,C,D,E,F,G,H　B)A,B,C,D,H,G,F,E
   C)D,C,B,A,H,G,F,E　D)D,C,B,A,E,F,G,H
5. 设某棵树的度为 3,其中度为 3,2,1 的节点个数分别为 3,0,4。则该树中的叶子节点数为(　　)。
   A)6　B)7　C)8　D)不可能有这样的树
6. 结构化程序设计强调(　　)。
   A)程序的效率　B)程序的规模　C)程序的易读性　D)程序的可复用性
7. 下面不属于系统软件的是(　　)。
   A)杀毒软件　B)操作系统　C)编译程序　D)数据库管理系统
8. 在数据库管理技术发展的 3 个阶段中,没有专门的软件对数据进行管理的是(　　)。
   A)人工管理阶段　B)文件系统阶段
   C)文件系统阶段和数据库系统阶段　D)人工管理阶段和文件系统阶段
9. 建立表示学生选修课程活动的实体联系模型,其中的两个实体分别是(　　)。
   A)学生和学号　B)课程和成绩　C)学生和课程　D)课程和课程号
10. 定义学生选修课程的关系模式如下:
    SC(S#,Sn,C#,Cn,T#,G,Cr)(其属性分别为学号、姓名、课程号、课程名、授课老师号、成绩、学分)
    并且一门课程可由多个教师教授,则该关系的键是(　　)。
    A)S#,T#　B)S#,C#　C)S#　D)C#
11. 在 Python 中,不能作为变量名的是(　　)。
    A)student　B)_bmg　C)5sp　D)Teacher
12. 以下关于 Python 缩进的描述中,错误的是(　　)。
    A)缩进表达了所属关系和代码块的所属范围
    B)缩进是可以嵌套的,从而形成多层缩进
    C)判断、循环、函数等都能够通过缩进包含一批代码
    D)Python 用严格的缩进表示程序的格式框架,所有代码都需要在行前至少加一个空格
13. 以下代码的输出结果是(　　)。
    ```
    x = 'R\0S\0T'
    print(len(x))
    ```
    A)3　B)5　C)7　D)6
14. 以下关于 Python 的描述中,错误的是(　　)。
    A)对于需要更高执行速度的功能,如数值计算和动画,Python 可以调用 C 语言编写的底层代码
    B)Python 比大部分编程语言具有更高的软件开发产量和简洁性
    C)Python 是解释执行型语言,因此执行速度比编译型语言慢
    D)Python 是脚本语言,主要用作系统编程和 Web 开发的开发语言

15. 以下代码的输出结果是(　　)。

```
x = 12 + 3 * ((5 * 8) - 14)//6
print(x)
```

A)25.0　　B)65　　C)25　　D)24

16. 以下关于 Python 循环结构的描述中,错误的是(　　)。

A)break 用来结束当前的循环语句,但不跳出当前的循环体

B)遍历循环中的遍历结构可以是字符串、文件、组合数据类型及 range()函数等

C)Python 通过 for、while 等保留字构建循环结构

D)continue 只结束本次循环

17. 以下构成 Python 循环结构的语句中,正确的是(　　)。

A)while　　B)loop　　C)if　　D)do - for

18. 以下代码绘制的图形是(　　)。

```
import turtle as t
for i in range(1,7):
    t.fd(50)
    t.left(60)
```

A)正方形　　B)六边形　　C)三角形　　D)五角星

19. 以下关于 Python 的描述中,正确的是(　　)。

A)条件 4 <=5 <=6 是合法的,输出 False　　B)条件 4 <=5 <=6 是不合法的

C)条件 4 <=5 <=6 是合法的,输出 True　　D)条件 4 <=5 <=6 是不合法的,抛出异常

20. 以下代码的输出结果是(　　)。

```
for i in range(1,6):
    if i%4 ==0:
        continue
    else:
        print(i,end = ",")
```

A)1,2,3,　　B)1,2,3,4,　　C)1,2,3,5,　　D)1,2,3,5,6,

21. 以下代码的输出结果是(　　)。

```
t = 10.5
def above_zero(t):
    return t >0
```

A)True　　B)False　　C)10.5　　D)没有输出

22. 以下关于 Python 的描述中,正确的是(　　)。

A)函数中 return 语句只能放在函数定义的最后面

B)定义函数需要使用保留字 def

C)函数最主要的作用是复用代码

D)Python 函数不可以定义在分支或循环语句的内部

23. 以下代码的输出结果是(　　)。

```
def young(age):
    if 25  <= age  <=30:
        print("作为一个老师,你很年轻")
    elif age  <25:
        print("作为一个老师,你太年轻了")
    elif age  >=60:
        print("作为一个老师,你可以退休了")
    else:
        print("作为一个老师,你很有爱心")
young(42)
```

A)作为一个老师,你很年轻　　B)作为一个老师,你太年轻了

C)作为一个老师,你可以退休了　　D)作为一个老师,你很有爱心

24. 以下代码的输出结果是(　　)。

```
def fibRate(n):
    if n  <=0:
```

```
        return  -1
    elif n ==1:
        return  -1
    elif n ==2:
        return 1
    else:
        L = [1,5]
        for i in range(2,n):
            L.append(L[-1] +L[-2])
        return L[-2]%L[-1]
print(fibRate(7))
```

A)0.6　　B)28　　C) -1　　D)1

25. 以下关于函数返回值的描述中,正确的是(　　)。

A)Python 函数的返回值个数很灵活,可以没有返回值,也可以有一个或多个返回值

B)函数定义中最多含有一条 return 语句

C)在函数定义中使用 return 语句时,至少有一个返回值

D)函数只能通过 print 语句和 return 语句给出运行结果

26. 以下代码的输出结果是(　　)。

```
def Hello(famlyName,age):
    if age > 50:
        print("您好!" +famlyName +"奶奶")
    elif age > 40:
        print("您好!" +famlyName +"阿姨")
    elif age > 30:
        print("您好!" +famlyName +"姐姐")
    else:
        print("您好!" +"小" +famlyName)
Hello(age =43, famlyName ="赵")
```

A)您好! 赵奶奶　　B)您好! 赵阿姨　　C)您好! 赵姐姐　　D)函数调用出错

27. 以下代码的输出结果是(　　)。

```
ls = [[1,2,3],'python',[[4,5,'ABC'],6],[7,8]]
print(ls[2][1])
```

A)'ABC'　　B)p　　C)4　　D)6

28. 以下代码的输出结果是(　　)。

```
ls = ["2020","1903","Python"]
ls.append(2050)
ls.append([2020,"2020"])
print(ls)
```

A)['2020', '1903', 'Python', 2020, [2050, '2020']]

B)['2020', '1903', 'Python', 2020]

C)['2020', '1903', 'Python', 2050, [2020, '2020']]

D)['2020', '1903', 'Python', 2050, ['2020']]

29. 以下代码的输出结果是(　　)。

```
d = {"大海":"蓝色","天空":"灰色","大地":"黑色"}
print(d["大地"], d.get("天空","黄色"))
```

A)黑色　黑色　　B)黑色　灰色　　C)黑色　黄色　　D)黑色　蓝色

30. 以下选项,正确的是(　　)。

A)序列类型是一维元素向量,元素之间存在先后关系,通过索引访问

B)序列类型可以分为 3 类:字符串、字典及列表

C)表示单一数据的类型被称为组合数据类型

D)Python 的字符串、字典、元组及列表都属于序列类型

31. 以下代码的输出结果是(　　)。

```
d = {}
```

```
for i in range(26):
        d[chr(i+ord("A"))] = chr((i+13)%26+ord("A"))
for c in "Python":
    print(d.get(c,c), end="")
```

A) Plguba　　B) Cabugl　　C) Python　　D) Cython

32. 以下关于 Python 二维数据的描述中,错误的是(　　)。

A) CSV 文件的每一行是一维数据,可以用列表、元组表示

B) 从 CSV 文件获得数据内容后,可以用 replace() 去掉每行最后的换行符

C) 若一个列表变量里的元素都是字符串类型,则可以用 join() 合成字符串

D) 列表中保存的二维数据,可以通过循环结构用 writelines() 写入 CSV 文件

33. 以下关于文件的描述中,错误的是(　　)。

A) 文件是存储在外存上的一组数据序列,可以包含任何数据内容

B) 可以使用 open() 打开文件,使用 close() 关闭文件

C) 使用 read() 可以从文件中读入全部内容

D) 使用 readlines() 可以从文件中读入一行内容

34. 以下关于文件的描述中,正确的是(　　)。

A) 使用 open() 打开文件时,必须要用 r 或 w 指定打开方式,不能省略

B) 采用 readlines() 可以读入文件的全部内容,返回一个列表

C) 文件打开后,可以用 write() 控制对文件内容的读写位置

D) 如果没有采用 close() 关闭文件,Python 程序退出时文件将不会自动关闭

35. 以下不属于 Python 文件操作方法的是(　　)。

A) read()　　B) write()　　C) join()　　D) readline()

36. 以下关于数据组织的描述中,错误的是(　　)。

A) 一维数据采用线性方式组织,可以用 Python 集合或列表表示

B) 列表仅用于表示一维和二维数据

C) 二维数据采用表格方式组织,可以用 Python 列表表示

D) 更高维数据由键值对类型的数据构成,可以用 Python 字典表示

37. 文件"exam. txt"与以下代码在同一目录下,其内容是一段文本:bigBen。以下代码的输出结果是(　　)。

```
f = open("exam.txt")
print(f)
f.close()
```

A) bigBen　　B) exam. txt

C) <_io. TextIOWrapper ... >　　D) exam

38. 不属于 Python 开发用户界面的第三方库的是(　　)。

A) PyGObject　　B) PyQt　　C) time　　D) PyGTK

39. 不属于 Python 数据分析及可视化处理的第三方库的是(　　)。

A) seaborn　　B) random　　C) Mayavi2　　D) NumPy

40. 属于 Python 中 Web 开发的第三方库的是(　　)。

A) Pygame　　B) SciPy　　C) PDFMiner　　D) Pyramid

二、基本操作题(共 15 分)

41. 考生文件夹下存在一个文件"PY101. py",请写代码替换横线,不修改其他代码,实现以下功能。

用键盘输入字符串 s,按要求把 s 输出到屏幕。格式要求:宽度为 30 个字符,以星号填充,居中对齐。如果输入字符串超过 30 位,则全部输出。

例如,用键盘输入字符串"Congratulations"。

屏幕输出: *******Congratulations********

试题程序:

```
#请在______处使用一行代码或表达式替换
#注意:请不要修改其他已给出的代码
s = input("请输入一个字符串:")
print("{______}".format(s))
```

视频解析

42. 考生文件夹下存在一个文件"PY102. py",请写代码替换横线,不修改其他代码,实现以下功能。

根据斐波那契数列的定义,$F(0)=0, F(1)=1, F(n)=F(n-1)+F(n-2)\ (n\geqslant 2)$,输出不大于 50 的序

列元素。

屏幕输出实例如下。

0,1,1,2,3,…

试题程序:

```
#请在______处使用一行代码或表达式替换
#注意:请不要修改其他已给出的代码
a,b = 0,1
while ___(1)___ :
    print(a, end = ',')
    a,b = ___(2)___
```

视频解析

43. 考生文件夹下存在一个文件“PY103. py”,请写代码替换横线,不修改其他代码,实现以下功能。

用键盘输入一句话,用 jieba 库进行分词后,将切分的词组按照原话逆序输出到屏幕上,词组中间没有空格。示例如下。

输入:

我爱老师

输出:

老师爱我

试题程序:

```
#请在______处使用一行代码或表达式替换
#注意:请不要修改其他已给出的代码
import jieba
txt = input("请输入一段中文文本:")
___(1)___
for i in ls[:: -1]:
    ___(2)___
```

视频解析

三、简单应用题(共 25 分)

44. 考生文件夹下存在一个文件“PY201. py”,请写代码替换横线,不修改其他代码,实现以下功能。

使用 turtle 库的 turtle. seth( ) 函数和 turtle. fd( ) 函数绘制一个边长为 100 像素的三角形,效果如下图所示。

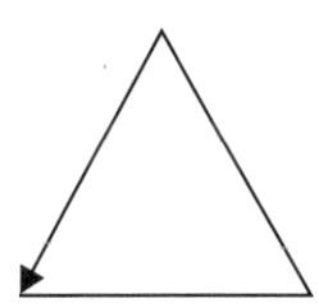

试题程序:

```
#请在______处使用一行代码或表达式替换
#注意:请不要修改其他已给出的代码
import turtle
for i in range(___(1)___):
    turtle.seth(___(2)___)
    ___(3)___(100)
```

视频解析

45. 考生文件夹下存在一个文件“PY202. py”,该文件是本题目的代码提示框架,其中代码可以任意修改。请在该文件中编写代码,实现如下功能。

用键盘输入一组水果名称并以空格分隔,共一行,示例格式如下。

苹果 芒果 草莓 芒果 苹果 草莓 芒果 香蕉 芒果 草莓

统计水果类型的数量,按数量从多到少的顺序输出水果类型及对应数量,以英文冒号分隔,每个水果类型一行。输出结果保存在考生文件夹下,命名为“PY202. txt”。输出的参考格式如下。

芒果:4

草莓:3

苹果:2

香蕉:1

试题程序：

```
#以下代码为提示框架
#请在...处使用一行或多行代码替换,可以修改其他的代码
txt = input("请输入类型序列：")
fo = open("PY202.txt","w")
...
d = {}
...
ls = list(d.items())
ls.sort(key = lambda x:x[1],reverse = True) # 按照数量排序
for k in ls:
    fo.write("{}:{}".format(k[0], k[1]))
fo.close()
```

视频解析

四、综合应用题(共20分)

46. 考生文件夹下存在3个Python源文件，分别对应3个问题；1个文本文件，作为本题目的输入数据。请按照源文件内部说明修改代码，实现以下功能。

《卖火柴的小女孩》是丹麦作家安徒生写的一篇童话故事，发表于1846年。主要讲了一个卖火柴的小女孩在富人阖家欢乐、举杯共庆的大年夜冻死在街头的故事。这里给出《卖火柴的小女孩》的一个网络版本文件，文件名为“小女孩.txt”。

问题1：在“PY301-1.py”文件中修改代码，对“小女孩.txt”文件进行字符频次统计，输出频次最高的中文字符(不包含标点符号)及其频次，字符与频次之间采用英文冒号(:)分隔，将输出结果保存在考生文件夹下，命名为“PY301-1.txt”。示例格式如下。

的:83

试题程序：

```
#以下代码为提示框架
#请在...处使用一行或多行代码替换
#请在________处使用一行代码替换
#注意:提示框架的代码可以任意修改,以完成程序功能为准
...
fo = open("PY301-1.txt","w")
...
d = {}
...
fo.write("{}:{}".format(________))
fo.close()
```

问题2：在“PY301-2.py”文件中修改代码，对“小女孩.txt”文件进行字符频次统计，按照频次由高到低，输出前10个频次最高的字符，不包含回车符，字符之间无间隔，连续输出，将输出结果保存在考生文件夹下，命名为“PY301-2.txt”。示例格式如下。

,的一...(共10个字符)

试题程序：

```
#以下代码为提示框架
#请在...处使用一行或多行代码替换,可以修改其他的代码
...
fo = open("PY301-2.txt","w")
...
d = {}
...
ls = list(d.items())
ls.sort(key = lambda x:x[1], reverse = True) # 此行可以按照字符频次由高到低排序
...
```

问题3：在“PY301-3.py”文件中修改代码，对“小女孩.txt”文件进行字符频次统计，将所有字符按照频

次从高到低排序，字符包括中文、标点、英文等，但不包含空格符和回车符。将排序后的字符及频次输出到考生文件夹下，文件名为“小女孩－频次排序.txt”。字符与频次之间采用英文冒号(:)分隔，各字符之间采用英文逗号(,)分隔，参考 CSV 格式，最后无逗号，文件内部示例格式如下。

着:30,那:29,火:29

试题程序：

```
#以下代码为提示框架
#请在…处使用一行或多行代码替换，可以修改其他的代码
...
d = {}
...
ls = list(d.items())
ls.sort(key = lambda x:x[1], reverse = True)
# 此行可以按照字符频次由高到低排序
...
```

视频解析

第 2 套　无纸化考试题库试题

一、选择题(每题 1 分，共 40 分)

1. 要使用外存储器中的信息，应先将其调入(　　)。
   A)内存储器　B)控制器　C)运算器　D)微处理器
2. 进程是(　　)。
   A)存放在内存中的程序　B)与程序等效的概念
   C)一个系统软件　D)程序的执行过程
3. 下列叙述中正确的是(　　)。
   A)循环队列是队列的一种顺序存储结构　B)循环队列是队列的一种链式存储结构
   C)循环队列中的队尾指针一定大于队头指针　D)循环队列中的队尾指针一定小于队头指针
4. 设栈与队列初始状态为空。将元素 A,B,C,D,E,F,G,H 依次轮流入栈和入队，然后依次轮流出栈和退队，则输出序列为(　　)。
   A)A,B,C,D,H,G,F,E　B)B,G,D,E,F,C,H,A
   C)D,C,B,A,E,F,G,H　D)G,B,E,D,C,F,A,H
5. 设二叉树的前序序列为 ABDEGHCFIJ，中序序列为 DBGEHACIFJ，则按层次输出(从上到下，同一层从左到右)的序列为(　　)。
   A)ABCDEFGHIJ　B)DGHEBIJFCA　C)JIHGFEDCBA　D)GHIJDEFBCA
6. 结构化程序的 3 种基本控制结构是(　　)。
   A)递归、堆栈和队列　B)调用、返回和转移
   C)顺序、选择和重复　D)过程、子程序和函数
7. 软件是(　　)。
   A)程序　B)计算机系统　C)程序和数据　D)程序、数据和文档的集合
8. 在数据库中存储的是(　　)。
   A)数据模型　B)操作信息　C)数据的操作　D)数据以及数据之间的联系
9. 在关系数据库设计中，关系模式是用来记录用户数据的(　　)。
   A)二维表　B)视图　C)属性　D)实体
10. 在关系模式 A(S,SN,D)和 B(D,CN,NM)中，关系 A 的主键是 S，关系 B 的主键是 D，则属性 D 在关系 A 中称为(　　)。
    A)主键　B)外键　C)候选键　D)超键
11. 以下不属于 Python 保留字的是(　　)。
    A)class　B)pass　C)sub　D)def
12. 表达式 3 * * 2 * 4//6%7 的计算结果是(　　)。
    A)3　B)5　C)4　D)6
13. 以下关于 Python 字符串的描述中，错误的是(　　)。
    A)在 Python 字符串中，可以混合使用正整数和负整数进行索引和切片
    B)Python 字符串采用[*N*:*M*]格式进行切片，获取字符串从索引 *N* 到 *M* 的子字符串(包含 *N* 和 *M*)
    C)字符串'my\\text.dat'中第一个\表示转义符
    D)空字符串可以表示为""或''

14. Python 提供 3 种基本的数字类型，它们是(　　)。
A）整数类型、浮点数类型、复数类型　　B）整数类型、二进制类型、浮点数类型
C）整数类型、二进制类型、浮点数类型　　D）整数类型、二进制类型、复数类型
15. 以下关于语言类型的描述中，正确的是(　　)。
A）静态语言采用解释方式执行，脚本语言采用编译方式执行
B）C 语言是静态语言，Python 是脚本语言
C）编译是将目标代码转换成源代码的过程
D）解释是将源代码一次性转换成目标代码同时逐条运行目标代码的过程
16. 以下描述中，不属于 Python 控制结构的是(　　)。
A）分支结构　　B）程序异常　　C）跳转结构　　D）顺序结构
17. 以下关于分支结构的描述中，错误的是(　　)。
A）if 语句中语句块执行与否依赖于条件判断
B）if 语句中条件部分可以使用任何能够产生 True 和 False 的语句和函数
C）二分支结构有一种紧凑形式，使用保留字 if 和 elif 实现
D）多分支结构用于设置多个判断条件及其对应的多条执行路径
18. 以下代码的输出结果是(　　)。
```
while True:
    guess = eval(input())
    if guess == 0x452//2:
        break
print(guess)
```
A）0x452　　B）break　　C）553　　D）"0x452//2"
19. 以下代码的输出结果是(　　)。
```
for s in "grandfather":
    if s == "d" or s == 'h':
        continue
    print(s, end ='')
```
A）grandfather　　B）granfater　　C）grand　　D）father
20. 以下关于分支和循环结构的描述中，错误的是(　　)。
A）while 循环只能用来实现无限循环
B）所有的 for 分支都可以用 while 循环改写
C）保留字 break 可以终止一个循环
D）continue 可以停止后续代码的执行，从循环的开头重新执行
21. 以下关于函数优点的描述中，正确的是(　　)。
A）函数可以表现程序的复杂度　　B）函数可以使程序更加模块化
C）函数可以减少代码多次使用　　D）函数便于书写
22. Python 中定义类的关键字是(　　)。
A）def　　B）class　　C）function　　D）defun
23. 以下关于 Python 函数的描述中，错误的是(　　)。
A）可以定义函数接收可变数量的参数　　B）定义函数时，某些参数可以赋予默认值
C）函数必须要有返回值　　D）函数可以同时返回多个结果
24. 以下关于 Python 函数的描述中，错误的是(　　)。
A）Python 程序的 main() 函数可以改为其他名称
B）如果 Python 程序包含一个函数 main()，这个函数与其他函数地位相同
C）Python 程序可以不包含 main() 函数
D）Python 程序需要包含一个 main() 函数且只能包含一个 main() 函数
25. 以下代码的输出结果是(　　)。
```
for s in "PythonNCRE":
    if s == "N":
        break
    print(s,end = "")
```
A）PythonCRE　　B）N　　C）Python　　D）PythonNCRE
26. 当用户输入 2 时，下面代码的输出结果是(　　)。
```
try:
    n = input("请输入一个整数:")
    def pow2(n):
```

```
        return n**5
    pow2(n)
except:
    print("程序执行错误")
```

A)32　　B)2　　C)程序没有任何输出　　D)程序执行错误

27. 在 Python 中,不属于组合数据类型的是(　　)。

A)浮点数类型　　B)字典类型　　C)列表类型　　D)字符串类型

28. 以下代码的输出结果是(　　)。

```
lis = list(range(4))
print(lis)
```

A)[0,1,2,3,4]　　B)[0,1,2,3]　　C)0,1,2,3,　　D)0,1,2,3,4,

29. 以下关于列表变量 ls 操作的描述中,错误的是(　　)。

A)ls. copy():生成一个新列表,复制 ls 的所有元素

B)ls. remove(x):删除 ls 中所有的 x 元素

C)ls. append(x):在 ls 最后增加一个元素

D)ls. reverse():反转列表 ls 中所有元素

30. 以下关于 Python 字典变量的定义中,正确的是(　　)。

A)d = {[1,2]:1,[3,4]:3}　　B)d = {1:as,2:sf}

C)d = {(1,2):1,(3,4):3}　　D)d = {'python':1,[tea, cat]:2}

31. 列表 listV = list(range(10)),以下能够输出列表 listV 中最小元素的是(　　)。

A)print(min(listV))　　B)print(listV. max())

C)print(min(listV()))　　D)print(listV. reverse(i)[0])

32. 以下代码的输出结果是(　　)。

```
ls = []
for m in '想念':
    for n in '家人':
        ls.append(m + n)
print(ls)
```

A)想念家人　　B)想想念念家家人人

C)想家想人念家念人　　D)['想家','想人','念家','念人']

33. Python 读取文件中一行内容的操作是(　　)。

A)readtext　　B)readline　　C)readall　　D)read

34. 文件“family. txt”在当前代码所在目录内,其内容是一段文本:We are family。以下代码的输出结果是(　　)。

```
txt = open("family.txt","r")
print(txt)
txt.close()
```

A)txt　　B)family. txt　　C)其他答案　　D)We are family

35. 假设文件“city. csv”的内容如下:

哈密瓜,香瓜,无籽西瓜,水晶葡萄

奶油富士,火龙果,百香果

以下代码的输出结果是(　　)。

```
f = open("city.csv","r")
ls = f.read().split(",")
f.close()
print(ls)
```

A)['哈密瓜','香瓜','无籽西瓜','水晶葡萄\n 奶油富士','火龙果','百香果']

B)['哈密瓜','香瓜','无籽西瓜','水晶葡萄','奶油富士','火龙果','百香果']

C)['哈密瓜,香瓜,无籽西瓜,水晶葡萄,奶油富士,火龙果,百香果']

D)['哈密瓜','香瓜','无籽西瓜','水晶葡萄','\n','奶油富士','火龙果','百香果']

36. 以下代码的输出结果是(　　)。

```
fo = open("book.txt","w")
ls = ['C 语言','Java','C#','Python']
fo.writelines(ls)
fo.close()
```

A)'C 语言''Java''C#''Python'　　B)C 语言 JavaC#Python

C)[C 语言, Java, C#, Python]　　D)['C 语言','Java','C#','Python']

37. 在读/写文件之前，需要打开文件，使用的函数是(　　)。

A) read　　B) fopen　　C) open　　D) CFile

38. 在 Python 中，包含矩阵运算的第三方库是(　　)。

A) NumPy　　B) PyQt5　　C) wordcloud　　D) wxPython

39. 在 Python 中，能够处理图像的第三方库是(　　)。

A) PyInstaller　　B) pyserial　　C) pygame　　D) PIL

40. 在 Python 中，属于 Web 开发的第三方库是(　　)。

A) Mayavi　　B) Flask　　C) PyQt5　　D) time

二、基本操作题(共 15 分)

41. 考生文件夹下存在一个文件“PY101. py”，请写代码替换横线，不修改其他代码，实现以下功能。

随机选择一个手机品牌的名称输出。

试题程序：

```
#请在________处使用一行代码或表达式替换
#注意:请不要修改其他已给出的代码
import ____(1)____
brandlist =['三星','苹果','vivo','OPPO','魅族']
random.seed(0)
____(2)____
print(name)
```

视频解析

42. 考生文件夹下存在一个文件“PY102. py”，请写代码替换横线，不修改其他代码，实现以下功能。

用键盘输入一段文本，保存在一个字符串变量 s 中，分别用 Python 内置函数和 jieba 库中已有函数计算字符串 s 的中文字符个数和中文词语个数。注意：中文字符包含中文标点符号。示例格式如下。

键盘输入：

科技是第一生产力

屏幕输出：

中文字符数为 8，中文词语数为 4。

试题程序：

```
#请在程序的________处使用一行代码或表达式替换
#注意:请不要修改其他已给出的代码
import jieba
s = input("请输入一个字符串")
n = ____(1)____
m = ____(2)____
print("中文字符数为{},中文词语数为{}。".format(n, m))
```

视频解析

43. 考生文件夹下存在一个文件“PY103. py”，请写代码替换省略号，不修改其他代码，实现以下功能。

某商店出售某品牌的服装，每件定价 150，1 件不打折，2 件(含)到 3 件(含)打九折，4 件(含)到 9 件(含)打八折，10 件(含)以上打七折。用键盘输入购买数量，屏幕输出总额(保留整数)。示例格式如下。

输入：

8

输出：

总额为：960

试题程序：

```
#以下代码为提示框架
#请在...处使用一行或多行代码替换,可以修改其他的代码
n = eval(input("请输入数量:"))
...
print("总额为:",cost)
```

视频解析

三、简单应用题(共 25 分)

44. 考生文件夹下存在一个文件“PY201. py”，请写代码替换横线，不修改其他代码，实现以下功能。

使用 turtle 库的 turtle. right( ) 函数和 turtle. fd( ) 函数绘制一个五角星，边长为 200 像素，5 个内角度数均为 36°，效果如下页图所示。

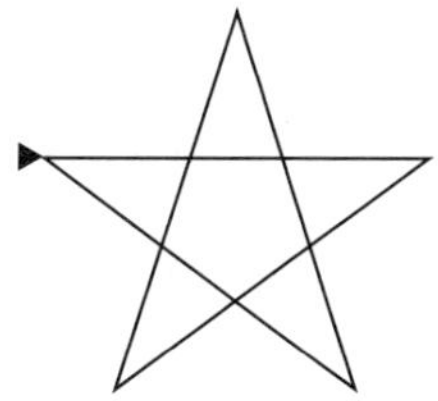

试题程序：

```
#请在______处使用一行代码或表达式替换
#注意:请不要修改其他已给出的代码
from turtle import *
for i in ___(1)___:
    fd(___(2)___)
    ___(3)___
```

视频解析

45. 考生文件夹下存在一个文件“PY202. py”，该文件是本题目的代码提示框架，其中代码可以任意修改，请在该文件中编写代码，以实现如下功能。

用键盘输入一组人员的姓名、性别、年龄等信息，信息间采用空格分隔，每个人的信息为一行，按 <Enter> 键结束输入。示例格式如下。

```
张猛 男 35
杨青 女 18
汪海 男 26
孙倩 女 22
```

计算并输出这组人员的平均年龄（保留 1 位小数）和其中女性人数，结果保存在考生文件夹下，命名为“PY202. txt”。示例格式如下。

```
平均年龄是 25.2 女性人数是 2
```

试题程序：

```
#以下代码为提示框架
#请在程序的...处使用一行或多行代码替换
#请在程序的______处使用一行代码替换
#注意:提示框架的代码可以任意修改,以完成程序功能为准
fo = open("PY202.txt","w")
data = input("请输入一组人员的姓名、性别、年龄:") # 姓名 性别 年龄
...
while data:
    ...
    data = input("请输入一组人员的姓名、性别、年龄:")
...
fo.write("平均年龄是{:.1f} 女性人数是{}".format(______))
fo.close()
```

视频解析

四、综合应用题（共 20 分）

46. 考生文件夹下存在 3 个 Python 源文件，分别对应 3 个问题，请按照文件内说明修改代码，实现以下功能。

法定节假日是根据各国、各民族的风俗习惯或纪念要求，由国家法律统一规定的用以庆祝及度假的休息时间。法定节假日制度是国家政治、经济、文化制度的重要反映，涉及经济社会的多个方面，涉及广大人民群众的切身利益。法定节假日的安排，为居民出行、购物和休闲提供了时间上的便利，为拉动内需、促进经济增长做出了积极贡献。给出一个某年的节假日的放假日期 CSV 文件（PY301 - vacations. csv），内容示例如下。

序号	节假日名称	开始月日	结束月日
1	元旦	1230	0101
2	春节	0215	0221
3	清明节	0405	0407
4	劳动节	0501	0503
5	端午节	0616	0618

…

以第 1 行为例,1230 表示 12 月 30 日,0101 表示 1 月 1 日。

问题 1:在“PY301 - 1. py”文件中修改代码,读入 CSV 文件中的数据,获得用户输入。根据用户输入的节假日名称,输出此节假日的时间范围。

输入和输出示例格式如下。

```
请输入节假日名称(例如,春节):春节
春节的假期位于0215~0221
```

试题程序:

```
#以下代码为提示框架
#请在程序的...处使用一行或多行代码替换
#请在程序的________处使用一行代码替换
#注意:提示框架的代码可以任意修改,以完成程序功能为准
...
ls = []
...
    print("{}的假期位于{}-{}".format(________))
```

问题 2:在“PY301 - 2. py”文件中修改代码,读入 CSV 文件的数据,获得用户输入。用户输入一组范围是 1~7 的整数作为序号,序号间采用空格符分隔,以回车符结束。输出这些序号对应的节假日的名称、时间范围,每个节假日的信息一行。本次输出完成后,重新回到输入序号的状态。

输入和输出示例格式如下。

```
请输入节假日序号:1 5
元旦(1)假期是12月30日至01月01日之间
端午节假期(5)是06月16日至06月18日之间
请输入节假日序号:
```

试题程序:

```
#以下代码为提示框架
#请在程序的...处使用一行或多行代码替换
#注意:提示框架的代码可以任意修改,以完成程序功能为准
...
ls = []
...
    print("{}({})假期是{}月{}日至{}月{}日之间".format(________))
...
```

问题 3:在问题 2 的基础上,在“PY301 - 3. py”文件中修改代码,对输入的每个序号做合法性处理。如果输入的数字不合法,请输出“输入节假日编号有误!”,继续输出后续信息,然后重新回到输入序号的状态。

输入和输出示例格式如下。

```
请输入节假日序号:5 14 11
端午节(5)假期是06月16日至06月18日之间
输入节假日编号有误!
输入节假日编号有误!
请输入节假日编号:
```

试题程序:

```
#以下代码为提示框架
#请在程序的...处使用一行或多行代码替换
#请在程序的________处用一行代码替换
#注意:提示框架的代码可以任意修改,以完成程序功能为准
...
ls = []
...
    print("{}({})假期是{}月{}日至{}月{}日之间".format(________))
...
    if flag == False:
        print("输入节假日编号有误!")
...
```

视频解析

第 3 套　无纸化考试题库试题

一、选择题(每题 1 分,共 40 分)

1. 在计算机中,运算器的基本功能是(　　)。
A)进行算术和逻辑运算　　B)存储各种控制信息
C)保持各种控制状态　　D)控制机器各个部件协调一致地工作

2. 理论上计算机虚拟内存最大容量取决于(　　)。
A)磁盘空间的大小　　B)物理内存的大小　　C)计算机地址位数　　D)数据存放的实际地址

3. 下列叙述中错误的是(　　)。
A)循环链表中有一个表头节点
B)循环链表的存储空间是连续的
C)循环链表的表头指针与循环链表中最后一个节点的指针均指向表头节点
D)循环链表实现了空表与非空表运算的统一

4. 设栈的存储空间为 S(1:50),初始状态为 top = 51。现经过一系列正常的入栈与退栈操作后,top = 50,则栈中的元素个数为(　　)。
A)0　　B)1　　C)50　　D)49

5. 某二叉树共有 399 个节点,其中有 199 个度为 2 的节点,则该二叉树中的叶子节点数为(　　)。
A)不存在这样的二叉树　　B)198
C)199　　D)200

6. 下面对“对象”概念描述错误的是(　　)。
A)对象不具有封装性　　B)对象是属性和方法的封装体
C)对象间的通信是靠消息传递　　D)一个对象是其对应类的实例

7. 软件应首先满足用户的(　　)。
A)性能需求　　B)功能需求　　C)可扩展性　　D)纠错能力

8. 数据库管理系统的基本功能不包括(　　)。
A)数据库定义　　B)数据库的建立和维护
C)数据库访问　　D)数据库和网络中其他系统的通信

9. 关系数据库规范化的目的是解决关系数据库中的(　　)。
A)数据操作复杂的问题　　B)查询速度低的问题
C)插入、删除异常及数据冗余问题　　D)数据安全性和完整性保障的问题

10. 由关系 R1 和 R2 得到关系 R3 的操作是(　　)。

R1

A	B	C
A	1	X
C	2	Y
D	1	y

R2

D	E	M
1	M	I
2	N	J
5	M	K

R3

A	B	C	D	E	M
A	1	X	1	M	I
D	1	Y	1	M	I
C	2	y	2	N	J

A)等值连接　　B)并　　C)笛卡儿积　　D)交

11. 在 Python 中,可以作为源文件扩展名的是(　　)。
A). png　　B). pdf　　C). py　　D). ppt

12. 以下不属于 Python 保留字的是(　　)。
A)goto　　B)False　　C)True　　D)pass

13. 以下代码的输出结果是(　　)。

```
print( 0.1 + 0.2 ==0.3 )
```

A) -1　　B)True　　C)False　　D)0

14. 以下关于 Python 字符编码的描述中,正确的是(　　)。
A)Python 字符编码使用 ASCII 值存储
B)chr(x)和 ord(x)函数用于在单字符和 Unicode 值之间进行转换
C)print(chr('a'))输出 97
D)print(ord(65))输出 A

15. 以下代码的输出结果是(　　)。

```
a = 10.99
print(complex(a))
```

A) 0.99　　B) 10.99i + j　　C) 10.99　　D) (10.99 + 0j)

16. 以下保留字不属于分支或循环逻辑的是(　　)。

A) elif　　B) do　　C) for　　D) while

17. 在 Python 中,使用 for - in 方式形成的循环不能遍历的类型是(　　)。

A) 列表　　B) 复数　　C) 字符串　　D) 字典

18. 以下关于 Python 的 try 语句的描述中,错误的是(　　)。

A) try 用来捕捉执行代码发生的异常,处理异常后能够回到异常处继续执行
B) 执行 try 代码块触发异常后,会执行 except 后面的语句
C) 一个 try 代码块可以对应多个处理异常的 except 代码块
D) try 代码块不触发异常时,不会执行 except 后面的语句

19. Python 中用来表示代码块所属关系的语法是(　　)。

A) 花括号　　B) 圆括号　　C) 缩进　　D) 冒号

20. 以下描述错误的是(　　)。

A) Python 是一门动态的解释型语言
B) 当 Python 脚本程序发生了异常,如果不处理,运行结果不可预测
C) 编程语言中的异常和错误是完全相同的概念
D) Python 通过 try、except 等保留字提供异常处理功能

21. 以下关于 Python 函数的描述中,错误的是(　　)。

A) 函数代码是可以重复使用的
B) 每次使用函数需要提供相同的参数作为输入
C) 函数通过函数名进行调用
D) 函数是一段具有特定功能的语句组

22. 函数中定义了 3 个参数,其中 2 个参数都指定了默认值,调用函数时参数个数最少是(　　)。

A) 0　　B) 2　　C) 1　　D) 3

23. 以下关于 Python 函数的描述中,正确的是(　　)。

A) 函数 eval() 可以用于数值表达式的求值,如 eval("2 * 3 + 1")
B) Python 中,def 和 return 是函数必须使用的保留字
C) Python 函数定义中没有对参数指定类型,这说明参数在函数中可以当作任意类型使用
D) 一个函数中只允许有一条 return 语句

24. 关于以下代码的描述中,正确的是(　　)。

```
def func(a,b):
    c = a ** 2 + b
    b = a
    return c
a = 10
b = 2
c = func(b,a) + a
```

A) 执行该函数后,变量 c 的值为 112　　B) 该函数名称为 fun
C) 执行该函数后,变量 b 的值为 2　　D) 执行该函数后,变量 b 的值为 10

25. 以下关于 Python 全局变量和局部变量的描述中,错误的是(　　)。

A) 局部变量在使用过后立即被释放
B) 全局变量一般没有缩进
C) 全局变量和局部变量的命名不能相同
D) 一个程序中的变量包含两类:全局变量和局部变量

26. 以下的函数定义中,错误的是(　　)。

A) def vfunc(s,a = 1, * b):　　B) def vfunc(a = 3,b):
C) def vfunc(a, ** b):　　D) def vfunc(a,b = 2):

27. 以下关于 Python 列表的描述中,正确的是(　　)。

A) 列表的长度和内容都可以改变,但元素类型必须相同
B) 不可以对列表进行成员运算操作、长度计算及分片

C)列表的索引是从1开始的
D)可以使用比较操作符(如 >、< 等)对列表进行比较

28. 以下关于 Python 字典的描述中,错误的是(　　)。
A)在 Python 中,用字典来实现映射,通过整数索引来查找其中的元素
B)在定义字典对象时,键和值用冒号连接
C)字典中的键值对之间没有顺序且不能重复
D)字典中引用与特定键对应的值,用字典名称和方括号中包含键名的格式

29. 以下用来处理 Python 字典的方法中,正确的是(　　)。
A)interleave　　B)get　　C)insert　　D)replace

30. 以下代码的输出结果是(　　)。
```
ls = ['book',666,[2018,'python',314],20]
print(ls[2][1][-2])
```
A)n　　B)python　　C)o　　D)结果错误

31. 以下代码的输出结果是(　　)。
```
d = {'food':{'cake':1,'egg':5}}
print(d.get(' egg ','no this food'))
```
A)egg　　B)1　　C)food　　D)no this food

32. 以下代码的输出结果是(　　)。
```
a = [[1,2,3],[4,5,6],[7,8,9]]
s = 0
for c in a:
    for j in range(3):
        s += c[j]
print(s)
```
A)[1,2,3,4,5,6,7,8,9]　　B)45
C)24　　D)0

33. 以下关于 Python 文件打开模式的描述中,错误的是(　　)。
A)只读模式是 r　　B)覆盖写模式是 w　　C)追加写模式是 a　　D)创建写模式是 n

34. 以下关于 CSV 文件的描述中,正确的是(　　)。
A)CSV 文件只能采用 Unicode 编码表示字符
B)CSV 文件的每一行是一维数据,可以使用 Python 的元组类型表示
C)CSV 文件是一种通用的文件,主要用于不同程序之间的数据交换
D)CSV 文件是一个一维数据

35. 给定列表 ls = [1,2,3,"1","2","3"],其元素包含两种数据类型,列表 ls 的数据组织维度是(　　)。
A)二维数据　　B)一维数据　　C)多维数据　　D)高维数据

36. 在 Python 中,使用 open()打开 Windows 操作系统 D 盘下的一个文件,路径名错误的是(　　)。
A)D:\PythonTest\a. txt　　B)D:\\PythonTest\\a. txt
C)D:/PythonTest/a. txt　　D)D://PythonTest//a. txt

37. 在 Python 中,将二维数据写入 CSV 文件,最可能使用的函数是(　　)。
A)write()　　B)split()　　C)join()　　D)exists()

38. 以下不属于 Python 数据分析领域第三方库的是(　　)。
A)Scrapy　　B)NumPy　　C)pandas　　D)Matplotlib

39. 在 Python 中,用来安装第三方库的工具是(　　)。
A)install　　B)pip　　C)PyQt5　　D)PyInstaller

40. 以下属于 Python 机器学习领域第三方库的是(　　)。
A)turtle　　B)NumPy　　C)pygame　　D)MXNet

二、基本操作题(共15分)

41. 考生文件夹下存在一个文件“PY101. py”,请写代码替换横线,不修改其他代码,实现以下功能。

用键盘输入正整数 *n*,按要求把 *n* 输出到屏幕。格式要求:宽度为30个字符,以@填充,右对齐,带千位分隔符。如果输入的正整数超过30位,则按照真实长度输出。

例如:用键盘输入的正整数 *n* 为5201314

屏幕输出:@@@@@@@@@@@@@@@@@@@@@5,201,314

试题程序：

```
#请在______处使用一行代码或表达式替换
#注意:请不要修改其他已给出的代码
n = eval(input("请输入正整数:"))
print("{______}".format(n))
```

42. 考生文件夹下存在一个文件“PY102. py”，请写代码替换横线，不修改其他代码，实现以下功能。

a 和 b 是两个列表变量，列表 a 为[11,3,8]已给定，输入列表 b，计算 a 中元素与 b 中对应元素乘积的累加和。例如：输入的列表 b 为[4,5,2]，累加和为 11 * 4 + 5 * 3 + 8 * 2 = 75，因此，屏幕输出的计算结果为 75。

试题程序：

```
#请在程序的______处使用一行代码或表达式替换
#注意:请不要修改其他已给出的代码
a = [11,3,8]
b = eval(input()) #例如:[4,5,2]
____(1)____
for i in ____(2)____:
    s += a[i]* b[i]
print(s)
```

43. 考生文件夹下存在一个文件“PY103. py”，请写代码替换横线，不修改其他代码，实现以下功能。

以 255 为随机数种子，随机生成 5 个在 1 ~ 50 的随机数（包含 1 和 50），每个随机数后跟随一个空格进行分隔，屏幕输出这 5 个随机数。

试题程序：

```
#请在______处使用一行代码或表达式替换
#注意:请不要修改其他已给出的代码
import random
____(1)____
for i in range(____(2)____):
    print(____(3)____, end = " ")
```

三、简单应用题(共 25 分)

44. 考生文件夹下存在一个文件“PY201. py”，请写代码替换横线，不修改其他代码，实现以下功能。

使用 turtle 库的 turtle. fd( ) 函数和 turtle. seth( ) 函数绘制一个边长为 200 像素、画笔为 2 号的正五边形，正五边形 5 个内角均为 108°。效果如下图所示，箭头也应严格一致。

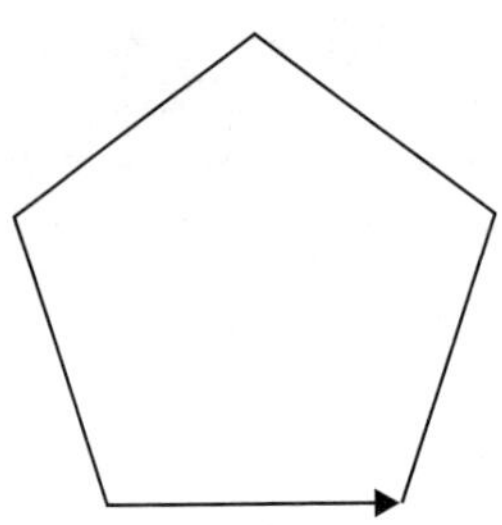

试题程序：

```
#请在______处使用一行代码或表达式替换
#注意:请不要修改其他已给出的代码
import turtle
turtle.pensize(2)
d = ____(1)____
for i in range(5):
    turtle.seth(d)
    d += ____(2)____
    turtle.fd(____(3)____)
```

45. 考生文件夹下存在一个文件“PY202. py”，请在该文件中作答，实现以下功能。

输入某班各个同学就业的职业名称，职业名称之间用空格符间隔(按 < Enter > 键结束输入)。完善Python代码，统计各职业就业的学生数量，按数量从大到小的顺序输出。输入示例如下。

护士 导游 老师 护士 老师 老师

输出参考格式如下，结果保存在考生文件夹下，命名为“PY202. txt”(其中内容的冒号为英文冒号)。

老师:3
护士:2
导游:1

试题程序：

```
#以下代码为提示框架
#请在程序的...处使用一行或多行代码替换
#请在程序的________处使用一行代码替换
#注意:提示框架的代码可以任意修改,以完成程序功能为准
fo = open("PY202.txt","w")
names = input("请输入各个同学职业名称,职业名称之间用空格间隔(按 < Enter > 键结束输入):")
...
d = {}
...
ls = list(d.items())
ls.sort(key = lambda x:x[1], reverse = True) # 按照数量排序
for k in ls:
    fo.write("{}:{}".format(________))
fo.close()
```

视频解析

四、综合应用题(共20分)

46. 考生文件夹下存在2个Python源文件和3个文本文件，分别对应两个问题，请按照文件内说明修改代码，实现以下功能。

《论语》是儒家学派的经典著作之一，主要记录了孔子及其弟子的言行。这里给出了一个网络版本的《论语》，文件名称为“论语. txt”，其内容采用逐句“原文”与逐句“注释”相结合的形式组织，通过【原文】标记《论语》原文内容，通过【注释】标记《论语》注释内容，具体格式请参考“论语. txt”文件。

问题1：在“PY301 - 1. py”文件中修改代码，提取“论语. txt”文件中的原文内容，输出保存到考生文件夹下，文件名为“论语 - 原文. txt”。具体要求：仅保留“论语. txt”文件中所有【原文】标签下面的内容，不保留标签，并去掉每行行首空格及行尾空格，无空行。原文圆括号及内部数字是源文件中注释内容的标记，请保留。文件输出格式请参考“论语 - 原文 - 输出示例. txt”文件。注意：输出示例仅帮助考生了解输出格式，不做他用。

试题程序：

```
#以下代码为提示框架
#请在程序的...处使用一行或多行代码替换
#请在程序的________处使用一行代码替换
#注意:提示框架的代码可以任意修改,以完成程序功能为准
fi = open("论语.txt", ________)
fo = open("论语 - 原文.txt", ________)
...
for line in fi:
...
        fo.write(line.lstrip())
...
```

问题2：在“PY301 - 2. py”文件中修改代码，对“论语 - 原文. txt”或“论语. txt”文件进一步提纯，去掉每行文字中所有圆括号及内部数字，保存为“论语 - 提纯原文. txt”文件。文件输出格式请参考“论语 - 提纯原文 - 输出示例. txt”文件。注意：示例输出文件仅帮助考生了解输出格式，不做他用。

试题程序：

```
#以下代码为提示框架
#请在程序的...处使用一行或多行代码替换
```

```
#请在程序的________处使用一行代码替换
#注意:提示框架的代码可以任意修改,以完成程序功能为准
fi = open("论语 - 原文.txt", ________)
fo = open("论语 - 提纯原文.txt", ________)
for line in fi:
...
    line = line.replace(________)
...
```

视频解析

第 4 套　无纸化考试题库试题

一、选择题(每题 1 分,共 40 分)

1. 整数在计算机中存储和运算通常采用的格式是(　　)。
A)原码　B)补码　C)反码　D)偏移码
2. 在操作系统中,将文件名转换为文件存储地址的结构是(　　)。
A)路径名　B)PCB 表　C)文件目录　D)文件名
3. 在长度为 n 的有序链表中进行查找,最坏情况下需要比较的次数为(　　)。
A) $n-1$　B) $n/2$
C) n　D)与有序顺序表的二分法查找相同
4. 循环队列的存储空间为 Q(1:50)。经过一系列正常的入队与退队操作后,front = rear = 25。然后又成功地将一个元素入队,此时队列中的元素个数为(　　)。
A)1　B)50　C)26　D)2
5. 设二叉树的前序序列为 ABCDEF,中序序列为 ABCDEF,则该二叉树的后序序列为(　　)。
A)ABCDEF　B)FEDCBA　C)DEFCBA　D)CBAFED
6. 不属于对象构成成分的是(　　)。
A)标识　B)属性　C)方法(或操作)　D)规则
7. 软件工程的三要素是(　　)。
A)方法、工具和环境　B)方法、工具和过程　C)方法、平台和管理　D)方法、工具和文档
8. 关于数据库管理阶段的特点,下列说法中错误的是(　　)。
A)数据独立性差　B)数据的共享性高,冗余度低,易扩充
C)数据真正实现了结构化　D)数据由 DBMS 统一管理和控制
9. 学校的每个社团都有一名团长,且一个同学可同时担任多个社团的团长,则实体团长和实体社团间的联系是(　　)。
A)一对一　B)一对多　C)多对一　D)多对多
10. 如果定义班级关系如下:
班级(班级号,总人数,所属学院,班级学生)
则使它不满足第一范式的属性是(　　)。
A)所属学院　B)班级号　C)总人数　D)班级学生
11. 在 Python 中,IPO 模式不包括(　　)。
A)Program (程序)　B)Input (输入)　C)Process (处理)　D)Output (输出)
12. 拟在屏幕上输出 Hello World,使用的 Python 语句是(　　)。
A)printf('Hello World')　B)print(Hello World)
C)print("Hello World")　D)printf("Hello World")
13. 以下关于二进制整数的定义,正确的是(　　)。
A)0B1014　B)0b1010　C)0B1019　D)0bC3F
14. 以下关于 Python 的复数类型的描述中,错误的是(　　)。
A)复数可以进行四则运算
B)实部不可以为 0
C)Python 可以使用 z.real 和 a.imag 分别获取它的实部和虚部
D)复数类型与数学中复数的概念一致
15. 以下变量名中,符合 Python 变量命名规则的是(　　)。
A)33_keyword　B)key@ word33_　C)nonlocal　D)_33keyword
16. 以下关于 Python 分支的描述中,错误的是(　　)。
A)Python 分支结构使用保留字 if、elif 及 else 来实现,每个 if 后面必须有 elif 或 else

B) if-else 结构是可以嵌套的
C) if 语句会判断 if 后面的逻辑表达式，当表达式为真时，执行 if 后面的语句块
D) 缩进是 Python 分支语句的语法部分，缩进不正确会影响分支功能

17. 列表变量 ls 共包含 10 个元素，ls 索引的取值范围是(　　)。
A) (0,10)　　B) [0,10]　　C) (1,10]　　D) [0,9]

18. 用键盘输入数字 5，以下代码的输出结果是(　　)。
```
n = eval(input("请输入一个整数:"))
s = 0
if n >= 5:
    n -= 1
    s = 4
if n < 5:
    n -= 1
    s = 3
print(s)
```
A) 4　　B) 3　　C) 0　　D) 2

19. 以下关于 Python 循环结构的描述中，错误的是(　　)。
A) while 循环使用关键字 continue 结束本次循环
B) while 循环可以使用保留字 break 和 continue
C) while 循环也叫遍历循环，用来遍历序列中的元素，默认提取每个元素并执行一次循环体
D) while 循环使用 pass 语句，则什么事也不做，只是空占位语句

20. 用键盘输入数字 10，以下代码的输出结果是(　　)。
```
try:
    n = input("请输入一个整数:")
    def pow2(n):
        return n * n
except:
    print("程序执行错误")
```
A) 100　　B) 10　　C) 程序执行错误　　D) 程序没有任何输出

21. 以下关于 Python 的 return 语句的描述中，正确的是(　　)。
A) 函数只能返回一个值　　B) 函数必须有 return 语句
C) 函数可以没有 return 语句　　D) 函数中最多只有一个 return 语句

22. 以下关于 Python 全局变量和局部变量的描述中，错误的是(　　)。
A) 当函数退出时，局部变量依然存在，下次函数调用可以继续使用
B) 全局变量一般指定义在函数之外的变量
C) 使用 global 保留字声明后，变量可以作为全局变量使用
D) 局部变量在函数内部创建和使用，函数退出后变量被释放

23. 以下代码的输出结果是(　　)。
```
CLis = list(range(5))
print(5 in CLis)
```
A) True　　B) False　　C) 0　　D) -1

24. 关于以下代码的描述中，正确的是(　　)。
```
def fact(n):
    s = 1
    for i in range(1,n+1):
        s *= i
    return s
```
A) 代码中 n 是可选参数　　B) fact(n) 函数功能为求 n 的阶乘
C) s 是全局变量　　D) range() 函数的范围是[1,n+1]

25. 以下代码的输出结果是(　　)。
```
def func(a,b):
    a **= b
    return a
s = func(2,5)
```

```
print(s)
```

A)10　　B)20　　C)32　　D)5

26. 以下代码的输出结果是(　　)。

```
ls = ["apple","red","orange"]
def funC(a):
    ls.append(a)
    return
funC("yellow")
print(ls)
```

A)[]
B)["apple","red","orange"]
C)["yellow"]
D)["apple","red","orange","yellow"]

27. 以下描述中,错误的是(　　)。
A)Python 通过索引来访问列表中元素,索引可以是负整数
B)列表用方括号来定义,继承了序列类型的所有属性和方法
C)Python 列表是各种类型数据的集合,列表中的元素不能够被修改
D)Python 的列表类型能够包含其他的组合数据类型

28. 以下描述中,正确的是(　　)。
A)如果 s 是一个序列, s=[1,"kate",True],s[3] 返回 True
B)如果 x 不是 s 的元素, x not in s 返回 True
C)如果 x 是 s 的元素, x in s 返回 1
D)如果 s 是一个序列, s=[1,"kate",False],s[-1] 返回 True

29. 以下代码的输出结果是(　　)。

```
S='Pame'
for i in range(len(S)):
    print(S[-i],end="")
```

A)Pame　　B)emaP　　C)ameP　　D)Pema

30. 以下代码的输出结果是(　　)。

```
for s in "HelloWorld":
    if s=="W":
        continue
    print(s,end="")
```

A)World　　B)Hello　　C)Helloorld　　D)HelloWorld

31. 下面的 d 是一个字典变量,能够输出数字 2 的语句是(　　)。

```
d={'food':{'cake':1,'egg':5},'cake':2,'egg':3}
```

A)print(d['food']['egg'])
B)print(d['cake'])
C)print(d['food'][-1])
D)print(d['cake'][1])

32. 以下代码的输出结果是(　　)。

```
s=[4,2,9,1]
s.insert(3,3)
print(s)
```

A)[4,2,9,1,2,3]　　B)[4,3,2,9,1]　　C)[4,2,9,2,1]　　D)[4,2,9,3,1]

33. 在 Python 中,进行写文件操作时定位到某个位置所用到的方法是(　　)。
A)write()　　B)writeall()　　C)seek()　　D)writetext()

34. 以下对 Python 文件处理的描述中,错误的是(　　)。
A)当文件以文本方式打开时,读/写按照字节流方式
B)Python 能够以文本和二进制两种方式处理文件
C)Python 通过解释器内置的 open()函数打开一个文件
D)文件使用结束后可以用 close()方法关闭,释放文件的使用授权

35. 以下关于 Python 二维数据的描述中,错误的是(　　)。
A)表格数据属于二维数据,由整数索引的数据构成
B)二维数据由多条一维数据构成,可以看作一维数据的组合形式
C)一种通用的二维数据存储文件是 CSV 文件
D)CSV 文件的每行表示一个一维数据,用英文逗号分隔

36. 在 Python 中，读入 CSV 文件保存的二维数据，按特定分隔符抽取信息，最可能用到的函数是(　　)。

A) read()　　B) join()　　C) replace()　　D) split()

37. 以下代码执行后，book.txt 文件的内容是(　　)。

```
fo = open("book.txt","w")
ls = ['book','23','201009','20']
fo.write(str(ls))
fo.close()
```

A) ['book','23','201009','20']　　B) book,23,201009,20

C) [book,23,201009,20]　　D) book2320100920

38. 在 Python 中，属于网络爬虫领域的第三方库是(　　)。

A) wordcloud　　B) NumPy　　C) Scrapy　　D) PyQt5

39. 在 Python 中，用于数据分析的第三方库是(　　)。

A) pandas　　B) PIL　　C) Django　　D) Flask

40. 在 Python 中，不属于机器学习领域第三方库的是(　　)。

A) TensorFlow　　B) time　　C) PyTorch　　D) MXNet

二、基本操作题(共 15 分)

41. 考生文件夹下存在一个文件“PY101.py”，请写代码替换横线，实现以下功能。

用键盘输入 4 个数字，各数字采用空格分隔，对应变量 x0、y0、x1、y1。计算两点(x0,y0)和(x1,y1)之间的距离，屏幕输出这个距离，保留 1 位小数。示例格式如下。

用键盘输入:3 4 8 0

屏幕输出:6.4

试题程序:

```
#请在______处使用一行代码或表达式替换
#注意:请不要修改其他已给出的代码
ntxt = input("请输入 4 个数字(空格分隔):")
____(1)____
x0 = eval(nls[0])
y0 = eval(nls[1])
x1 = eval(nls[2])
y1 = eval(nls[3])
r = pow(pow(x1 - x0, 2) + pow(y1 - y0, 2), ____(2)____)
print("{:.1f}".format(r))
```

视频解析

42. 考生文件夹下存在一个文件“PY102.py”，请写代码替换横线，不修改其他代码，实现以下功能。

用键盘输入一段中文文本，不含标点符号和空格，命名为变量 s，采用 jieba 库对其进行分词，输出该文本中词语的平均长度，保留 1 位小数。示例格式如下。

用键盘输入:黑化肥发灰会挥发

屏幕输出:2.7

试题程序:

```
#请在______处使用一行代码或表达式替换
#注意:请不要修改其他已给出的代码
import ____(1)____
txt = input("请输入一段中文文本:")
____(2)____
print("{:.1f}".format(len(txt)/len(ls)))
```

视频解析

43. 考生文件夹下存在一个文件“PY103.py”，请写代码替换横线，不修改其他代码，实现以下功能。

用键盘输入一个 9800 ~ 9811 的正整数 n，作为 Unicode 编码，把 $n-1$、n、$n+1$ 这 3 个 Unicode 值对应字符按照如下格式要求输出到屏幕:宽度为 11 个字符、加号字符(+)填充、居中。

用键盘输入:9802

屏幕输出:+ + + + +♉♊♋+ + + +

试题程序:

```
#请在______处使用一行代码或表达式替换
#注意:请不要修改其他已给出的代码
```

视频解析

```
n = eval(input("请输入一个数字:"))
print("{____(1)____}".format(____(2)____))
```

三、简单应用题(共 25 分)

44. 考生文件夹下存在一个文件"PY201.py",请写代码替换横线,不修改其他代码,实现以下功能。

使用 turtle 库的 turtle.fd( ) 函数和 turtle.seth( ) 函数绘制一个正方形,边长为 200 像素,效果如下图所示。

试题程序:

```
#请在________处使用一行代码或表达式替换
#注意:请不要修改其他已给出的代码
import turtle
d = 0
for i in range(____(1)____):
    turtle.fd(____(2)____)
    d = ____(3)____
    turtle.seth(d)
```

视频解析

45. 考生文件夹下存在一个文件"PY202.py",该文件是本题目的代码提示框架,其中代码可以任意修改。请在该文件中编写代码,以实现如下功能。

用键盘输入某同学的课程名及成绩等信息,信息间采用空格符分隔,每个课程一行,按 <Enter> 键结束输入,示例格式如下。

```
数学 98
语文 89
英语 94
物理 74
科学 87
```

输出得分最高的课程名及成绩,得分最低的课程名及成绩,以及平均分(保留 2 位小数),结果保存在考生文件夹下,命名为"PY202.txt"。

注意,其中逗号为英文逗号,格式如下。

```
最高分课程是数学 98,最低分课程是物理 74,平均分是 88.40
```

试题程序:

```
#以下代码为提示框架
#请在程序的...处使用一行或多行代码替换
#请在程序的________处使用一行代码替换
#注意:提示框架的代码可以任意修改,以完成程序功能为准
fo = open("PY202.txt","w")
data = input("请输入课程名及对应的成绩:") # 课程名 成绩
...
while data:
    ...
    data = input("请输入课程名及对应的成绩:")
...
fo.write("最高分课程是{} {}, 最低分课程是{} {}, 平均分是{:.2f}".format(________))
fo.close()
```

视频解析

四、综合应用题(共 20 分)

46. 考生文件夹下存在两个 Python 源文件,分别对应两个问题,请按照文件内说明修改代码,实现以下功能。

下面所示为一套由公司职员随身佩戴的位置传感器采集的数据，文件名称为“sensor. txt”，其内容示例如下。

```
2016/5/31 0:05,   vawelon001,1,1
2016/5/31 0:20,   earpa001,1,1
2016/5/31 2:26,   earpa001,1,6
…
```

第 1 列是传感器获取数据的时间，第 2 列是传感器的编号，第 3 列是传感器所在的楼层，第 4 列是传感器所在的位置区域编号。

问题 1：在“PY301 - 1. py”文件中修改代码，读入“sensor. txt”文件中的数据，提取出传感器编号为 earpa001的所有数据，将结果输出保存到“earpa001. txt”文件。输出文件的格式要求：原数据文件中的每行记录写入新文件中，行尾无空格，无空行。参考格式如下。

```
2016/5/31 7:11,  earpa001,2,4
2016/5/31 8:02,  earpa001,3,4
2016/5/31 9:22,  earpa001,3,4
…
```

试题程序：

```
#以下代码为提示框架
#请在程序的...处使用一行或多行代码替换
#请在程序的________处使用一行代码替换
#注意：提示框架的代码可以任意修改，以完成程序功能为准
…
for line in ________:
…
    fo.write('{},{},{},{}\n'.format(________))
…
```

问题 2：在“PY301 - 2. py”文件中修改代码，读入“earpa001. txt” 文件中的数据。统计 earpa001 对应的职员在各楼层和区域出现的次数，保存到“earpa001_count. txt”文件。每条记录一行，位置信息和出现的次数之间用逗号隔开，行尾无空格，无空行。参考格式如下。

```
1 -1,5
1 -4,3
…
```

含义如下。

第 1 行“1 - 1,5”中 1 - 1 表示 1 楼 1 号区域，5 表示出现 5 次。

第 2 行“1 - 4,3”中 1 - 4 表示 1 楼 4 号区域，3 表示出现 3 次。

……

试题程序：

```
#以下代码为提示框架
#请在程序的...处使用一行或多行代码替换
#请在程序的________处使用一行代码替换
#注意：提示框架的代码可以任意修改，以完成程序功能为准
...
d = {}
...
ls = list(d.items())
ls.sort(key = lambda x:x[1], reverse = True) # 该语句用于排序
...
    fo.write('{},{}\n'.format(________))
...
```

视频解析

第 5 套　无纸化考试题库试题

一、选择题（每小题 1 分，共 40 分）

1. 下列叙述中正确的是(　　)。

A) 循环链表中至少有一个节点　　B) 双向链表有两个头指针

C) 双向链表有两个头节点　　D) 循环链表是循环队列的链式存储结构

2. 下列算法中,最坏情况下时间复杂度最低的是(　　)。
A)堆排序　　B)寻找最大项　　C)顺序查找　　D)有序表的二分法查找
3. 树的度为3,且有9个度为3的节点,20个叶子节点,但没有度为1的节点,则该树总的节点数为(　　)。
A)29　　B)30　　C)47　　D)不可能有这样的树
4. 设二叉树的中序序列为BDCA,后序序列为DCBA,则前序序列为(　　)。
A)BCDA　　B)CBDA　　C)ABCD　　D)ACDB
5. 下列选项描述正确的是(　　)。
A)软件测试是软件调试的一部分
B)软件测试是证明软件正确的方法
C)软件测试的目的是发现程序中的错误
D)软件测试是保障软件质量的唯一方法
6. 对软件系统总体结构图描述正确的是(　　)。
A)深度等于控制的层数
B)扇入是一个模块直接调用的其他模块数
C)结构图是描述软件系统功能的
D)从属模块一定是原子模块
7. 下面属于应用软件的是(　　)。
A)安卓(Android)操作系统
B)交通管理软件
C)C语言编译器
D)数据库管理系统
8. 概念模型是(　　)。
A)用于现实世界的建模,与具体的数据库管理系统有关
B)用于信息世界的建模,与具体的数据库管理系统有关
C)用于现实世界的建模,与具体的数据库管理系统无关
D)用于信息世界的建模,与具体的数据库管理系统无关
9. 教师和授课班级之间的联系是(　　)。
A)一对一　　B)一对多　　C)多对一　　D)多对多
10. 定义学生选修课程的关系模式如下:
SC (S#, Sn, C#, Cn, G,Cr)(其属性分别为学号、姓名、课程号、课程名、成绩、学分)
则对主属性部分依赖的是(　　)。
A)C#→Cr　　B)(S#,C#)→G　　C)(S#,C#)→S#　　D)(S#,C#)→C#
11. 以下不是Python所使用的特殊含义符号的是(　　)。
A) $　　B) **　　C)&　　D) +=
12. 以下不是Python关键字的是(　　)。
A) await　　B)pass　　C) do　　D)lambda
13. 以下关键字不用于循环逻辑的是(　　)。
A)try　　B)else　　C)for　　D)continue
14. s = '1234567890',以下表示'1234'的选项是(　　)。
A)s[1:5]　　B)s[0:3]　　C)s[-10:-5]　　D)s[0:4]
15. 表达式3 + 5%6*2//8的值是(　　)。
A)5　　B)4　　C)6　　D)7
16. 以下不是函数作用的选项是(　　)。
A)提高代码执行速度
B)增强代码可读性
C)复用相同功能代码
D)降低编程复杂度
17. 关于Python全局变量和局部变量的描述错误的是(　　)。
A)全局变量在源文件顶层,一般没有缩进
B)程序中的变量包含两类:全局变量和局部变量
C)函数内部使用各种全局变量,都要用globle语句声明
D)不是在程序最开头定义的全局变量,不是全过程均有效
18. 关于函数定义的形式错误的是(　　)。
A)def foo(*a,b)　　B)def foo(a,b=10)　　C)def foo(a, *b)　　D)def foo(a,b)
19. 字典d = {'Python':123, 'C':123, 'C++':123}, len(d)的结果是(　　)。
A)12　　B)6　　C)9　　D)3
20. 以下不是Python组合数据类型的是(　　)。
A)元组类型　　B)字符串类型　　C)数组类型　　D)列表类型
21. 对于序列s,能够返回序列s中第i到第j且以k为步长的子序列的表达是(　　)。
A)s[i:j:k]　　B)s[i,j,k]　　C)s[i;j;k]　　D)s(i, j, k)
22. 基于序列s,对min(s)描述正确的是(　　)。
A)可以返回序列s中的最小元素,如果存在多个相同的最小元素,则返回一个列表类型
B)一定能够返回序列s中的最小元素

C) 可以返回序列 s 中的最小元素，如果存在多个相同的最小元素，则返回一个元组类型
D) 可以返回序列 s 中的最小元素，但要求 s 中元素可比较

23. 以下程序的输出结果是(　　)。

```
x = 10
y = 0
if (x > 5) or (x/y > 5):
    print('Right')
else:
    print('Wrong')
```

A) Right　B) Wrong
C) 报错：ZeroDivisionError　D) 不报错，但不输出任何结果

24. 以下程序的输出结果是(　　)。

```
for c in 'Python NCRE':
    if c == 'N':
      break
      print(c)
```

A) 无输出　B) Python　C) Pytho　D) Python CRE

25. 以下程序的输出结果是(　　)。

```
s = 2
for i in range(1, 10):
    s += i
print(s)
```

A) 55　B) 45　C) 57　D) 47

26. 以下程序被调用后，能够正确执行的是(　　)。

```
def f(x, y = 1, z = 2):
    pass
```

A) f(x = 1, 2)　B) f(x = 1, y = 2, z = 3)　C) f(1, x = 2, z = 3)　D) f(1, y = 2, 3)

27. 以下程序的输出结果是(　　)。

```
ls = ['绿茶', '乌龙茶', '红茶', '白茶', '黑茶']
x = '乌龙茶'
print(ls.index(x, 0))
```

A) -3　B) 0　C) 1　D) -4

28. 关于字典的描述，错误的是(　　)。
A) 字典的元素以键为索引进行访问　B) 字典的一个键可以对应多个值
C) 字典长度是可变的　D) 字典是键值对的结合，键值对之间没有顺序

29. 以下不是 Python 中文件读/写方法的是(　　)。
A) writeline　B) readline　C) read　D) write

30. 关于 Python 中的文件打开模式，表示错误的是(　　)。
A) rt　B) nb　C) ab　D) wt

31. 表格类型数据的组织维度最可能是(　　)。
A) 多维数据　B) 一维数据　C) 二维数据　D) 高维数据

32. 二维列表 ls = [[9, 8], [7, 6], [5, 4], [3, 2], [1, 0]]，能够获得数字 4 的选项是(　　)。
A) ls[-3][-1]　B) ls[3][-1]　C) ls[2][0]　D) ls[-2][0]

33. 在进行 CSV 文件的读/写时，最不可能使用的字符串处理方法是(　　)。
A) strip()　B) join()　C) index()　D) split()

34. f = open() 可以打开一个文件，关于 f 的描述错误的是(　　)。
A) f 是文件对象的引用，在程序中表示打开的文件
B) f 是一种特殊的 Python 变量，执行 print(f) 时会报错
C) f.read() 可以一次性读入文件的全部信息
D) 执行 m = f 后，m 和 f 同时表示所打开的文件对象

35. 下列函数中，不是 Python 内置函数的是(　　)。
A) perf_counter()　B) all()　C) abs()　D) format()

36. 安装一个第三方库的命名格式是(　　)。
A) pip uninstall <第三方库名>　B) pip install <第三方库名>
C) pip download <第三方库名>　D) pip search <第三方库名>

37. 生成一个区间为[1, 99]的随机整数的函数是(　　)。

A) random. randint(1, 100)　　B) random. randint(0, 99)
C) random. randint(1,99)　　D) random. uniform(1, 99)

38. 以下用于计算机视觉领域的 Python 第三方库是(　　)。

A) opencv – python　　B) matplotlib
C) flask　　D) pymongo

39. 以下不属于数据分析领域的 Python 第三方库是(　　)。

A) pandas　　B) PyQt5　　C) NumPy　　D) seaborn

40. 以下不属于人工智能领域的 Python 第三方库是(　　)。

A) Keras　　B) pytorch　　C) mxnet　　D) pyocr

二、基本操作题(共 15 分)

41. 考生文件夹下存在一个文件“PY101. py”,请写代码替换横线,不修改其他代码,实现以下功能。

用键盘输入正整数 n,按要求把 n 输出到屏幕。格式要求:宽度为 25 个字符,等号字符(=)填充,右对齐,带千位分隔符。如果输入的正整数超过 25 位,则按照真实长度输出。

例如:用键盘输入正整数 n 为 1234

屏幕输出:= =1,234

试题程序:

```
#请在________处使用一行代码或表达式替换
#注意:请不要修改其他已给出代码
s = input()
print("{____(1)____}".format(____(2)____))
```

视频解析

42. 获得用户输入的一个字符串,将字符串逆序输出,紧接着输出字符串的个数,请完善“PY102. py”中代码。

试题程序:

```
#请在________处使用一行代码或表达式替换
#注意:请不要修改其他已给出代码
s = input()
print(____(1)____)
print(____(2)____)
```

视频解析

43. 获得用户输入的以逗号分隔的 3 个数字:a、b、c。以 a 为起始数值,b 为差,c 为数值的数量,产生一个递增的等差数列,将这个数列以列表格式输出,请完善“PY103. py”中代码。

试题程序:

```
#请在________处使用一行代码或表达式替换
#注意:请不要修改其他已给出代码
a,b,c = ____(1)____
ls = []
for i in range(c):
    ls.____(2)____
print(ls)
```

视频解析

三、简单应用题(共 25 分)

44. 使用 turtle 库的 turtle. fd( ) 函数和 turtle. seth( ) 函数绘制一个边长为 40 像素的正十二边形,在考生文件夹下给出了程序框架文件“PY201. py”,在横线处补充代码,不得修改其他代码。效果如下图所示。

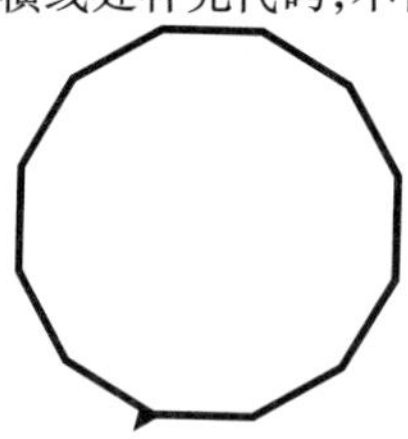

试题程序:

```
#请在________处使用一行代码或表达式替换
#注意:请不要修改其他已给出代码
import turtle
turtle.pensize(2)
```

```
d = 0
for i in range(1, ____(1)____):
    ____(2)____
    d += ____(3)____
    turtle.seth(d)
```

视频解析

45. 计算两个列表 ls 和 lt 对应元素乘积的和(即向量积)，补充“PY202.py”文件。

ls = [111,222,333,444,555,666,777,888,999]

lt = [999,777,555,333,111,888,666,444,222]

试题程序：

```
#以下代码为提示框架
#请在...处使用一行或多行代码替换,可以修改其他的代码
ls = [111,222,333,444,555,666,777,888,999]
lt = [999,777,555,333,111,888,666,444,222]
s = 0
...
print(s)
```

视频解析

四、综合应用题(共 20 分)

46. 某班学生评选一等奖学金，学生的 10 门课成绩存在考生文件夹下文件“score.txt”中，每行为一个学生的信息，分别记录了学生学号、姓名以及 10 门课成绩，格式如下。

1820161043 郑珉镐 68 66 83 77 56 73 61 69 66 78

1820161044 沈红伟 91 70 81 91 96 80 78 91 89 94

......

从这些学生中选出奖学金候选人，条件如下：①总成绩排名在前 10 名；②全部课程及格(成绩大于等于 60)。

问题 1：给出按总成绩从高到低排序的前 10 名学生名单，并写入“candidate0.txt”文件，每行记录一个学生的信息，分别为学生学号、姓名以及 10 门课成绩。补充考生文件夹下“PY301 - 1.py”文件，完成这一功能。

试题程序：

```
#以下代码为提示框架
#请在...处使用一行或多行代码替换,可以修改其他的代码
L = []                         #L 中的元素是学生原始成绩和总成绩
...
L.sort(key = lambda x:x[-1],reverse = True) #按学生总成绩从高到低排序
...
```

问题 2：读取“candidate0.txt”文件，从中选出候选人，并将学生学号和姓名写入“candidatc.txt”文件，示例格式如下。

```
1010112161722 张三
1010112161728 李四
......
```

补充考生文件夹下“PY301 - 2.py”文件，完成这一功能。

试题程序：

```
...
输入文件 : candidate0.txt
输出文件 : candidate.txt
...
```

视频解析

第 6 套　无纸化考试题库试题

一、选择题(每小题 1 分，共 40 分)

1. 机器周期的同步标准是(　　)。

A) CPU 执行指令所占用的时间　　B) CPU 访问存储器一次所需要的时间

C) CPU 分析指令所需要的时间　　D) CPU 访问寄存器一次所需要的时间

2. 一个正在运行的进程由于所申请的资源得不到满足而需要调用(　　)。

A) 创建进程原语　　B) 撤销进程原语　　C) 唤醒进程原语　　D) 阻塞进程原语

3. 设顺序表的长度为 n。下列算法中，最坏情况下比较次数等于 $n(n-1)/2$ 的是(　　)。
A) 堆排序　　B) 快速排序　　C) 顺序查找　　D) 寻找最大项
4. 设栈的存储空间为 S(1:50)，初始状态为 top = 0。现经过一系列正常的入栈与出栈操作后，top = 51，则栈中的元素个数为(　　)。
A) 0　　B) 1　　C) 50　　D) 不可能有这样的栈操作
5. 设一棵树的度为 3，其中没有度为 2 的节点，且叶子节点数为 6。该树中度为 3 的节点数为(　　)。
A) 不可能有这样的树　　B) 1
C) 2　　D) 3
6. 某系统结构图如下图所示，该系统结构图的最大扇入数是(　　)。

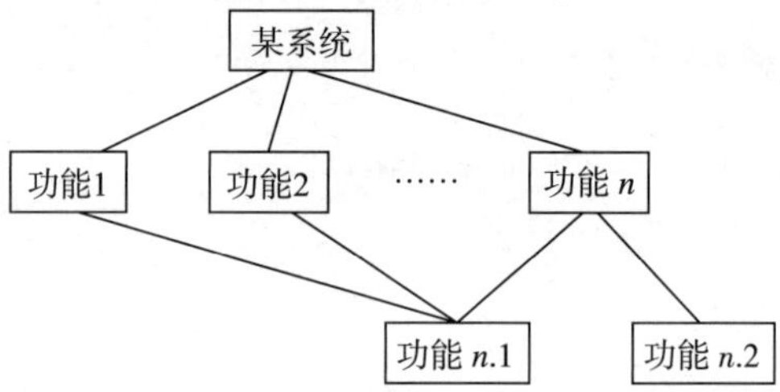

A) 1　　B) 2　　C) 3　　D) 4
7. 软件测试的实施步骤是(　　)。
A) 单元测试，集成测试，确认测试　　B) 集成测试，确认测试，系统测试
C) 确认测试，集成测试，单元测试　　D) 单元测试，集成测试，回归测试
8. 下列选项中不是关系数据库基本特征的是(　　)。
A) 与行的次序无关　　B) 与列的次序无关
C) 不同的列应有不同的数据类型　　D) 不同的列应有不同的列名
9. 数据库管理系统应能实现的专门关系运算包括(　　)。
A) 选择、投影、连接　　B) 排序、索引、统计　　C) 关联、更新、排序　　D) 显示、打印、制表
10. 定义学生选修课程的关系模式如下：
S(S#,Sn,Sd,Sa)(其属性分别为学号、姓名、所在系和年龄)
C(C#,Cn,P#)(其属性分别为课程号、课程名和选修课)
SC(S#,C#,G)(其属性分别为学号、课程号和成绩)
检索选修了课程名为“操作系统”的成绩在 90 分以上(含 90 分)的学生姓名的表达式是(　　)。
A) $\pi_{Sn}(\pi_{S\#}(\pi_{C\#}(\sigma_{Cn=\text{"操作系统"}}(C))\bowtie\sigma_{G>=90}(SC)))$
B) $\pi_{S\#}(\pi_{C\#}(\sigma_{Cn=\text{"操作系统"}}(C))\bowtie\sigma_{G>=90}(SC))\bowtie S$
C) $\pi_{Sn}(\pi_{S\#}(\sigma_{C\#=2,G>=90}(SC))\bowtie\pi_{S\#,Sa}(S))$
D) $\pi_{Sn}(\pi_{S\#}(\pi_{C\#}(\sigma_{Cn=\text{"操作系统"}}(C))\bowtie\sigma_{G>=90}(SC))\bowtie S)$
11. 以下选项不属于 Python 特点的是(　　)。
A) 编译型语言　　B) 开源理念　　C) 跨平台　　D) 优异的扩展性
12. 如果 Python 程序执行时产生了 SyntaxError 错误，其原因是(　　)。
A) 代码使用了错误的关键字　　B) 代码中的输出格式错误
C) 代码里的变量名未定义　　D) 代码中出现了无法解释执行的符号
13. 以下选项不是 Python 保留字的是(　　)。
A) For　　B) try　　C) False　　D) from
14. 表达式 int('100/3') 的执行结果是(　　)。
A) 33.3　　B) ValueError　　C) 33　　D) '100/3'
15. 以下程序的执行结果是(　　)。

```
import random
print(type(random.random()))
```

A) <class 'str'>　　B) <class 'int'>　　C) <class 'float'>　　D) None
16. 表达式 max({2:10,8:4,5:9}) 的结果是(　　)。
A) 10　　B) 9　　C) 8　　D) 5:9
17. 以下程序的执行结果是(　　)。

```
tstr = '12345678'
print(tstr[1:-1:2])
```

A) 2468　　B) 246　　C) 1357　　D) 24

18. 以下程序的执行结果是(　　)。

```
str1 = '||北京大学||'
print(str1.strip('|').replace('北京','南京'))
```

A) 南京大学||　　B) 南京大学　　C) ||南京大学　　D) ||南京大学||

19. 以下程序的执行结果是(　　)。

```
y1 = ''
y2 = ' '
print(y1.isspace(),y2.isspace())
```

A) False True　　B) True False　　C) False False　　D) True True

20. 以下关于控制结构的描述,错误的是(　　)。

A) Python 的多分支结构,既包含 else 语句块,也包含 elif 语句块

B) Python 的 for 循环结构是对遍历结构各元素进行处理

C) 使用 range(1,10) 函数,指定语句块的循环次数是 9

D) Python 的单分支结构里包含 else 语句块

21. 以下关于随机运算函数库的描述,正确的是(　　)。

A) random(a,b) 生成一个 (a,b) 的随机小数

B) random 库产生的随机数是完全随机的

C) random.seed() 函数初始化随机数种子,是为了可以再现随机数序列

D) Python 的 random 库是内置库,随 Python 一起发布

22. 以下程序的输出结果是(　　)。

```
lss = 'ab'
print('{:->4}'.join(lss))
```

A) a{:->4}b　　B) ab　　C) --ab　　D) ab--

23. 执行以下程序,根据提示输入 3.2,按 <Enter> 键后,输出结果是(　　)。

```
flag = 0
try:
    b = int(input('请输入字符串总长度:'))
    print(type(b))
except:
    flag = 1
    print("请输入一个正整数")
print(flag)
```

A) <class 'int'>
0

B) <class 'float'>
1

C) <class 'int'>
1

D) 请输入一个正整数
1

24. 以下程序的输出结果是(　　)。

```
img1 = [12,34,56]
img2 = [1,2,3,4]
def displ(img):
    print(img)
img1 = img2
img1.append([5,6])
displ(img2)
```

A) [1, 2, 3, 4, 5, 6]　　B) [1, 2, 3, 4]

C) [1, 2, 3, 4, [5, 6]]　　D) [12, 34, 56]

25. 以下关于 Python 函数的描述,错误的是(　　)。

A) Python 支持可选参数传递,定义的时候设置参数的默认值

B) 用 def 定义了函数之后,就等同于运行函数的代码

C) Python 支持用名称传递参数,调用的时候,带名称的参数可以改变在参数序列中的位置

D) Python 函数可以没有 return 语句,不返回值

26. 以下程序的输出结果是(　　)。

```
def calu(x=3, y=2):
```

```
        return(x * y)
    a = 'abc'
    b = 2
    print(calu(a,b) ,end = ',')
```

A) abcabc,　　B) 6,　　C) abcabc,6　　D) abcabc

27. 以下程序的输出结果是(　　)。

```
def mysort(ss,flag):
    if flag:
        return(sorted(ss,reverse = True))
    else:
        return(sorted(ss,reverse = False))
ss = [9,4,6,21]
print(mysort(ss, 2))
```

A) [4, 6, 9, 21]　　B) [9,4,6,21]　　C) [21, 9, 6, 4]　　D) [9,4]

28. 执行以下程序后,要输出 ab44cd46 结果,该执行的语句是(　　)。

```
ls = ['ab','44','cd','46']
ls.reverse()
```

A) print(''.join(ls[-1::-1]))　　B) print(''.join(ls))
C) print(''.join(ls[1:]))　　D) print(''.join(ls[-1::]))

29. 以下程序的输出结果是(　　)。

```
ss = [2,3,6,9,7,1]
for i in ss:
    print(max(ss) ,end = ',')
    ss.remove(max(ss))
```

A) 9,7,6,　　B) 9,7,6,3,2,1,　　C) 9,7,6　　D) 9,7,6,3,2,1

30. 以下程序的输出结果是(　　)。

```
dd = {'a':90,'b':87,'c':93}
print(max(dd),min(dd))
```

A) c b　　B) 93 87　　C) 93 90　　D) c a

31. 以下程序的输出结果是(　　)。

```
dd = {'chinese':200,'pe':187,'Gana':930}
print(dd.keys())
```

A) ['chinese', 'pe', 'Gana']　　B) dict_keys(['chinese', 'pe', 'Gana'])
C) 'chinese', 'pe', 'Gana'　　D) 200, 187,930

32. 以下程序的输出结果不可能的选项是(　　)。

```
import random
ls = ['a','b','c','d']
print(random.sample(ls, 2))
```

A) ['d', 'a']　　B) ['b', 'd']　　C) ['a', 'd', 'c']　　D) ['d', 'c']

33. 以下关于文件的描述,错误的是(　　)。

A) 打开文件既要读也要写,应该使用的打开模式参数是"rw +"
B) open()函数的打开模式"b"表示以二进制数据处理文件
C) open()函数的打开模式"a"表示可以对文件进行追加操作
D) fo.seek()方法可以设置当前文件操作指针的位置

34. 执行以下程序后,文件 txt 中的内容是(　　)。

```
fo = open("txt",'w')
x = ['大学','','道德经','','易经']
fo.write(''.join(x))
fo.close()
```

A) 大学道德经易经　　B) 大学 道德经 易经
C) '大学',' ','道德经',' ','易经'　　D) '大学',' ','道德经',' ','易经'

35. 以下方法及函数不是 Python 文件操作的选项是(　　)。

A) copy()　　B) seek()　　C) open()　　D) write()

36. 关于数据组织的维度,以下选项中描述错误的是(　　)。

A) 字典类型和 JSON 格式都能够表达高维数据

B) CSV 文件可以用来存储二维数据
C) 列表可以表示一维数据,也可以表示多维数据
D) 字典类型是一维数据

37. turtle 库的控制颜色的函数是(　　)。
A) right()　　B) pendown()　　C) goto()　　D) pencolor()

38. 通过 PyInstaller 库能够对 Python 源文件所做的操作中,不包括(　　)。
A) 生成独立的可执行文件
B) 对源文件打包,并删除生成的临时文件
C) 把数据和源代码一起打包
D) 生成带有动态链接库的可执行文件

39. 在 Python 中,数据分析方向的第三方库是(　　)。
A) NumPy　　B) TensorFlow　　C) Mayavi　　D) time

40. 在 Python 中,Web 开发方向的第三方库是(　　)。
A) PyQt5　　B) Pygame　　C) Django　　D) Tkinter

二、基本操作题(共 15 分)

41. 在考生文件夹下有一个文件"PY101. py",在横线处填写代码,完成如下功能。程序接收用户输入的 5 个数,以逗号分隔。将这些数字按照输入顺序输出,每个数字占 10 个字符宽度,右对齐,所有数字显示在同一行。示例如下。

输入:

```
23,42,543,56,71
```

输出:

```
23 42 543 56 71
```

试题程序:

```
#请在________处使用一行代码或表达式替换
#注意:请不要修改其他已给出的代码

num = input().____(1)____
for i in num:
    print(____(2)____)
```

视频解析

42. 在考生文件夹下有一个文件"PY102. py",在横线处填写代码,完成如下功能。

社会平均工作时间是每天 8 小时(不区分工作日和休息日),一位计算机科学家接受记者采访时说,他每天的工作时间比社会平均工作时间多 3 小时。如果这位科学家的当下成就值是 1,假设每工作 1 小时成就值增加 0.01%,计算并输出两个结果:这位科学家 5 年后的成就值,以及达到成就值 100 所需要的年数。其中,成就值和年数都以整数表示,每年以 365 天计算。

输出格式示例如下。

```
5 年后的成就值是××
××年后成就值是 100
```

试题程序:

```
#请在________处使用一行代码或表达式替换
#注意:请不要修改其他已给出的代码

scale = 0.0001 # 成就值增量
def calv(base, day):
    val = base * pow(____(1)____)
    return val
print('5 年后的成就值是{}'.format(int(calv(1, 5* 365))))
year = 1
while calv(1, ____(2)____) < 100:
    year += 1
print('{}年后成就值是 100'.format(year))
```

视频解析

43. 在考生文件夹下有一个文件"PY103. py",在横线处填写代码,完成如下功能。

程序接收用户输入的一个数字并判断是否为正整数。如果不是正整数,则显示"请输入正整数",并等待

用户重新输入，直至输入正整数，然后输出该正整数。示例如下。

输入：

请输入一个正整数：357

输出：

357

试题程序：

```
#请在______处使用一行代码或表达式替换
#注意:请不要修改其他已给出的代码

while True:
    try:
        a = eval(input('请输入一个正整数：'))
        if a > 0 and ____(1)____:
            print(a)
            ____(2)____
        else:
            print("请输入正整数")
    except:
        print("请输入正整数")
```

视频解析

三、简单应用题（共 25 分）

44. 在考生文件夹下有一个文件“PY201. py”，在横线处填写代码，完成如下功能。

根据列表中保存的数据采用 turtle 库绘制直方图，并使其显示在屏幕上。效果如下图所示。

ls = [69, 292, 33,131, 61, 254]

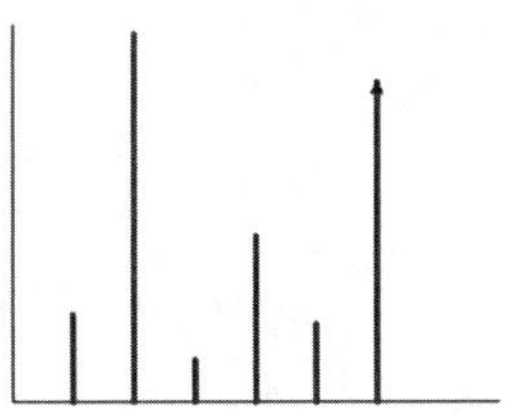

试题程序：

```
#请在______处使用一行代码或表达式替换
#注意:请不要修改其他已给出的代码

____(1)____
ls =[69, 292, 33, 131, 61, 254]
X_len =400
Y_len =300
x0 = -200
y0 = -100

t.penup()
t.goto(x0, y0)
t.pendown()

t.fd(X_len)
t.fd( -X_len)
t.seth(____(2)____)
t.fd(Y_len)
```

视频解析

```
t.pencolor('red')
t.pensize(5)
for i in range(len(ls)):
    t.____(3)____
    t.goto(x0 + (i+1)* 50,____(4)____)
    t.seth(90)
    t.pendown()
    t.fd(____(5)____)
t.done()
```

45. 在考生文件夹下有一个文件“PY202.py”，在省略号处填写一行或多行代码，完成如下功能。

在已定义好的字典 pdict 中有一些人名及其电话号码。请用户输入一个人的姓名，在字典中查找该用户的信息，如果找到，生成一个 4 位数字的验证码，并将名字、电话号码和验证码显示在屏幕上；如果查找不到该用户信息，则显示“对不起，您输入的用户信息不存在。”。示例如下。

输入：

Bob

输出：

Bob 234567891 1926

输入：

bob

输出：

对不起，您输入的用户信息不存在。

试题程序：

```
#以下代码为提示框架
#请在...处使用一行或多行代码替换，可以修改其他的代码

import random
random.seed(2)

pdict = {'Alice':['123456789'],
    'Bob':['234567891'],
    'Lily':['345678912'],
    'Jane':['456789123']}

name = input('请输入一个人名:')
…
```

视频解析

四、综合应用题(共 20 分)

46. 考生文件夹下存在 2 个 Python 源文件和 2 个文本文件。其中，2 个 Python 源文件对应 2 个问题，2 个文本文件分别摘自 2019 年和 2018 年的×××工作报告。请分别补充 2 个 Python 源文件，实现以下功能。

(1)(10 分)数据统计。要求：修改“PY301-1.py”文件中的代码，分别统计两个文件中出现次数最多的 10 个词语作为主题词(要求词语不少于 2 个字符)并使其显示在屏幕上。输出示例如下(示例词语非答案)。

2019:改革:10,企业:9,…,深化:2

2018:改革:11,效益:7,…,深化:1

注意：输出格式采用英文冒号和英文逗号，标点符号前后无空格，各词语间用逗号分隔，最后一个词语后无逗号。

试题程序：

```
# 以下代码仅供参考

d = {}
lt = list(d.items())
```

```
lt.sort(key = lambda x:x[1],reverse = True)
```

(2)(10 分)数据关联。要求:修改"PY301 - 2. py"文件中的代码,对比两组主题词的差异,输出两组的共有词语和分别特有的词语。输出示例如下(示例词语非答案)。

```
共有词语:改革,…,深化
2019 特有:企业,…,加强
2018 特有:效益,…,创新
```

注意:输出格式采用英文冒号和英文逗号,标点符号前后无空格,各词语间用逗号分隔,最后一个词语后无逗号。

试题程序:

```
# 以下代码仅供参考

d = {}
lt = list(d.items())
lt.sort(key = lambda x:x[1],reverse = True)
```

视频解析

第 7 套　无纸化考试题库试题

一、选择题(每小题 1 分,共 40 分)

1. 当一个进程在运行过程中释放了系统资源后要调用(　　)。
   A)撤销进程原语　　B)唤醒进程原语
   C)阻塞进程原语　　D)创建进程原语
2. 下列叙述中正确的是(　　)。
   A)机器数补码的符号位取反即偏移码
   B)机器数原码除符号位外各位取反即反码
   C)机器数反码的最后(最右边)一位加 1 即补码
   D)机器数原码、反码、补码均相同
3. 下列叙述中正确的是(　　)。
   A)具有两个以上指针的链表必定是非线性结构
   B)能采用顺序存储的必定是线性结构
   C)所有的线性结构都可以采用顺序存储结构
   D)循环队列是队列的链式存储结构
4. 在希尔排序法中,每经过一次数据交换后(　　)。
   A)不会产生新的逆序　　B)只能消除一个逆序
   C)能消除多个逆序　　D)消除的逆序个数一定比新产生的逆序个数多
5. 设一棵树的度为 3,其中没有度为 2 的节点,且叶子节点数为 5。该树中度为 3 的节点数为(　　)。
   A)1　　B)2　　C)3　　D)不可能有这样的树
6. 对象实现了数据和操作(方法)的结合,其实现的机制是(　　)。
   A)抽象　　B)继承　　C)隐蔽　　D)封装
7. 软件需求规格说明书的内容不包括(　　)。
   A)算法详细设计　　B)软件的主要功能
   C)软件的性能　　D)运行环境
8. 下列叙述中正确的是(　　)。
   A)数据库系统减少了数据冗余
   B)经规范化后的数据库系统避免了一切冗余
   C)数据库系统中数据的一致性是指数据类型一致
   D)数据库系统比文件系统能管理更多的数据
9. 每个学校有一名校长,且不同学校的校长可以是同一人,则实体学校和实体校长间的联系是(　　)。
   A)一对一　　B)多对多　　C)多对一　　D)一对多
10. 定义部门的关系模式如下:
    部门(部门号,部门名,部门成员,部门总经理)
    使它不满足第一范式的属性是(　　)。
    A)部门号　　B)部门名　　C)部门总经理　　D)部门成员

11. 关于 Python 的描述,错误的是(　　)。
A)是一种机器语言　　B)是一种解释类型的语言
C)支持面向过程　　D)支持面向对象

12. 执行下列选项中的语句,输出'Hello World'的是(　　)。
A)print("'Hello World'")　　B)print('"HelloWorld"')
C)print('\Hello World\")　　D)print('\"Hello World\"')

13. 以下不是 Python 保留字的是(　　)。
A)true　　B)None　　C)pass　　D)True

14. 表达式 34%6 的结果是(　　)。
A)6　　B)5　　C)4　　D)3

15. 以下程序的输出结果,不可能的选项是(　　)。

```
import random
print(random.uniform(1,3))
```

A)1.807117374321477　　B)3.993002365820678
C)2.5670577649215085　　D)2.764076933688729

16. 表达式 min([3,5,1,7,9])的结果是(　　)。
A)9　　B)3　　C)7　　D)1

17. 以下程序的输出结果是(　　)。

```
tstr = 'Baidu Translation is an online translation service'
print(len(tstr.split('a')))
```

A)6　　B)8　　C)7　　D)9

18. 变量 sstr = '天使的翅膀带着我在尘世飞翔',执行下列选项中的语句,不能输出'翅膀'的是(　　)。
A)print(sstr[3: -8])　　B)print(sstr[3::2])
C)print(sstr[-10: -8])　　D)print(sstr[3:5])

19. 若使以下程序的输出结果是 144,下划线处应填写的代码是(　　)。

```
x = 'bee'
y = ''
for i in x:
    y += str(______)
print(y)
```

A)ord(i) - ord('a')　　B)ord(x) - ord('a')
C)i - 'a'　　D)chr(i) - chr('a')

20. 以下关于循环结构的描述,错误的是(　　)。
A)break 语句执行时,会跳出 break 所在的第一层循环
B)当 try 中有循环结构时,循环结构出错,会跳出循环并进入 except
C)for 或者 while 与 else 搭配使用的时候,循环非正常结束时会执行 else
D)continue 语句执行时,会跳回 continue 所在的循环开头

21. 以下关于随机运算函数库的描述,错误的是(　　)。
A)用 random(a,b)生成一个[0.0,1.0)的随机小数
B)random.choice([1,2,3])函数返回的值有可能是 3
C)random.sample(pop,k)返回从 pop 类型中随机选取的 k 个元素构成的列表
D)Python 的 random 库采用梅森旋转算法生成伪随机数序列

22. 以下程序的输出结果是(　　)。

```
x,y,z = 3,4,5
print('x = {1}, y = {0}, z = {0}'.format(x,y,z))
```

A)x = 4, y = 3, z = 3　　B)x = 4, y = 4, z = 3
C)x = 4, y = 5, z = 3　　D)x = 3, y = 4, z = 5

23. 执行以下程序,输入 60, 输出的结果是(　　)。

```
s = eval(input())
k = '合格' if s >=60 else '不合格'
print(s, k)
```

A)合格　　B)不合格　　C)60　　D)60 合格

24. 以下程序的输出结果是（　　）。

```
k = 'fadfa'
def send(n):
    s = ''
    for i in range( -1, -len(n), -1):
        s += k[i]
    return s
print(k, ',', send(k))
```

A) fadfa , afdaf　　B) fadfa , afda　　C) fadfa　　D) afdaf

25. 使用 Python 的函数，需要的步骤不包括（　　）。

A) 函数测试　　B) 函数定义　　C) 函数调用　　D) 函数执行

26. 以下程序的输出结果，可能的选项是（　　）。

```
import random
def test():
    x = random.randint(0,10)
    y = random.randint(10,20)
    return([x,y])
print(test())
```

A) (6,20)　　B) [11, 13]　　C) [6,20]　　D) (1, 11)

27. 以下程序的输出结果是（　　）。

```
def myf(x = 2.0,y = 4.0):
    global sp
    sp += x * y
    return(sp)
sp = 100
print(sp, myf(4,3))
```

A) 112 112　　B) 100 100　　C) 112 100　　D) 100 112

28. 以下程序的输出结果是（　　）。

```
ss = ['e','h','b','s','l','p']
for i in range(len(ss)):
    print(max(ss),end = ',')
    ss.remove(max(ss))
```

A) s,p,l,　　B) s,p,l,h,e,b　　C) s,p,l,h,e,b,　　D) s,p,l

29. 以下程序的输出结果是（　　）。

```
print(len(list('i love python')))
```

A) 13　　B) 1　　C) 3　　D) 11

30. 以下程序的输出结果是（　　）。

```
x = [90,87,93]
y = ("Aele", "Bob","lala")
z = {}
for i in range(len(x)):
    z[x[i]] = y[i]
print(z)
```

A) {'90': 'Aele', '87': 'Bob', '93': 'lala'}

B) {90: 'Aele', 87: 'Bob', 93: 'lala'}

C) {'Aele':'90', 'Bob':'87', 'lala':'93'}

D) {'Aele':90, 'Bob':87, 'lala':93}

31. 以下程序的输出结果是（　　）。

```
dic = {90: 'Aele', 87: 'Bob', 93: 'lala'}
print(dic.pop(90, -1),len(dic))
```

A) Aele 3　　B) -1 3　　C) Aele 2　　D) -1 2

32. 以下程序的输出结果是(　　)。

```
ls = [120, '120', int('120'), 12 * 10]
print(ls.index(120), ls.count(120))
```

A)0 2　　B)1 3　　C)2 4　　D)0 3

33. 以下关于文件的描述,错误的是(　　)。

A)以文本方式读打开一个文件,读入后能对文件进行写操作

B)以文本方式打开一个空文件,追加模式写入文件,参数用"a +"

C)打开文件的参数" + ",表示在原打开模式的基础上,可以对文件进行读写

D)以文本方式写打开一个文件,不能对文件进行读操作

34. 以下程序的输出结果是(　　)。

```
with open('a.txt','w+') as fo:
    fo.write('hello')
    fo.seek(0)
    print(fo.read())
```

A)写到文件 a.txt 里一个"hello"字符串,显示在屏幕上一个"hello"字符串

B)写到文件 a.txt 里一个"hello"字符串

C)出现读写异常

D)读文件的函数没有从文件里读到字符串

35. 不能返回列表数据类型的是(　　)。

A)dict.items()　　B)lcut(s)　　C)s.split()　　D)range()

36. 以下关于数据维度的描述,不正确的是(　　)。

A)二维数据处理等同于二维列表的操作

B)要处理二维数据的每个元素,需要用循环结构

C)二维数据用 CSV 文件格式存储,需要用二重循环嵌套实现

D)CSV 文件里是用英文半角逗号来分隔数据元素的

37. 以下不属于 Python 的内置函数的是(　　)。

A)get()　　B)input()　　C)abs()　　D)sum()

38. 以下不属于 Python 的 pip 工具的功能的是(　　)。

A)安装第三方库　　B)对第三方库进行基本的维护

C)卸载已经安装了的第三方库　　D)打包 Python 源代码

39. 关于 Beautiful Soup 4 的描述,正确的是(　　)。

A)用于解析和处理 HTML 和 XML　　B)用于绘制图形

C)用于处理三维可视化　　D)这个库能遍历处理 HTML 网页上的语法元素

40. 关于 pandas 的描述,不正确的是(　　)。

A)不能用于金融数据分析　　B)是基于 NumPy 扩展而来的第三方库

C)能够高效地进行时间序列分析　　D)是用于数据分析的第三方库

二、基本操作题(共 15 分)

41. 在考生文件夹下有一个文件"PY101.py",在横线处填写代码,完成如下功能。

程序接收用户输入的一个小于 20 的正整数,在屏幕上逐行递增显示从 01 到该正整数,数字显示的宽度为 2,不足位置补 0,后面追加一个空格,然后显示" > "," > "的个数等于行首数字。示例如下。

输入:

```
3
```

输出:

```
01 >
02 > >
03 > > >
```

试题程序:

```
#请在________处使用一行代码或表达式替换
#注意:请不要修改其他已给出的代码
n = input('请输入一个正整数:')
for i in range(____(1)____):
    print('____(2)____'.format(i, ____(3)____))
```

视频解析

42. 在考生文件夹下有一个文件“PY102. py”,在横线处填写代码,完成如下功能。

让用户输入一串数字和字母混合的数据,然后统计其中数字和字母的个数,并将结果显示在屏幕上。示例如下。

输入:

fda243fdw3

输出:

数字个数:4,字母个数:6

试题程序:

```
#请在______处使用一行代码或表达式替换
#注意:请不要修改其他已给出的代码
ns = input("请输入一串数据:")
dnum,dchr = ____(1)____
for i in ns:
    if i.isnumeric():
        dnum  += ____(2)____
    elif i.isalpha():
        dchr  += ____(3)____
    else:
        pass
print('数字个数:{},字母个数:{}'.format(____(4)____))
```

43. 在考生文件夹下有一个文件“PY103. py”,在横线处填写代码,完成如下功能。

将程序里定义好的 std 列表里的姓名和成绩与已经定义好的模板拼成一段话,显示在屏幕上。示例格式如下。

亲爱的张三, 你的考试成绩是:英语 90, 数学 87, Python 95, 总成绩 272,特此通知。

……

试题程序:

```
#请在______处使用一行代码或表达式替换
#注意:请不要修改其他已给出的代码
std = [['张三',90,87,95],['李四',83,80,87],['王五',73,57,55]]
modl = "亲爱的{}, 你的考试成绩是: 英语{}, 数学{}, Python{}, 总成绩{},特此通知。"

for st in std:
    cnt = ____(1)____
    for i in range(____(2)____):
        cnt  += ____(3)____
    print(modl.format(st[0],st[1],st[2],st[3],cnt))
```

三、简单应用题(共 25 分)

44. 在考生文件夹下有一个文件“PY201. py”,在横线处填写代码,完成如下功能。

利用 random 库和 turtle 库绘制 5 个圆圈并显示在屏幕上,圆圈的半径和圆心的坐标由 randint()函数产生,圆心的 x 和 y 坐标的范围为[-100,100],半径的范围为[20,50],圆圈的颜色随机在 color 列表里选择。效果如下图所示。

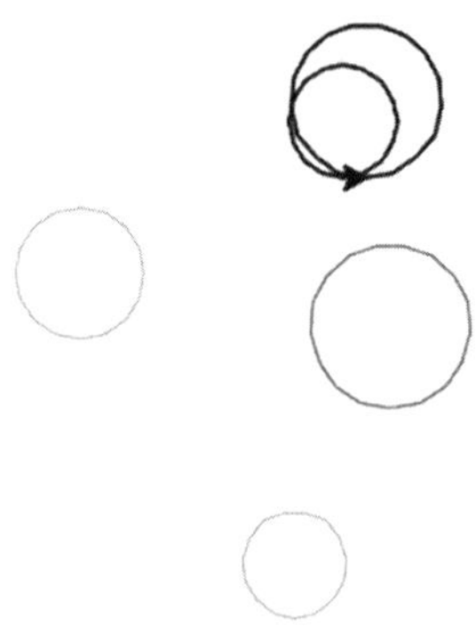

试题程序：

```
#请在________处使用一行代码或表达式替换
#注意:请不要修改其他已给出的代码

____(1)______
import random as r
color = ['red','orange','blue','green','purple']
r.seed(1)
for i in range(5):
    rad = r.____(2)______
    x0 = r.____(3)______
    y0 = r.randint(-100,100)
    t.color(r.choice(color))
    t.penup()
    t.____(4)______
    t.pendown()
    t.____(5)______(rad)
t.done()
```

视频解析

45. 在考生文件夹下有一个文件“PY202.py”，其中定义了一个包含 6 个浮点数的一维列表 lt1 和一个包含 3 个数的一维列表 lt2。

示例如下。

lt1 = [0.69, 0.292, 0.33, 0.131, 0.61, 0.254]

lt2 = [0.1,0.8,0.2]

在省略号处填写代码，完成如下功能。

计算 lt1 列表与 lt2 列表的向量内积。两个向量 X = [x1,x2,x3] 和 Y = [y1,y2,y3] 的内积计算公式如下。

k = x1 * y1 + x2 * y2 + x3 * y3

将每次计算的两组对应元素的值以及对应元素乘积的累计和 k 的值显示在屏幕上，格式如下。

```
k = 0.069 ,lt2[0] = 0.100 ,lt1[0 + 0] = 0.690
k = 0.303 ,lt2[1] = 0.800 ,lt1[0 + 1] = 0.292
k = 0.369 ,lt2[2] = 0.200 ,lt1[0 + 2] = 0.330
…
```

计算方式如下。

第一步计算第一个 k，分为 3 次累加计算：

k = lt2[0] * lt1[0 + 0]

k = lt2[0] * lt1[0 + 0] + lt2[1] * lt1[0 + 1]

k = lt2[0] * lt1[0 + 0] + lt2[1] * lt1[0 + 1] + lt2[2] * lt1[0 + 2]

最终得到最后一个 k 值并保存。

第二步计算第二个 k，分为 3 次累加计算：

k = lt2[0] * lt1[1 + 0]

k = lt2[0] * lt1[1 + 0] + lt2[1] * lt1[1 + 1]

k = lt2[0] * lt1[1 + 0] + lt2[1] * lt1[1 + 1] + lt2[2] * lt1[1 + 2]

最终得到最后一个 k 值并保存，依照此规律依次计算。

试题程序：

```
#以下代码为提示框架
#请在...处使用一行或多行代码替换，可以修改其他的代码

img = [0.244, 0.832, 0.903, 0.145, 0.26, 0.452]
filter = [0.1,0.8,0.1]
res = []
for i in range(len(img) -2):
    …
    res.append(k)
for r in res:
    print('{:<10.3f}'.format(r),end = '')
```

视频解析

四、综合应用题(共 20 分)

46. 考生文件夹下存在 2 个 Python 源文件和 1 个文本文件。其中,2 个 Python 源文件对应 2 个问题,文本文件“data. txt”中包含一篇从互联网上下载的关于“德国工业 4.0 战略规划实施建议摘要”的文章。请分别补充 2 个 Python 源文件,完成以下功能。

(1)(10 分)文件内容清洗。要求:在文件“PY301 - 1. py”中补充代码,对文件“data. txt”的内容进行清洗,去除中文标点符号,只保留中文、英文、数字、英文标点符号等字符,将结果输出到文件“clean. txt”中。示例如下。

```
德国工业 4.0 战略规划实施建议(摘编)机械工业信息研究院战略与规划研究所……
```

(2)(10 分)提取主题词并统计其频次。要求:在文件“PY301 - 2. py”中补充代码,提取“clean. txt”文件中长度不少于 3 个字符的词语并统计词频,将词频最高的 10 个词语作为主题词,并将主题词及其频次显示到屏幕上。输出示例如下。

```
4.0:10,制造业:9,…
```

注意:输出格式采用英文冒号和英文逗号,标点符号前后无空格,各词语中间用逗号分隔,最后一个词语后无逗号。

试题程序:

```
# 以下代码仅供参考

import jieba

d = {}

lt = list(d.items())
lt.sort(key = lambda x:x[1],reverse = True)
```

视频解析

第 8 套　无纸化考试题库试题

一、选择题(每小题 1 分,共 40 分)

1. 允许多个联机用户同时使用一台计算机系统进行计算的操作系统属于(　　)。
   A)布式操作系统　　B)实时操作系统
   C)批处理操作系统　　D)分时操作系统
2. 在执行指令的过程中,CPU 不经过总线能直接访问的是(　　)。
   A)寄存器　　B)寄存器和内存　　C)寄存器、内存和外存　　D)输入输出设备
3. 下列叙述中正确的是(　　)。
   A)在循环队列中,队尾指针的动态变化决定队列的长度
   B)在循环队列中,队头指针和队尾指针的动态变化决定队列的长度
   C)在带链的队列中,队头指针与队尾指针的动态变化决定队列的长度
   D)在带链的栈中,栈顶指针的动态变化决定栈中元素的个数
4. 设栈的存储空间为 S(1:60),初始状态为 top = 61。现经过一系列正常的入栈与退栈操作后,top = 1,则栈中的元素个数为(　　)。
   A)0　　B)59　　C)60　　D)1
5. 设顺序表的长度为 n,下列排序方法中,最坏情况下比较次数小于 $n(n-1)/2$ 的是(　　)。
   A)堆排序　　B)快速排序　　C)简单插入排序　　D)冒泡排序
6. 下面属于系统软件的是(　　)。
   A)人事管理系统　　B)WPS 编辑软件
   C)杀毒软件　　D)Oracle 数据库管理系统
7. 下面不属于白盒测试方法的是(　　)。
   A)语句覆盖　　B)边界值分析　　C)条件覆盖　　D)分支覆盖

8. 关系数据库中的键是指(　　)。
A)关系的专用保留字
B)关系的名称
C)能唯一标识元组的属性或属性集合
D)关系的所有属性

9. 在数据库中,产生数据不一致的根本原因是(　　)。
A)数据冗余
B)没有严格保护数据
C)未对数据进行完整性控制
D)数据存储量太大

10. 某图书集团数据库中有关系模式 R(书店编号,书籍编号,库存数量,部门编号,部门负责人),要求:
(1)每个书店的每种书籍只在该书店的一个部门销售;
(2)每个书店的每个部门只有一个负责人;
(3)每个书店的每种书籍只有一个库存数量。
则关系模式 R 最高是(　　)。
A)1NF　B)2NF　C)3NF　D)BCNF

11. 以下关于程序设计语言的描述,错误的选项是(　　)。
A)Python 解释器把 Python 代码一次性翻译成目标代码,然后执行
B)机器语言直接用二进制代码表达指令
C)Python 是一种通用编程语言
D)汇编语言是直接操作计算机硬件的编程语言

12. 以下关于 Python 程序语法元素的描述,正确的选项是(　　)。
A)缩进格式要求程序对齐,增加了编程难度
B)Python 变量名允许以数字开头
C)true 是 Python 的关键字
D)所有的 if、while、def、class 语句后面都要用冒号结尾

13. 以下选项,不是 Python 关键字的选项是(　　)。
A)from　B)sum　C)finally　D)None

14. 字符串 tstr = 'television',显示结果为 vi 的选项是(　　)。
A)print(tstr[4:7])
B)print(tstr[5:7])
C)print(tstr[-6:6])
D)print(tstr[4: -2])

15. 关于表达式 id('45') 的结果的描述,错误的是(　　)。
A) 是'45'的内存地址　B)可能是 45396706　C)是一个正整数　D)是一个字符串

16. 表达式 divmod(40,3) 的结果是(　　)。
A)13,1　B)(13,1)　C)13　D)1

17. 以下关于字符串类型的操作的描述,正确的是(　　)。
A)想把字符串 str 中所有的字符都大写,可使用 upper(str)
B)设 x = 'aaa' , 则执行 x/3 的结果是'a'
C)想获取字符串 str 的长度,可使用字符串处理函数 len(str)
D)str. isnumeric()方法可把字符串 str 中的数字字符变成数字

18. 设 str1 = ' * @ python@ * ', 语句 print(str1[2:]. strip('@'))的执行结果是(　　)。
A)python@ *　B)python *　C) * @ python@ *　D) * python *

19. 执行以下程序, 输出结果是(　　)。
```
y = '中文'
x = '中文字'
print(x > y)
```
A)None　B)False　C)False or False　D) True

20. 以下关于"for <循环变量> in <循环结构>"的描述,错误的是(　　)。
A) <循环结构>采用[1,2,3]和['1','2','3']的时候,循环的次数是一样的
B)这个循环体语句中不能有 break 语句,会影响循环次数
C)使用 range(a,b)函数指定 for 循环的循环变量取值范围是 a ~ b - 1
D)for i in range(1,10,2)表示循环 5 次,i 的值是 1 ~ 9 的奇数

21. 执行以下程序,输入"fish520",输出结果是(　　)。
```
w = input()
for x in w:
    if '0' <= x <= '9':
```

```
        continue
    else:
        w.replace(x,'')
print(w)
```

A) fish　　B) fish520　　C) 520　　D) 520fish

22. 执行以下程序，导致输出“输入有误”的输入选项是(　　)。

```
try:
    ls = eval(input()) * 2
    print(ls)
except:
    print('输入有误')
```

A) 'aa'　　B) '12'　　C) aa　　D) 12

23. 以下关于组合类型的描述，正确的是(　　)。

A) 空字典可以用花括号来创建

B) 可以用 set 创建集合，用方括号和赋值语句增加新元素

C) 字典数据类型里可以用列表作为键

D) 字典的 items() 函数返回一个键值对，并用元组表述

24. 以下程序的输出结果是(　　)。

```
s = 0
def fun(s,n):
    for i in range(n):
        s += i
print(fun(s,5))
```

A) 10　　B) None　　C) 0　　D) UnboundLocalError

25. 以下关于函数的描述，正确的是(　　)。

A) 自己定义的函数名不能与 Python 内置函数同名

B) 函数一定要有输入参数和返回结果

C) 在一个程序中，函数的定义可以放在函数调用代码之后

D) 使用函数可以提高代码复用性，还可以降低维护难度

26. 以下程序的输出结果是(　　)。

```
def loc_glo(b = 2, a = 4):
    global z
    z += 3 * a + 5 * b
    return z
z = 10
print(z, loc_glo(4,2))
```

A) 36 36　　B) 32 32　　C) 10 36　　D) 10 32

27. 以下程序的输出结果是(　　)。

```
l1 = ['aa', [2,3,3.0]]
print(l1.index(2))
```

A) 2　　B) 3.0　　C) 3　　D) ValueError

28. 以下程序的输出结果是(　　)。

```
for i in "Nation":
    for k in range(2):
        if i == 'n':
            break
        print(i, end = "")
```

A) aattiioo　　B) NNaattiioo　　C) Naattiioon　　D) aattiioonn

29. 以下程序的输出结果是(　　)。

```
x = [90,87,93]
y = ("Aele", "Bob","lala")
z = {}
```

```
for i in range(len(x)):
    z[i] = list(zip(x,y))
print(z)
```

A){0: [(90, 'Aele'), (87, 'Bob'), (93, 'lala')], 1: [(90, 'Aele'), (87, 'Bob'), (93, 'lala')], 2: [(90, 'Aele'), (87, 'Bob'), (93, 'lala')]}

B){0: (90, 'Aele'), 1: (87, 'Bob'), 2: (93, 'lala')}

C){0: [90, 'Aele'], 1: [87, 'Bob'], 2: [93, 'lala']}

D){0: ([90, 87, 93], ('Aele', 'Bob', 'lala')), 1: ([90, 87, 93], ('Aele', 'Bob', 'lala')), 2: ([90, 87, 93], ('Aele', 'Bob', 'lala'))}

30. 以下程序的输出结果是(　　)。

```
ss = set("htslbht")
sorted(ss)
for i in ss:
    print(i,end='')
```

A) hlbst　　B) htslbht　　C) tsblth　　D) hhlstt

31. 以下程序的输出结果是(　　)。

```
ls1 = [1,2,3,4,5]
ls2 = ls1
ls2.reverse()
print(ls1)
```

A)5,4,3,2,1　　B)[1,2,3,4,5]　　C)[5,4,3,2,1]　　D)1,2,3,4,5

32. 为以下程序填空,使输出结果是{40: 'yuwen', 20: 'yingyu', 30: 'shuxu'}的选项是(　　)。

```
tb = {'yingyu':20, 'shuxue':30, 'yuwen':40}
stb = {}
for it in tb.items():
    print(it)
    ________________
print(stb)
```

A) stb[it[1]] = it[0]　　B) stb[it[1]] = stb[it[0]]

C) stb[it[1]] = tb[it[1]]　　D) D. stb[it[1]] = tb[it[0]]

33. 以下关于文件的描述,错误的是(　　)。

A) open()打开一个文件,同时把文件内容装入内存

B) open() 打开文件后,返回一个文件对象,用于后续的文件读/写操作

C) 当文件以二进制方式打开的时候,是按字节流方式读写

D) write(x)函数要求 x 必须是字符串类型,不能是 int 类型

34. 为以下程序填空,使得输出到文件“a.txt”中的内容是“'90','87','93'”的选项是(　　)。

```
y = ['90', '87', '93']
l = ''
with open("a.txt",'w') as fo:
    for z in y:
        ________________
    fo.write(l.strip(','))
```

A) l = ','.join(y)　　B) l += "'{}'".format(z)

C) l += "'{}'".format(z) + ','　　D) l += '{}'.format(z) + ','

35. 以下程序的输出结果是(　　)。

```
img1 = [12,34,56,78]
img2 = [1,2,3,4,5]
def modi():
    img1 = img2
    print(img1)
modi()
print(img1)
```

A)[12, 34, 56, 78]
　[1,2,3,4,5]

B)[1,2,3,4,5]
　[1,2,3,4,5]

C)[12, 34, 56, 78]
　[12, 34, 56, 78]

D)[1, 2, 3, 4, 5]
　[12, 34, 56, 78]

36. 以下关于数据维度的描述,错误的是(　　)。

A)列表的索引是大于 0 小于列表长度的整数

B)JSON 格式可以表示比二维数据还复杂的高维数据

C)二维数据可以看成多条一维数据的组合形式

D)CSV 文件既能保存一维数据,也能保存二维数据

37. 以下不属于 Python 的 pip 工具命令的选项是(　　)。

A)show　　B)install　　C) -V　　D)download

38. 用 Pyinstaller 工具打包 Python 源文件时, -F 参数的含义是(　　)。

A)指定所需要的第三方库路径

B)在 dist 文件夹中只生成独立的打包文件

C)指定生成打包文件的目录

D)删除生成的临时文件

39. 第三方库 beauifulsoup4 的功能是(　　)。

A)解析和处理 HTML 和 XML

B)支持 Web 软件框架

C)支持 Web Services 框架

D)处理 HTTP 请求

40. 以下关于 turtle 库的描述,错误的是(　　)。

A)在 import turtle 之后,可以用 turtle. circle()语句绘制一个圆圈

B)seth(x) 是 setheading(x)函数的别名,让画笔旋转 x°

C)可以用 import turtle 来导入 turtle 库函数

D)home() 函数是设置当前画笔位置到原点,方向朝上

二、基本操作题(共 15 分)

41. 考生文件夹下存在一个文件“PY101. py”,请写代码替换横线,不修改其他代码,实现以下功能。

用键盘输入正整数 *n*,按要求把 *n* 输出到屏幕。格式要求:宽度为 15 个字符,数字右边对齐,不足部分用星号填充。

例如,用键盘输入正整数 *n* 为 1234。

屏幕输出: * * * * * * * * * * *1234

试题程序:

```
# 请在________处使用一行代码或表达式替换
# 注意:请不要修改其他已给出的代码
n = eval(input("请输入正整数:"))
print("{________}".format(n))
```

视频解析

42. 考生文件夹下存在一个文件“PY102. py”,请写代码替换横线,不修改其他代码,实现以下功能。

a 和 b 是两个长度相同的列表变量,列表 a 为[3,6,9]且已给定,用键盘输入列表 b,计算 a 中元素与 b 中对应元素的和形成新的列表 c,并在屏幕上输出。

例如,用键盘输入列表 b 为[1,2,3]。

屏幕输出计算结果为:[4,8,12]

试题程序:

```
# 请在________处使用一行代码或表达式替换
# 注意:请不要修改其他已给出的代码
a = [3,6,9]
b = eval(input()) #例如:[1,2,3]
c = []
for i in range(____(1)____):
    c.append(____(2)____)
print(c)
```

视频解析

43. 考生文件夹下存在一个文件“PY103. py”,请写代码替换横线,不修改其他代码,实现以下功能。

以 0 为随机数种子,随机生成 5 个在 1(含) ~97(含)的随机数,计算这 5 个随机数的平方和。

试题程序：

```
# 请在________处使用一行代码或表达式替换
# 注意:请不要修改其他已给出的代码
import random
____(1)____
s = 0
for i in range(5):
    n = random.randint(____(2)____) # 产生随机数
    s = ____(3)____
print(s)
```

视频解析

三、简单应用题(共 25 分)

44. 使用 turtle 库的 turtle.fd( ) 函数和 turtle.seth( ) 函数绘制一个边长为 100 像素的正八边形，在考生文件夹下给出了程序框架文件“PY201.py”，在横线处补充代码，不得修改其他代码。效果如下图所示。

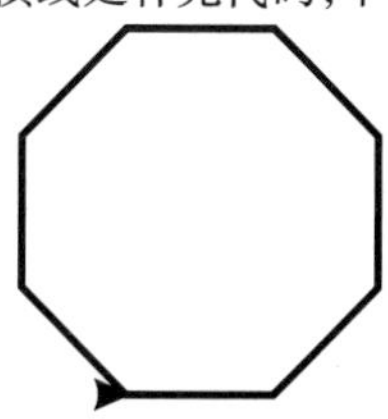

试题程序：

```
# 请在________处使用一行代码或表达式替换
# 注意:请不要修改其他已给出的代码
import turtle
turtle.pensize(2)
d = 0
    for i in range(1, ____(1)____):
    ____(2)____
    d += ____(3)____
    turtle.seth(d)
```

视频解析

45. 使用字典和列表型变量完成村主任的选举。某村有 40 名有选举权和被选举权的村民，名单由考生文件夹下文件“name.txt”给出，从这 40 名村民中选出一人当村主任，40 人的投票信息由考生文件夹下文件“vote.txt”给出，每行是一张选票的信息，有效票中得票最多的村民当选。

问题 1：请从“vote.txt”文件中筛选出无效票并写入“vote1.txt”文件。有效票的含义是，选票中只有一个名字且该名字在 name.txt 文件列表中，不是有效票的票称为无效票。

问题 2：给出当选村主任的村民的名字及其得票数。

在考生文件夹下给出了程序框架文件“PY202.py”，补充代码完成程序。

试题程序：

```
# 请在________处使用一行代码或表达式替换
# 注意:请不要修改其他已给出的代码
f = open("name.txt")
names = f.readlines()
f.close()
f = open("vote.txt")
votes = f.readlines()
f.close()
f = open("vote1.txt","w")
D = {}
NUM = 0
for vote in ____(1)____:
    num = len(vote.split())
```

```
    if num ==1 and vote in ____(2)____:
        D[vote[:-1]] = ____(3)____ +1
        NUM +=1
    else:
        f.write(____(4)____)
f.close()
l = list(D.items())
l.sort(key = lambda s:s[1], ____(5)____)
name = ____(6)____
score = ____(7)____
print("有效票数为:{} 当选村主任的村民为:{},票数为:{}".format(NUM,name,score))
```

视频解析

四、综合应用题(共 20 分)

46.《三国演义》是中国古典四大名著之一,曹操是其中的主要人物,考生文件夹下文件“data. txt”给出了《三国演义》的简介。

问题 1:请编写程序,用 Python 第三方库 jieba 对文件“data. txt”进行分词,并将结果写入文件“out. txt”中,每行一个词。示例如下。

```
内容简介
编辑
整个
故事
在
东汉
……
```

在考生文件夹下给出了程序框架文件“PY301 -1. py”,补充代码完成程序。

试题程序:

```
# 请在________处使用一行代码或表达式替换
# 注意:请不要修改其他已给出的代码
import jieba
f = open('data.txt','r')
lines = f.readlines()
f.close()
f = open('out.txt','w')
for line in lines:
    line = ____(1)____              #删除每行首尾可能出现的空格
    wordList = ____(2)____          #用 jieba 库对每行内容进行分词
    f.writelines('\n'____(3)____)   #将分词结果存到“out.txt”文件中
f.close()
```

问题 2:对“out. txt”文件进行分析,输出“曹操”出现的次数。

在考生文件夹下给出了程序框架文件“PY301 -2. py”,补充代码完成程序。

试题程序:

```
# 请在________处使用一行代码或表达式替换
# 注意:请不要修改其他已给出的代码
import jieba
f = open('out.txt','r')      #以只读模式打开文件
words = f.readlines()
f.close()
D = {}
for w in ____(1)____:          #词频统计
    D[w[:-1]] = ____(2)____ +1
print("曹操出现次数为:{} ".format(____(3)____))
```

视频解析

第 9 套　无纸化考试题库试题

一、选择题(每小题 1 分,共 40 分)

1. 一台计算机有 30 个终端用户同时使用 C 语言系统,则该计算机使用的操作系统是(　　)。
   A)实时操作系统　B)嵌入式操作系统　C)分时操作系统　D)分布式操作系统
2. 不属于操作系统基本功能的是(　　)。
   A)数据库管理　B)设备管理　C)进程管理　D)存储管理
3. 设表的长度为 20,则在最坏情况下,冒泡排序的比较次数为(　　)。
   A)19　B)20　C)90　D)190
4. 循环队列的存储空间为 Q(1:40),初始状态为 front = rear = 40。经过一系列正常的入队与退队操作后,front = rear = 15,此后又退出一个元素,则循环队列中的元素个数为(　　)。
   A)14　B)15
   C)40　D)39 或 0 且产生“下溢”错误
5. 设一棵树的度为 3,其中度为 3、2、1 的节点个数分别为 4、1、3,则该棵树中的叶子节点数为(　　)。
   A)10　B)11　C)12　D)不可能有这样的树
6. 下面不属于软件需求规格说明书内容的是(　　)。
   A)软件的性能需求　B)软件的功能需求　C)软件的可验证性　D)软件的外部接口
7. 基本路径测试属于(　　)。
   A)黑盒测试方法且是动态测试　B)白盒测试方法且是动态测试
   C)黑盒测试方法且是静态测试　D)白盒测试方法且是静态测试
8. 概念模型是(　　)。
   A)用于现实世界的建模,与具体的 DBMS 有关　B)用于信息世界的建模,与具体的 DBMS 有关
   C)用于现实世界的建模,与具体的 DBMS 无关　D)用于信息世界的建模,与具体的 DBMS 无关
9. 学籍管理系统中学生和学籍档案之间的联系是(　　)。
   A)1:1　B)M:N　C)N:1　D)1:N
10. 现有表示患者和医疗的关系如下:
    P(P#,Pn,Pg,By)
    其中,P#为患者编号,Pn 为患者姓名,Pg 为性别,By 为出生日期;
    Tr(P#,D#,Date,Rt)
    其中,D#为医生编号,Date 为就诊日期,Rt 为诊断结果。
    检索在 1 号医生处就诊的男性病人姓名的表达式是(　　)。
    A)σ_{PR} ='男'(P)　B)$\pi_{Pn}(\pi_{P\#}(\sigma_{D\#=1}(Tr))\bowtie\sigma_{Pg}$ ='男'(P))
    C)$\pi_{Pn}(\pi_{P\#}(\sigma_{D\#=1}(Tr))\bowtie P)$　D)$\pi_{Pn}((\sigma_{D\#=1}(Tr))\bowtie\sigma_{Pg}$ ='男'(P))
11. 关于 Python 语言的描述,错误的选项是(　　)。
    A)Python 是一种编译型语言,可在各类计算机上直接运行
    B)Python 支持中文等多语言字符
    C)Python 具有庞大的计算生态
    D)Python 通过缩进实现了强制可读
12. 关于 Python 缩进的描述,错误的选项是(　　)。
    A)Python 的分支、循环、函数可以通过缩进包含多行代码
    B)Python 通过强制缩进来体现语句间的逻辑关系
    C)Python 缩进在单个结构体语句(比如某个循环体)中必须一致
    D) Python 使用缩进表示代码块,缩进必须固定采用 4 个空格
13. 关于变量名的定义,不合法的选项是(　　)。
    A)Temp00　B)str_x　C)y-1　D)_z
14. 以下代码的执行结果是(　　)。
    ```
    a = '100'
    print(eval(a + "1 +2"))
    ```
    A)103　B)1003　C)100 +1 +2　D)执行出错
15. 可用于判断变量 a 的数据类型的选项是(　　)。
    A)int(a)　B)type(a)　C)str(a)　D)eval(a)

16. 以下代码的执行结果是(　　)。

```
x = 4 + 3j
y = -4 - 3j
print(x + y)
```

A) 0j　　B) 0　　C) <class 'complex'>　　D) 无输出

17. 关于 Python 字符串的描述，错误的选项是(　　)。

A) 可以通过索引方式访问字符串中的某个字符
B) 字符串可以赋值给变量，也可以作为单独一行语句
C) 可以通过在引号前增加转义符输出带有引号的字符串
D) 可以使用 lenstr() 获得字符串的长度

18. 以下代码的执行结果是(　　)。

```
a = 3.141593
b = "*"
print("{0:{2}>{1},}\n{0:{2}^{1},}\n{0:{2}<{1},}".format(a,20,b))
```

A)
```
************3.141593
******3.141593******
3.141593************
```
B)
```
******3.141593******
************3.141593
3.141593************
```
C)
```
3.141593************
************3.141593******3.141593******
```
D)
```
************3.141593
3.141593************
******3.141593******
```

19. 关于 Python 二分支精简结构的表示，正确的选项是(　　)。

A) 条件 if 表达式 1 else 表达式 2　　B) 表达式 1 if 表达式 2 else 条件
C) 表达式 1 if 条件 else 表达式 2　　D) 表达式 1 if 条件：表达式 2 else

20. 以下代码的执行结果是(　　)。

```
a = 75
if a > 60:
    print("Should Work Hard!")
elif a > 70:
    print("Good")
else:
    print("Excellent")
```

A) 执行出错　　B) Excellent　　C) Good　　D) Should Work Hard!

21. 当用户输入 apple,banana,bear 时，以下代码的执行结果是(　　)。

```
a = input("").split(",")
x = 0
while x < len(a):
    print(a[x], end = "&")
    x = x + 1
```

A) 执行出错　　B) apple,banana,bear
C) apple&banana&bear&　　D) apple&banana&bear

22. 关于 Python 程序异常处理的描述，错误的选项是(　　)。

A) try、except 等保留字提供异常处理功能
B) 程序发生异常后经过妥善处理可以继续执行
C) 异常语句可以与 else 和 finally 保留字配合使用
D) Python 的异常和错误是完全相同的概念

23. 关于 Python 中 for 循环的描述，正确的选项是(　　)。

A) for 循环内语句块的执行次数一定大于 1

B)能用 for 循环实现字符串里每个字符的遍历
C)for 循环能够实现列表的遍历,不能实现字典的遍历
D)for 循环不能与 break 和 continue 保留字联合使用

24. 不是 Python 内置函数的选项是(　　)。
A)compare()　　B)divmod()　　C)type()　　D)ord()

25. 关于 Python 函数定义的参数设置,错误的选项是(　　)。
A)def vfunc(a,*b):　　B)def vfunc(a,b):　　C)def vfunc(*a,b):　　D)def vfunc(a,b=2):

26. 以下代码的执行结果是(　　)。
```
def maxcount():
    a, b = 1000, 99
    for i in range(10):
        a *= b + 1
        b *= a - 1
    return a < b
maxcount()
```
A)执行错误　　B)True　　C)False　　D)无输出

27. 关于全局变量和局部变量的描述,错误的选项是(　　)。
A)全局变量在 Python 文件最外层声明时,语句前没有缩进
B)局部变量标识符不能与任何全局变量的标识符相同,即严格不能重名
C)在函数内部引用数字类型全局变量时,必须使用 global 保留字声明
D)在函数内部引用组合类型全局变量时,可以不通过 global 保留字声明

28. 关于 Python 组合数据类型的描述,错误的选项是(　　)。
A)集合类型的元素之间存在先后关系,能通过序号访问
B)组合数据类型根据数据之间的关系分为 3 类:序列类型、集合类型和映射类型
C)字符串、元组和列表都属于序列类型
D)列表创建后,其内容可以被修改

29. 以下是某班 5 名学生的个人信息:
学号、姓名、性别、年龄、身高、体重
xs001、张红、女、18、168、55
xs002、王丽丽、女、19、165、60
xs003、李华、男、18、178、66
xs004、赵亮、男、19、175、65
xs005、张玲玲、女、18、160、50
采用变量 a 存储以上信息,用于统计分析,最适合的数据类型是(　　)。
A)字符串　　B)字典　　C)列表　　D)集合

30. 关于 Python 列表类型的描述,错误的选项是(　　)。
A)列表创建后可以修改其中元素,但每个元素类型不能修改
B)列表类型的元素可以是字典
C)列表类型的元素可以是列表
D)二维数据可以用列表类型表示

31. 以下代码的执行结果是(　　)。
```
ls = ['中国',['北京','上海','广州'],['河北省','浙江省','广东省'],300,400,500]
print(ls[-4][1][:2])
```
A)北京　　B)河北　　C)浙江省　　D)浙江

32. 以下代码的执行结果是(　　)。
```
s = ['well','good','best','how','do','you','do','? ']
str1 = s[3] + ' ' + s[4] + ' ' + s[5] + ' ' + s[6]
print(str1)
```
A)howdoyoudo　　B)do you do ?　　C)how do you do　　D)执行错误

33. 关于以下代码执行结果的描述,正确的选项是(　　)。
```
chinesetime = {'夜半':'子时','鸡鸣':'丑时','平旦':'寅时',\
               '日出':'卯时','食时':'辰时','隅中':'巳时',\
```

```
            '日中':'午时','日昳':'未时','晡时':'申时',\
            '日入':'酉时','黄昏':'戌时','人定':'亥时'}
time = chinesetime.pop('黄昏','失败')
print(chinesetime)
```

A)程序输出一个字典,其中,键为“黄昏”的值被修改为“失败”
B)程序输出一个字典,其中,键为“黄昏”的键值对被删除
C)程序执行后,time 变量的值是 {"黄昏":"戌时"}
D)程序执行后,time 变量的值是 {"黄昏":"失败"}

34. 关于列表操作函数的描述,正确的选项是(　　)。
A)ls1 = ls2 表示将列表 ls2 的元素追加到列表 ls1
B)ls.insert(x)表示将 x 插入列表 ls 的末尾
C)min(ls)表示返回列表 ls 的最大元素
D)','.join(ls)表示将列表 ls 的元素用逗号连成一个字符串

35. 以下代码的执行结果是(　　)。

```
ls = [12, 34, 56, 78]
lt = [1, 2, 3, 4, 5]
def func():
    ls = lt
    print(ls)
func()
print(ls)
```

A)[1, 2, 3, 4, 5]
　[12, 34, 56, 78]
B)[1, 2, 3, 4, 5]
　[1, 2, 3, 4, 5]
C)[12, 34, 56, 78]
　[12, 34, 56, 78]
D)[12, 34, 56, 78]
　[1, 2, 3, 4, 5]

36. 关于 Python 列表及数据维度的描述,错误的选项是(　　)。
A)列表索引值的范围是大于 0 小于列表长度的整数
B)列表能表示多维数据
C)二维数据可以看成多个一维数据的组合
D)CSV 格式文件既能保存一维数据,也能保存二维数据

37. 用于设置画布大小的 turtle 库函数是(　　)。
A)turtlesize()　B)shape()　C)getscreen()　D)setup()

38. 关于以下代码的执行结果的描述,正确的选项是(　　)。

```
import random
a = random.randint(1, 100)
while (a < 50):
    a = random.randint(1, 100)
print(a)
```

A)执行错误
B)每次执行结果不完全相同
C)执行结果总是 50
D)执行结果总是 51

39. 属于 Python 图像处理方向的第三方库是(　　)。
A)Scrapy
B)Matplotlib
C)opencv-python
D)wxPython

40. 属于 Python 网络爬虫方向的第三方库是(　　)。
A)requests　B)NLTK　C)PyTorch　D)Pillow

二、基本操作题(共 15 分)

41. 考生文件夹下存在一个文件“PY101.py”,请写代码替换横线,不修改其他代码,实现以下功能。
用户按照列表格式输入数据,将用户输入的列表中属于字符串类型的元素连接成一个字符串,并输出。
示例如下(其中数据仅用于示意)。
输入:

```
[123, "Python", 98, "等级考试"]
```

输出:
Python 等级考试
试题程序:

```
#请在______处使用一行代码或表达式替换
#注意:请不要修改其他已给出的代码
ls = eval(input())
s = ""
for item in ls:
    if ___(1)___ == type("香山"):
        s += ___(2)___
print(s)
```

视频解析

42. 考生文件夹下存在一个文件“PY102. py”,请写代码替换横线,不修改其他代码,实现以下功能。

以 25 为种子,随机生成 1 个 1 ~ 100 的整数,让用户来猜,用户最多只能猜 6 次。接收用户输入的数字,若输入的数字和随机数相同,则输出“恭喜你,猜对了!”,然后程序结束;若输入的数字比随机数小,则输出“小了,再试试”,程序继续;若输入的数字比随机数大,则输出“大了,再试试",程序继续;若 6 次还没猜对,在评判大小后,输出“谢谢! 请休息后再猜”,然后程序退出。

示例如下(其中数据仅用于示意)。

输入:
80
输出:
大了,请再试试
(略)
试题程序:

```
#请在______处使用一行代码或表达式替换
#注意:请不要修改其他已给出的代码
import random
random.seed(25)
n = ___(1)___
for m in range(1,7):
    x = eval(input("请输入猜测数字:"))
    if x == n:
        print("恭喜你,猜对了!")
        break
    elif ___(2)___:
        print("大了,再试试")
    else:
        print("小了,再试试")
    if ___(3)___:
        print("谢谢! 请休息后再猜")
```

视频解析

43. 考生文件夹下存在一个文件“PY103. py”,请写代码替换横线,不修改其他代码,实现以下功能。

让用户输入一个自然数 n,如果 n 为奇数,则输出表达式 $1 + 1/3 + 1/5 + \cdots + 1/n$ 的值;如果 n 为偶数,则输出表达式 $1/2 + 1/4 + 1/6 + \cdots + 1/n$ 的值。输出结果保留 2 位小数。

示例如下(其中数据仅用于示意)。

输入:
4
输出:
0.75
试题程序:

```
# 请在______处使用一行代码或表达式替换
# 注意:请不要修改其他已给出的代码
def f(n):
    ___(1)___
```

```
    if ____(2)____:
        for i in range(1, n+1, 2):
            s +=1/i
    else:
        for i in range(2, n+1, 2):
            s +=1/i
    return s
n = int(input())
print(____(3)____)
```

视频解析

三、简单应用题(共 25 分)

44. 在考生文件夹下有个文件“PY201. py”,请写代码替换横线,不修改其他代码,实现以下功能。

使用 turtle 库绘制 3 个彩色的圆,圆的颜色按顺序从颜色列表 color 中获取,圆的圆心位于(0,0) 坐标处,半径从里至外分别是 10 像素、30 像素、60 像素。

绘制效果如下图所示。

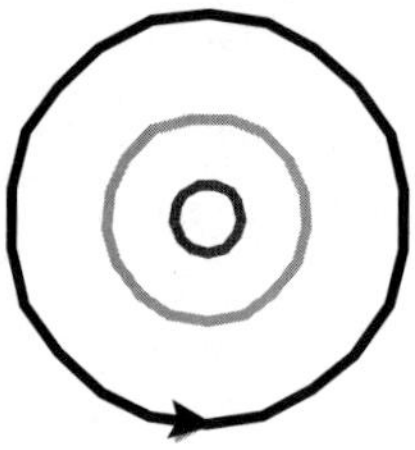

试题程序:

```
# 请在________处使用一行代码或表达式替换
# 注意:请不要修改其他已给出的代码
import turtle as t
color = ['red','green','blue']
rs = [10,30,60]

for i in range(____(1)____):
    t.penup()
    t.goto(0, ____(2)____)
    t. ____(3)____
    t.pencolor(____(4)____)
    t.circle(____(5)____)
t.done()
```

视频解析

45. 在考生文件夹下有个文件“PY202. py”,在省略号处补充代码,完成如下功能。

让用户输入一首诗的文本,内部包含中文逗号和句号。(1) 用 jieba 库的精确模式对输入文本分词,将分词后的词语输出并以“/”分隔;统计中文词语数并输出。(2) 以逗号和句号将输入文本分隔成单句并输出,每句一行,每行 20 个字符宽,居中对齐。在(1) 和(2) 的输出之间,增加一个空行。

示例如下(其中数据仅用于示意)。

输入:

月亮河宽宽的河,一天我从你身旁过,

输出:

月亮/河/宽宽的/河/一天/我/从/你/身旁/过/

中文词语数是:10

　　月亮河宽宽的河

　　一天我从你身旁过

试题程序:

```
#以下代码为提示框架
#请在...处使用一行或多行代码替换,可以修改其他的代码
import jieba
```

```
s = input("请输入一段中文文本,句子之间以逗号或句号分隔:")
…

for i in slist:
    if i in ",。":
        continue
    …

print("\n中文词语数是:{}\n".format(m))

…
```

视频解析

四、综合应用题(共20分)

46. 在考生文件夹下存在3个Python源文件"PY301-1.py""PY301-2.py""PY301-3.py"以及1个素材文件"data.txt"。

"data.txt"是由学生信息构成的数据文件,每行是一个学生的相关信息,包括姓名、班级和分数。姓名和其他信息之间用英文冒号隔开,班级和分数之间用英文逗号隔开,班级由"系名+班级序号"组成,如"计算191"。示例如下。

王一:计算191,340
张二:经济191,450
(略)

问题1:在"PY301-1.py"文件中编写程序,读取"data.txt"文件,输出学生的姓名和分数到文件"studs.txt"中,每行一条记录,姓名和分数用英文冒号隔开,示例如下。

王一:340
李四:450
(略)

问题2:在"PY301-2.py"文件中编写程序,选出分数最高的学生,输出该学生的姓名和分数,中间用英文冒号隔开,示例如下。

李四:450

问题3:在"PY301-3.py"文件中编写程序,计算每个班级的平均分,输出班级和平均分,平均分小数点后保留2位,中间用英文冒号隔开,示例如下。

计算191:447.55
经济191:460.08
(略)

视频解析

第10套　无纸化考试题库试题

一、选择题(每题1分,共40分)

1. 下列叙述中正确的是(　　)。
   A)虚拟存储器属于外存储器
   B)虚拟存储器空间大小取决于CPU的运算速度
   C)虚拟存储器是对主存的扩展
   D)虚拟存储器是对外存的扩展

2. 下面关于多道程序环境的特点描述正确的是(　　)。
   A)程序和计算机执行程序的活动不再一一对应
   B)进程调度负责所有系统资源的分配
   C)各进程被创建的顺序与各进程终止的顺序是一致的
   D)各进程之间不存在相互制约关系

3. 下列叙述中正确的是(　　)。
   A)算法的效率只与问题的规模有关,而与数据的存储结构无关
   B)算法的时间复杂度是指执行算法所需要的计算工作量
   C)数据的逻辑结构与存储结构是一一对应的
   D)算法的时间复杂度与空间复杂度一定相关

4. 设栈的顺序存储空间为 S(1:m)，初始状态为 top = m + 1，则栈中的数据元素个数为(　　)。

A) m - top　　B) top - m　　C) top - m + 1　　D) m - top + 1

5. 在具有 n 个节点的二叉树中，如果各节点值互不相同，但前序遍历序列与中序遍历序列相同，则该二叉树的深度为(根节点在第 1 层)(　　)。

A) $n-1$　　B) $n/2+1$　　C) n　　D) $n+1$

6. 面向对象方法中，继承是指(　　)。

A) 一组对象所具有的相似性质　　B) 一个对象具有另一个对象的性质

C) 各对象之间的共同性质　　D) 类之间共享属性和操作的机制

7. 程序流程图中带有箭头的线段表示的是(　　)。

A) 图元关系　　B) 数据流　　C) 控制流　　D) 调用关系

8. 在数据库管理系统提供的数据语言中，负责数据模式定义的是(　　)。

A) 数据管理语言　　B) 数据定义语言　　C) 数据操纵语言　　D) 数据控制语言

9. 在 E - R 图中，用来表示实体间联系的图形是(　　)。

A) 椭圆形　　B) 矩形　　C) 菱形　　D) 三角形

10. 有 3 个关系 R、S 和 T 如下图所示，则由关系 R 和 S 得到关系 T 的运算是(　　)。

R

A	B	C
a	1	2
b	2	1
c	3	1

S

A	B	C
a	3	2
c	3	1

T

A	B	C
a	1	2
b	2	1
c	3	1
d	3	2

A) 交　　B) 并　　C) 选择　　D) 投影

11. 以下不是 Python 语言特点的是(　　)。

A) Python 的第三方库不是开源的

B) 同一个 Python 程序可以在不同的操作系统上运行

C) Python 具有通用性，可以用于机器学习和 Web 开发领域

D) Python 同时支持面向过程和面向对象两种编程方式

12. 以下关于 Python 代码格式的描述，错误的是(　　)。

A) Python 语言不可以使用保留字作为变量名

B) Python 程序可以用中文字符作为变量名

C) Python 可以用'''符作为开头和结尾定义一行注释

D) Python 程序需要定义 main() 函数作为起始执行函数

13. 以下赋值语句有语法错误的选项是(　　)。

A) a,b = b,c　　B) global = 'aa'

C) s = [3,4,5]
　　s = s. append(2)

D) b = "abc"
　　b += '1'

14. 表达式 type('10') 的值是(　　)。

A) <class 'str'>　　B) <class 'int'>　　C) <class 'float'>　　D) None

15. 执行下列语句，输入"23f"，不会发生异常的选项是(　　)。

A) s = eval(input())　　B) s = int(input())　　C) s = input()　　D) s = float(input())

16. 执行以下代码的输出结果是(　　)。

```
number = 8.2
x = number//2
print(x)
```

A) 4.0　　B) 4.1　　C) 4　　D) Type Error

17. 变量 s = 'python'，表达式 s[::2] 的值是(　　)。

A) yhn　　B) pto　　C) thon　　D) on

18. 执行以下代码的输出结果是(　　)。

```
s = "{:=^11}"
```

```
print(s.format(s))
```

A) {:=^11} = = = =　　B) = {:=^11} =

C) {:=^11}　　D) = = {:=^11} = =

19. 以下关于 if - else 分支结构的描述,错误的选项是(　　)。

```
if <条件>:
    <语句块 1>
else:
    <语句块 2>
```

A)当 <条件> 表达式的值是一个非零整数的时候,会执行 <语句块 1>

B) <语句块 1> 和 <语句块 2> 的缩进要对齐

C) <条件> 表达式可以是任意语句

D)当 <条件> 表达式的值是 True 的时候,会执行 <语句块 1>

20. 关于以下代码的描述,错误的选项是(　　)。

```
R = eval(input("输入实数"))
if (R < 0):
    R = -R
print("绝对值",R)
```

A)如果输入一个正整数,就不会执行 if (R <0)这条语句

B)如果输入一个负数,输出 R 的值是一个正数

C)如果输入一个浮点数,输出 R 的值是一个浮点数

D)如果输入一个"a",执行结果是出现异常

21. 执行以下代码的输出结果是(　　)。

```
ss = "py2thon2"
for s inss:
    if 'a' < = s < = 'z':
        print(s,end = '')
    else:
        break
```

A) thon　　B) py　　C) python　　D) py2thon2

22. 关于下列程序的描述,错误的选项是(　　)。

```
try:
    R = eval(input("输入整数"))
    print(R ** 2)
except :
    print("请输入整数")
```

A)如果输入数据 -2,显示输出 4

B)如果输入数据 3 ,显示输出 9

C)如果输入英文字母 ,显示输出"请输入整数"

D)无论输入整数与否,显示输出 NameError

23. 以下关于循环结构的描述,正确的选项是(　　)。

A)如果事先知道要循环的次数,就只能用 for 循环语句来实现

B)如果 while 循环的条件表达式的值是非 0 整数,循环就会终止

C) while 结构的循环次数可以是无限次

D) fori in range(0,10,2)的循环次数是 10 次

24. 执行以下代码的输出结果是(　　)。

```
defstrdup(st, times =2):
    print(st * times)
strdup('apple ~')
```

A) apple ~　　B) apple ~ apple ~　　C) apple apple　　D) apple ~*2

25. 以下关于 Python 函数的描述,错误的选项是(　　)。

A)函数有可选参数的时候,可选参数在参数里的位置是任意的

B)函数内部定义的数值型变量,不可以在函数之外引用其值

C)函数外部定义的列表型变量,可以在函数内部引用其值
D)函数内部定义的列表型变量,不可以在函数之外引用其值

26. 执行以下代码的输出结果是(　　)。

```
def appendls(la):
    lc = ['hello']
    lc.append(la)
    returnlc
act = appendls(appendls('beijing'))
print(act)
```

A)'hello', ['hello', 'beijing']　　B)['hello', 'beijing']
C)'hello'　　D)['hello', ['hello', 'beijing']]

27. 执行以下代码的输出结果是(　　)。

```
def func(a,b):
    n = []
    n.append(a * b)
    return n
s = func("haha",2)
print(n)
```

A)'hahahaha'　　B)['hahahaha']　　C)NameError　　D)haha

28. 执行以下代码的输出结果是(　　)。

```
x = [32,12,['34',"sun"],14]
print(x[2][-1][0])
```

A)sun　　B)s　　C)3　　D)34

29. 执行以下代码的输出结果是(　　)。

```
L1 = []
L1.append(2)
print(L1, L1.append(2))
```

A)[2] [2, 2]　　B)[2] None　　C)[2, 2] None　　D)[2, 2] [2, 2]

30. 执行以下代码的输出结果是(　　)。

```
ls = [1,2,3,4,5]
lt = [7,8]
ls[1:4] = lt
print(ls)
```

A)[7, 8, 5]　　B)[1, 7, 8, 4, 5]　　C)[1, 7, 8]　　D)[1, 7, 8, 5]

31. 执行以下代码的输出结果是 {2: []},则第一行横线处的代码应该是(　　)。

```
________
ds[2] = []
print(ds)
```

A)ds = []　　B)ds = {}　　C)ds = [2]　　D)ds = {2}

32. 执行以下代码的输出结果是(　　)。

```
ds = {}
print(ds.get(2,[0]),ds)
```

A)[0] {}　　B)[0] {[0]}　　C)[] {0}　　D)[] {[0]}

33. 以下关于文件的描述,正确的选项是(　　)。
A)open()函数的参数不可以只传入文件名
B)open()函数的参数"w+"表示可以对文件进行追加写入
C)f.read()函数读入文件f的全部内容
D)readlines()函数是从文件中读入一行

34. 以下关于数据维度的描述,错误的选项是(　　)。
A)二维数据里的一条一维数据,可以看作表格里的一行
B)可以用集合类型表示高维数据
C)可以用字典类型表示高维数据
D)CSV 格式的数据要用英文半角逗号分隔

35. 以下表达式,能返回列表数据类型的选项是(　　)。

A) s. replace(';', ',')　　B) jieba. cut()

C) s. strip('\n')　　D) jieba. lcut()

36. 关于以下代码的描述,错误的选项是(　　)。

```
f = open("city. csv","r+")
ls = f. read(). strip('\n'). split(",")
f. close()
print(ls)
```

A) 以读写方式打开一个文件,并改写该文件的内容　　B) 将一个文件的内容全部读入到内存

C) ls 变量是列表类型　　D) ls 变量里的内容,不包含","符号

37. 不移动画笔位置的 turtle 库函数是(　　)。

A) circle ()　　B) fd()　　C) seth()　　D) goto()

38. 以下关于 time 库中函数的描述,错误的选项是(　　)。

A) strftime() 函数的返回值是一个格式化字符串

B) 如果要使用 time() 函数,需要先使用如 import time 语句导入 time 库

C) time() 函数可以获取当前时间戳

D) sleep(2) 可以让程序睡眠 2ms,可以起到延时作用

39. Python 机器学习方向的第三方库是(　　)。

A) scikit - learn　　B) matplotlib　　C) scipy　　D) wxpython

40. Python 数据可视化方向的第三方库是(　　)。

A) python - docx　　B) matplotlib　　C) TensorFlow　　D) pillow

二、基本操作题(共 15 分)

41. 考生文件夹下存在一个文件"PY101. py",请写代码替换横线,不修改其他代码,实现以下功能。

获得用户输入的一个长度小于 20 的英文单词,以 20 字符宽居中输出这个单词。第一行输出 20 个"="符号,第二行和第一行宽度一致,左右两边输出"|",单词居中,其他位置用"*"填充。

示例如下。

请输入一个单词: python

输出:

```
====================
|******python******|
```

试题程序:

视频解析

```
#请在______处使用一行代码或表达式替换
#注意:请不要修改其他已给出的代码
f = input("请输入一个单词:")
print("{}".format("____(1)____"))
print("____(2)____".format(f))
```

42. 考生文件夹下存在一个文件"PY102. py"。请写代码替换横线,不修改其他代码,实现以下功能。

获得用户输入的用逗号隔开的若干个整数,将输入的数据求和,并与一个给定的常数 x 相加,显示输出最后的结果。

定义一个函数 vfun(x, b) 计算并返回常数与列表中元素的和,其中参数 x 对应一个常数,参数 b 对应一个列表。在主程序中接收用户输入,调用函数,显示最后的结果。示例如下。

输入:

1,2,3,4,5

输出:

25

试题程序:

视频解析

```
#请在______处使用一行代码或表达式替换
#注意:请不要修改其他已给出的代码
def vfun(x,b):
    ____(1)____:
        x += ____(2)____
    return x
```

```
lc = ____(3)____
print(vfun(10,lc))
```

43. 考生文件夹下存在一个文件“PY103. py”。请写代码替换横线,不修改其他代码,实现以下功能。
从键盘上输入一个字符串,过滤掉其中的数字,将其中的字母变为大写显示输出在屏幕上。
示例如下。
输入:
请输入一个字符串:3Love20
输出:
LOVE
试题程序:

```
#请在________处使用一行代码或表达式替换
#注意:请不要修改其他已给出的代码
ss = input("请输入一个字符串:")
for s in ss:
    if ____(1)____:
        print(____(2)____)
    else:
        ____(3)____
```

视频解析

三、简单应用题(共 25 分)

44. 考生文件夹下存在一个文件“PY201. py”,请写代码替换横线,不修改其他代码,实现以下功能。

使用 turtle 库和 random 库,在屏幕上绘制 4 条起点为(0,200)的波浪线,每条波浪线由 3 对上下相连的圆弧连接而成,半径为 40 个像素,波浪线的颜色从模板代码里给出的颜色列表 color 中随机选择;波浪线起点的角度及绘制的弧度是[30,180]范围内的随机整数。

绘制效果如下图所示。

试题程序:

```
#请在________处使用一行代码或表达式替换
#注意:请不要修改其他已给出的代码
import random as r
import turtle as t
def drawSnake(____(1)____):
    t.penup()
    t.goto(0,200)
    t.pendown()
    t.seth(-1* angl)
    for i in range(length):
        t.circle(____(2)____, angl)
        t.circle(-radius, angl)

length, radius =3, 40
```

视频解析

```
r.seed(1)
color = ['red','blue','purple','black']
for i in range(____(3)____):
    t.pencolor(r.____(4)____(color))
    angl = r.____(5)____(30, 180)
    drawSnake(angl)
t.done()
```

45. 考生文件夹下存在一个 Python 源文件“PY202. py”，请写代码替换省略号，可修改其他代码，实现下面功能。

考生文件夹下有两个素材文件，其中一个是“score202. txt”，文件中是用分号分隔各个学生的信息，且学生的学号、姓名、考分之间用逗号分隔；另一个是“base202. txt”，文件中也是用分号分隔各个学生的信息，且学生的考号、年龄之间用逗号分隔。两个文件中学生的学号是一对一对应的，但学生信息的顺序不一致。读取这两个文件，把同一个考生的年龄信息追加到考分信息的后面，合并成一条新信息，写入第三个文件“stud202. txt”。

示例如下。

“score202. txt”文件中的内容：

100435,张三,98
100431,李四,86
（略）

“base202. txt”文件中的内容：

100435,20
100432,23
（略）

“stud202. txt”文件中的内容：

100435,张三,98,20
100432,王红,80,23
（略）

试题程序：

```
#以下代码为提示框架
#请在...处使用一行或多行代码替换，可以修改其他的代码
fs = open("score202.txt","r",encoding = 'utf - 8')
ls = fs.readline().split(';')
fb = open("base202.txt","r",encoding = 'utf - 8')
lb = fb.readline().split(';')
fo = open("stud202.txt","w")
ds = {}
db = {}
for l in ls:
        …
for l in lb:
        …
fs.close()
fb.close()
fo.close()
```

视频解析

四、综合应用题（共 20 分）

46. 在考生文件夹下存在一个 Python 源文件“PY301. py”和一个素材文件“data. txt”，请写代码替换省略号，可修改其他代码，实现以下功能。

“data. txt”文件中是新书《规模》的书评文章，去除换行符后形成了一个连续字符串，其中包含中文及中文字符，文件内容示例如下。

世间万物既有其存在与发展的内在逻辑，也有其相联、相通的外在逻辑。21 世纪科学所面临的一个重大挑战是，……

问题 1：请编写程序，从“data. txt”文件中提取词语长度大于等于 2 的中文词语，将每种词语长度的中文词语的总数输出显示在屏幕上，换行之后，将这种长度的其中 10 个词语，以空格分隔输出显示在屏幕上。

示例如下(其中数据仅用于示意)。

2 字词有 20 个，其中包括：

世间 万物 既有 存在 发展 内在 ……

3 字词有 27 个，其中包括：

复杂性 物理学 生物学 物理学 生物学 社会学 ……

问题 2:在上一问题的程序基础上,创建一个文件“words. txt”,将每种词语长度的中文词语字符串,以逗号分隔并写入文件,每种词语长度的词构成一行。

示例如下(其中数据仅用于示意)。

世间 万物 既有 ……

复杂性 物理学 生物学 ……

推而广之 计算结果 1000 哺乳动物 生态系统 生活节奏 ……

数以百万计 10000 ……

在屏幕上显示输出这种词语的长度、个数和写入文件的个数。

示例如下。

2 字词有 20 个,写入文件 20 个

3 字词有 27 个,写入文件 27 个

试题程序:

```
#以下代码为提示框架
#请在…处使用一行或多行代码替换,可以修改其他的代码
import jieba as j
ds = {}
fs = open("data.txt","r")
lss = fs.read()
fs.close()
…
    print("{}字词有{}个，其中包括:".format(k,len(ds[k])))
…
fo = open("words.txt","w")
…
print("{0:}字词有{1:}个,写入文件{1:}个:".format(k,________)))

fo.close()
```

视频解析

3.2 参考答案及解析

第1套 参考答案及解析

一、选择题

1. D 【解析】一般把计算机完成一条指令所花费的时间称为一个指令周期。指令周期越短，指令执行就越快。本题选择 D 选项。

2. B 【解析】顺序程序具有顺序性、封闭性和可再现性的特点，使得程序设计者能够控制程序执行的过程(包括执行顺序、执行时间)，对程序执行的中间结果和状态可以预先估计，这样就可以方便地进行程序的测试和调试。顺序程序不具有并发性。并发性是并发程序的特点。本题选择 B 选项。

3. C 【解析】为了降低算法的空间复杂度，主要应减少输入数据所占的存储空间以及额外空间，通常采用压缩存储技术，故 C 选项叙述正确。算法的计算工作量是用算法所执行的基本运算次数来度量的，而算法所执行的基本运算次数是问题规模(通常用整数)表示的函数，故 A 选项叙述错误。算法的复杂度与程序的编制无关，故 B 选项叙述错误。算法需要考虑可行性、确定性、有穷性等，故 D 选项叙述错误。本题选择 C 选项。

4. D 【解析】栈按先进后出的原则组织数据，所以入栈最早的元素最后出栈。队列按先进先出的原则组织数据，所以入队最早的元素最先退队。入栈的顺序为 A,B,C,D，则退栈的顺序为 D,C,B,A；入队的顺序为 E,F,G,H，退队的顺序为 E,F,G,H。本题选择 D 选项。

5. B 【解析】假设叶子节点个数为 n。这棵树的总节点数为度为 3 的节点数 + 度为 2 的节点数 + 度为 1 的节点数 + 度为 0 的节点数，即 $3+0+4+n$。再根据树的性质：树的总的节点数为树中所有节点的度数之和再加 1，则总节点数为 $3\times3+2\times0+1\times4+0\times n+1$。$3\times3+1\times4+1=3+4+n$，则 $n=7$，叶子节点数为 7。本题选择 B 选项。

6. C 【解析】结构化程序设计的目的：通过设计结构良好的程序，以程序静态的、良好的结构保证程序动态执行的正确性，使程序易理解、易调试、易维护，以提高软件开发的效率，降低出错率，因此结构化程序强调程序的易读性。本题选择 C 选项。

7. A 【解析】系统软件是管理计算机的资源、提高计算机的使用效率、为用户提供各种服务的软件，如操作系统、数据库管理系统、编译程序、汇编程序和网络软件等，B、C 和 D 选项均属于系统软件。应用软件是为了应用于特定的领域而开发的软件，A 属于应用软件。本题选择 A 选项。

8. A 【解析】数据库管理技术的 3 个阶段是人工管理阶段、文件系统阶段和数据库系统阶段。人工管理阶段没有专门的软件对数据进行管理。本题选择 A 选项。

9. C 【解析】在实体联系模型中，实体是客观存在并且可以相互区别的事物。在学生选修课程活动中，学生和课程是客观存在并且可以相互区别的事物，课程号是课程的属性，学号是学生的属性，成绩是学生和课程联系的属性。本题选择 C 选项。

10. B 【解析】在关系 SC 中，想要唯一确定一行，需要学号“S#”和课程号“C#”。不管该课程的授课老师是谁，只要知道了学号和课程号，就能确定关系中的其他属性。因此，该关系的键是“S#”和“C#”。本题选择 B 选项。

11. C 【解析】在 Python 中，变量的命名规则：以字母或下划线开头，后面跟字母、下划线及数字；不能以数字开头。本题选择 C 选项。

12. D 【解析】缩进是指在逻辑行首的空白(空格符或制表符)，用来决定逻辑行的缩进层次，从而决定语句的分组。这意味着同一层次的语句必须有相同的缩进，不是同一层次的语句不需要有相同的缩进。所以，不是所有代码行前都要加空格符。本题选择 D 选项。

13. B 【解析】在 Python 中，len()函数用来输出字符串长度。x = 'R\0S\0T'，分别有 R、\0、S、\0 及 T 这 5 个字符，所以 len(x) = 5，print(len(x))是将 5 输出。这里要注意，len()函数遇见\0 不结束，\0 是一个转义字符。本题选择 B 选项。

14. D 【解析】Python 是一种解释型脚本语言，一边解释一边运行。Python 主要应用于 Web 开发、爬虫开发、科学计算、高性能服务器后端、开发界面程序等领域。QT 也提供了对 Python 的支持，因为 Python 的开源库中包括对 C/C++ lib 库的调用。本题选择 D 选项。

15. C 【解析】在 Python 中，算术运算符“//”表示整数除法，返回不大于结果的一个最大的整数；“/”表示浮点数除法，返回浮点数结果。所以依次计算 5 * 8 = 40，40 - 14 = 26，26 * 3 = 78，78//6 = 13，12 + 13 = 25。本题选择 C 选项。

16. A 【解析】在 Python 中，break 用于结束循环，continue 用于结束当前循环并进入下一个循环。本题选择 A 选项。

17. A 【解析】Python 中的循环结构语句有 for 语句和 while 语句。if 是选择结构语句。本题选择 A 选项。

18. B 【解析】由题目代码可知，先使用 import 导入 turtle 库，再使用 for 循环依次将 1 ~ 6 赋值给变量 i，i 依次为 1、2、3、4、5、6，fd( ) 是画笔当前的前进方向，left( ) 是画笔的移动角度，故绘制出来的是六边形。本题选择 B 选项。

19. C 【解析】条件 4 <=5 <=6 是成立的，故输出 True。本题选择 C 选项。

20. C 【解析】for 循环依次将 1 ~5 赋值给变量 i，i 依次为 1、2、3、4、5。当 i%4 = =0 时，结束本次循环并进入下一循环；反之输出 i 的值，故输出 1、2、3、5。本题选择 C 选项。

21. D 【解析】在 Python 中，return 语句用来结束函数并将程序返回函数被调用的位置继续执行。return 语句可以出现在函数中的任何部分，可以同时将 0 个、1 个或多个函数运算结果返回给函数被调用处的变量。函数也可以没有 return 语句，此时函数没有返回值。题目中，return 语句返回的是值而不是表达式，故程序无输出。本题选择 D 选项。

22. B 【解析】函数是指将一组语句的集合，通过一个名字（函数名）封装起来，要想执行这个函数，只需要调用其函数名即可。函数主要的作用是提高应用的模块性和代码的重复利用率，故 C 选项错误。return 语句可以出现在函数中的任何部分，故 A 选项错误。在 Python 中，函数可以定义在分支或循环语句的内部，故 D 选项错误。Python 通过关键字 def 定义函数，语法格式如下：

def <函数名>(<非可选参数列表>, <可选参数> = <默认值>):

　　<函数体>

　　return <返回值列表>

可选参数一般放置在非可选参数的后面。本题选择 B 选项。

23. D 【解析】将实参 42 传递给函数形参变量 age，之后进入多分支结构，依次判断，因为 30 <42 <60，故执行 else 后面的语句，即输出“作为一个老师，你很有爱心”。本题选择 D 选项。

24. B 【解析】将实参 7 传递给函数形参变量 n，之后进入多分支结构，依次判断后，执行 else 后面的语句。for 语句为 for i in range(2,7)，i 从 2 依次变化到 6，循环 5 次，将 L[-1] + L[-2] 的值通过 append( ) 方法添加到列表 L 中。

当 i =2 时，L[-1] + L[-2] =5 +1 =6，将 6 添加到列表 L 中，此时 L = [1,5,6]；

当 i =3 时，L[-1] + L[-2] =6 +5 =11，将 11 添加到列表 L 中，此时 L = [1,5,6,11]；

当 i =4 时，L[-1] + L[-2] =11 +6 =17，将 17 添加到列表 L 中，此时 L = [1,5,6,11,17]；

当 i =5 时，L[-1] + L[-2] =17 +11 =28，将 28 添加到列表 L 中，此时 L = [1,5,6,11,17,28]；

当 i =6 时，L[-1] + L[-2] =28 +17 =45，将 45 添加到列表 L 中，此时 L = [1,5,6,11,17,28,45]。

最后 L[-2]%L[-1] =28%45 =28，故程序输出 28。本题选择 B 选项。

25. A 【解析】在 Python 中，return 语句用来结束函数并将程序返回函数被调用的位置继续执行。return 语句可以出现在函数中的任何部分，可以同时将 0 个、1 个或多个函数运算结果返回给函数被调用处的变量。函数可以没有 return 语句，此时函数没有返回值。当函数使用 return 语句返回多个值时，这些值形成了一个元组数据类型，由圆括号和逗号分隔，如(a,b,c)，可以使用一个变量或多个变量保存结果。本题选择 A 选项。

26. B 【解析】将实参 age =43、famlyName = "赵" 分别赋给形参 age 和 famlyName，之后进入多分支结构进行判断。因为 40 < age =43 <50，执行第一个 elif 后面的语句，用加号进行字符串连接，故输出“您好！ 赵阿姨”。本题选择 B 选项。

27. D 【解析】列表索引从 0 开始，所以 ls[2][1] 指的是列表中索引为 2 的元素 [[4,5,'ABC'],6] 中索引为 1 的元素 6，所以输出结果是 6。本题选择 D 选项。

28. C 【解析】要向列表中添加元素，可以使用 append( ) 方法，添加的元素的类型可以不同，如可以是数字、字符串、列表等类型。需要注意的是，append( ) 方法不能同时添加多个元素。本题选择 C 选项。

29. B 【解析】在 Python 中，字典是存储可变数量键值对的数据结构，通过字典类型实现映射。字典使用花括号({ })创建，每个元素是一个键值对，语法格式为：{ <键 1> : <值 1> , <键 2> : <值 2> , …, <键 *n*> : <值 *n*> }，其中，键和值通过冒号连接，不同键值对通过逗号隔开。字典具有和集合类似的性质，即键值对之间没有顺序且不能重复。本题中，d[键] 用来获取键对应的值，d. get(key,defart) 方法用来返回 key 对应的值。如果字典中不存在该键，则返回默认值。本题选择 B 选项。

30. A 【解析】序列类型是一维元素向量，元素间存在先后关系，通过索引访问，故 A 选项正确。Python 的很多数据类型是序列类型，其中比较重要的是字符串类型、列表类型及元组类型。字典是存储可变数量键值对的数据结构，通过字典类型实现映射，所以字典是映射类型，不是序列类型。故 B、D 两项错误。表示多个数据的类型被称为组合数据类型，故 C 选项错误。本题选择 A 选项。

31. D 【解析】ord( ) 函数是把字符转换成对应的 ASCII 值，chr( ) 函数是 ord( ) 函数的逆运算，把 ASCII 值转换成对应的字符输出，所以 ord("A") 为 65。

第一个 for 循环的作用是生成键值对存储在字典变量 d 中。当 i =0 时，d[A] = N；当 i =1 时，d[B] = O……当 i =13 时，d[N] = A，后面的键值对与前面的键值对互换位置，如当 i =14 时，d[O] = B；当 i =15 时，d

[P] = C 。依次循环赋值,直到 i = 25 时结束 for 循环。

第二个 for 循环的作用是输出字典的值,get(key,default = None)函数有两个参数:第一个参数是字典的键;第二个参数是默认值,作用是返回字典中 key 对应的值。如果 key 不存在,则返回默认值,如 d = {"A":"N","O":"B","Z":"M"},d.get("A","C")返回的是 N。当 c = "P"时,在字典中遍历查找是否存在键为“P”的值。存在这样的键,所以返回 C。for 循环继续遍历剩下的字符,如果在字典中找不到对应的键,则返回默认值,所以输出结果为 Cython。本题选择 D 选项。

32. D 【解析】在 Python 中,writelines()方法是将一个所有元素为字符串的列表整体写入文件;write()方法是向文件写入一个字符串或字节流,每次写入后,会记录一个写入指针。在将二维列表对象输出为 CSV 文件时,可以采用遍历循环结合字符串的 join()方法来实现,例如:

```
#ls 代表二维列表,此处省略
f = open("cpi.csv","w")
for row in ls:
    f.write(",".join(row) + "\n")
f.close()
```

本题选择 D 选项。

33. D 【解析】文件是存储在外存上的一组数据序列,可以包含任何数据内容,故 A 选项正确。可以使用 open()函数打开文件,close()方法关闭文件,故 B 选项正确。在 Python 中,文件的读取方法(f 代表文件变量)如下。

f.read():从文件中读取全部内容。

f.readline():从文件中读取一行内容。

f.readlines():从文件中读取所有行,以每行内容为元素形成一个列表。

f.seek():改变当前文件操作指针的位置。

综上,C 选项正确,D 选项错误。本题选择 D 选项。

34. B 【解析】使用 open()函数打开文件时,省略打开方式会默认以只读方式打开;文件打开后,可以使用 seek()方法对文件内容的读写位置进行控制。write()方法只是向文件写入一个字符串或字节流。如果没有采用 close()方法关闭文件,有可能会导致数据丢失。Python程序退出时,文件一般会自动关闭。本题选择 B 选项。

35. C 【解析】Python 文件的读取方法有 f.read()、f.readline()、f.readlines()、f.seek(),Python 文件的写入方法有 f.write()、f.writelines()。本题选择 C 选项。

36. A 【解析】一维数据采用线性方式组织,在 Python 中主要采用列表表示,集合不属于线性结构。二维数据采用二维列表方式组织,在 Python 中可以采用二维列表表示。高维数据由键值对类型的数据构成,采用对象方式组织,在 Python 中可以采用字典类型表示。本题选择 A 选项。

37. C 【解析】open()函数用来打开一个文件,并返回可以操作这个文件的变量。open()函数有两个参数:文件名和打开模式。本题只是打开了文件,并没有对文件进行操作,因此不会输出文件的内容。print(f)语句输出的是变量 f 代表的文件的相关信息:<_io.TextIOWrapper name = 'exam.txt' mode = 'r' encoding = 'cp936'>。

若想输出文件的内容,需要把文件的内容读入,如 f1 = f.read()。本题选择 C 选项。

38. C 【解析】PyQt(QT 开发库)、PyGObject 及 PyGTK(GTK + 库)均是 Python 开发用户界面的第三方库。time 库是 Python 提供的处理时间标准库。本题选择 C 选项。

39. B 【解析】属于 Python 数据分析及可视化的第三方库的有 seaborn、NumPy、SciPy、pandas、Matplotlib、TVTK、Mayavi(也称 Mayavi2)等。random 库是 Python 用于产生各种分布的伪随机数序列的库。本题选择 B 选项。

40. D 【解析】属于 Web 开发的 Python 第三方库有 Django、Pyramid、Flask 等。Pygame 属于游戏开发方向的第三方库,SciPy 属于数据分析方向的第三方库,PDFMiner 属于文本处理方向的第三方库。本题选择 D 选项。

二、基本操作题

41.**【参考答案】**

```
s = input("请输入一个字符串:")
print("{:*^30}".format(s))
```

【解题思路】

本题主要考查 Python 字符串的格式化方法。字符串的 format()格式化方法的语法格式为**<模板字符串>.format(<逗号分隔的参数>)**。题目要求的输出格式为居中对齐、30 个字符、星号填充,故横线处应填入“:*^30”。

42.**【参考答案】**

```
a, b = 0, 1
while a <= 50:
    print(a, end = ',')
    a, b = b, a + b
```

【解题思路】

斐波那契数列又称为黄金分割数列，这个数列从第 3 项开始，每一项都等于前两项之和。在 Python 中，可以使用序列赋值方法给多个变量赋值，变量之间使用逗号隔开。由题目要求可知，不大于 50 是控制循环的条件。因此第 1 空应填入“a <= 50”，第 2 空应填入“b, a + b”。

43.【参考答案】

```
import jieba
txt = input("请输入一段中文文本:")
ls = jieba.lcut(txt)
for i in ls[::-1]:
    print(i,end = "")
```

【解题思路】

本题使用 jieba 库对输入的字符串进行分割，然后按照原话逆序输出。jieba 库是 Python 的第三方库，需要导入之后才可以使用。jieba 库提供了 3 种分词模式：精确模式、全模式及搜索引擎模式。其中精确模式分词的词语拼接没有冗余。精确模式对字符串进行分词操作的函数为 jieba.lcut(s)，该函数返回值是一个列表且列表中每一个元素都是一个中文词语。最后，把返回的列表中的内容使用切片的方法，将其逆序输出。因此第 1 空应填入“ls = jieba.lcut(txt)”，第 2 空应填入“print(i,end = "")”。

三、简单应用题

44.【参考答案】

```
import turtle
for i in range(3):
    turtle.seth(i * 120)
    turtle.fd(100)
```

【解题思路】

本题考查用 Python 标准库——turtle 库（海龟库）绘制简单的等边三角形。因为绘制 3 条边，所以循环执行 3 次，因此第 1空应填入“3”。由于题目要求使用 seth() 函数，因此需要在绘制每条边时计算绝对绘制方向，可以利用循环变量 i 计算 3 个边的绝对角度，因此第 2 空应填入“i * 120”。最后通过海龟移动绘制 3 条边，因此第 3 空应填入“turtle.fd”。

45.【参考答案】

```
txt = input("请输入类型序列:")
fo = open("PY202.txt","w")
fruits = txt.split(" ")
d = {}
for fruit in fruits:
    d[fruit] = d.get(fruit,0) + 1
ls = list(d.items())
ls.sort(key = lambda x:x[1], reverse = True) # 按照数量排序
for k in ls:
    fo.write("{}:{}".format(k[0], k[1]))
fo.close()
```

【解题思路】

字典类型非常适合解决统计元素个数问题，即构成“元素:次数”的键值对。因此，可以把输入的数据构造成一个字典进行存储。

创建字典变量 d，可以利用“d[键] = 值”方式为字典增加新的键值对变量。对元素进行统计的常用语句如下：

```
d[fruit] = d.get(fruit,0) + 1
```

其作用是增加元素 fruit 出现的次数。get() 方法用于获得字典中 fruit 作为键对应的值，即 fruit 出现的次数。如果 fruit 不存在，则返回 0；如果 fruit 存在，则返回对应的值。

由于题目要求按照数量的多少进行排序输出，因此，需要把字典类型转换为列表类型。使用字典的 items() 函数返回包含所有键值对的项，使用 list() 函数把取出的内容重新构造成一个列表。列表中的每个元素都是一个键值对形式的元组。最后，使用 sort() 方法把每个元组中索引为 1 的元素进行降序排列并输出。

四、综合应用题

46.(1)【问题 1 参考答案】

```
fi = open("小女孩.txt","r")
```

```
fo = open("PY301-1.txt","w")
txt = fi.read()
d = {}
exclude = ",。!?、()【】<>《》=:+-*—“”…"
for word in txt:
    if word in exclude:
        continue
    else:
        d[word] = d.get(word,0) +1
ls = list(d.items())
ls.sort(key = lambda x:x[1],reverse = True)
fo.write("{}:{}".format(ls[0][0],ls[0][1]))
fo.close()
```

(2)【问题 2 参考答案】

```
fi = open("小女孩.txt","r")
fo = open("PY301-2.txt","w")
txt = fi.read()
d = {}
for word in txt:
    d[word] = d.get(word,0) + 1
del d["\n"]
ls = list(d.items())
ls.sort(key = lambda x:x[1], reverse = True) # 此行可以按照字符频次由高到低排序
for i in range(10):
    fo.write(ls[i][0])
fi.close()
fo.close()
```

(3)【问题 3 参考答案】

```
fi = open("小女孩.txt","r")
fo = open("小女孩-频次排序.txt","w")
txt = fi.read()
d = {}
for word in txt:
    d[word] = d.get(word,0) +1
del d[" "]
del d["\n"]
ls = list(d.items())
ls.sort(key = lambda x:x[1], reverse = True) # 此行可以按照字符频次由高到低排序
for i in range(len(ls)):
    ls[i] = "{}:{}".format(ls[i][0],ls[i][1])
fo.write(",".join(ls))
fi.close()
fo.close()
```

【解题思路】

(1)首先使用 open()函数打开“小女孩.txt”文件,把文件的内容通过 read()方法保存到变量 txt 中;定义一个字符串变量 exclude,用于存放标点符号。然后用 for 循环遍历 txt 中的每个字符(word),并使用 if 条件进行判断,若该字符在变量 exclude 中,说明该字符为标点符号,跳出该循环;否则将该字符作为字典 d 中的一个键,该键所对应的值初始化为 1。在后面的循环中,只要遍历的字符与该键相同,就将该键对应的值加 1。

ls = list(d.items())表示将字典类型变成列表类型,字典中的每个键值对对应列表中的一个元组。随后,对列表 ls 进行排序。使用 sort()方法,其参数 key = lambda x:x[1]中的 lambda 是匿名函数,是固定写法,不能写成别的单词;x 表示列表中的一个元素,在这里表示一个元组(x 只是临时起的名字,也可以使用任意的名字);x[1]表示以元组中第二个元素排序。sort()方法的第二个参数表示是按哪种方式排序,若 reverse = True,表示按降序排序;若 reverse = False 或省略,表示按升序排序。

排序后，列表 ls 中第一个元组为频次最大的中文字符和频次，ls[0][0]表示该字符，ls[0][1]表示其频次，将这两个元素通过冒号连接写入“PY301 - 1. txt”文件中。

(2)问题 2 和问题 1 的区别在于统计的字符包含标点符号，因此不需要设置字符串变量 exclude 和使用 if 条件语句进行判断。题目要求不包含回车符，因此需要使用 del 删除字典 d 中键为\n 的元素。最后要无间隔地输出前 10 个频次最大的字符，因此需要对排好序的列表 ls 进行 for 循环遍历，找到前 10 个元组的第一个元素，并将其直接写入“PY301 - 2. txt”文件中。

(3)问题 3 和问题 2 的区别在于统计的字符中不能包含空格符，因此需要使用 del 删除字典 d 中键为空格符的元素。最后要将所有字符及其频次输出，因此需要对排好序的列表 ls 进行 for 循环遍历，遍历列表中的每个元组，并将元组中的两个元素通过冒号连接，再用逗号分隔每个字符后写入“小女孩-频次排序. txt”文件中。

第 2 套　参考答案及解析

一、选择题

1. A 【解析】外存储器的容量一般都比较大，而且大部分可以移动，便于在不同计算机之间进行信息交流。外存储器中数据被读入内存储器后，才能被 CPU 读取，CPU 不能直接访问外存储器。本题选择 A 选项。

2. D 【解析】进程是指一个具有一定独立功能的程序关于某个数据集合的一次运行活动。简单地说，进程是可以并发执行的程序的执行过程，它是控制程序管理下的基本的多道程序单位。本题选择 D 选项。

3. A 【解析】循环队列是队列的一种顺序存储结构，用队尾指针 rear 指向队列中的队尾元素，用队头指针 front 指向队头元素的前一个位置。因此，从队头指针 front 指向的后一个位置直到队尾指针 rear 指向的位置之间的所有元素均为队列中的元素。在循环队列中，队头指针可以大于队尾指针，也可以小于队尾指针。本题选择 A 选项。

4. D 【解析】栈按先进后出的原则组织数据，所以入栈最早的元素最后出栈；队列按先进先出的原则组织数据，所以入队最早的元素最先退队。将元素 A,B,C,D,E,F,G,H 依次轮流入栈和入队，则入栈的顺序为 A,C,E,G，入队的顺序为 B,D,F,H。然后依次轮流出栈和退队，如 G 先出栈，接着 B 退队，以此类推，出栈的顺序为 G,E,C,A，退队的顺序为 B,D,F,H，故输出顺序为 G,B,E,D,C,F,A,H。本题选择 D 选项。

5. A 【解析】二叉树遍历可以分为 3 种：前序遍历（访问根节点在访问左子树和访问右子树之前）、中序遍历（访问根节点在访问左子树和访问右子树两者之间）、后序遍历（访问根节点在访问左子树和访问右子树之后），并且在遍历左右子树时也遵循同样的规则。本题中二叉树的前序序列为 ABDEGHCFIJ，可确定根节点为 A，按层次输出（从上到下，同一层从左到右）时访问的第一个节点也应该是 A，所以可排除 B、C 和 D 三个选项。本题选择 A 选项。

6. C 【解析】结构化程序的基本控制结构有顺序结构、选择（分支）结构和重复（循环）结构。本题选择 C 选项。

7. D 【解析】计算机软件是由程序、数据及相关文档构成的完整集合，它与计算机硬件一起组成计算机系统。本题选择 D 选项。

8. D 【解析】数据库是存放数据的仓库，只不过数据库存放数据是按数据所提供的数据模式（数据之间的联系）存放的。本题选择 D 选项。

9. A 【解析】关系模式采用二维表来表示关系，简称表。本题选择 A 选项。

10. B 【解析】属性 D 是关系 B 的主键，但在关系 A 中不是主键，因此属性 D 在关系 A 中是外键。本题选择 B 选项。

11. C 【解析】关键字是编程语言内部定义并保留使用的标识符。Python 3.x 有 35 个关键字，分别为 and、as、assert、async、await、break、class、continue、def、del、elif、else、except、False、finally、for、from、global、if、import、in、is、lambda、None、nonlocal、not、or、pass、raise、return、True、try、while、with、yield。本题选择 C 选项。

12. D 【解析】//是整除运算，%是求余运算。依次计算，3 ** 2 = 9，9 * 4 = 36，36//6 = 6，6%7 = 6。本题选择 D 选项。

13. B 【解析】Python 字符串采用[N:M]格式进行切片，获取字符串从索引 N 到 M 的子字符串（包含 N，不包含 M）。本题选择 B 选项。

14. A 【解析】Python 提供 3 种基本的数字类型：整数类型、浮点数类型、复数类型，分别对应数学中的整数、实数及复数。本题选择 A 选项。

15. B 【解析】高级语言根据计算机中的执行机制的不同可分为两类：静态语言和脚本语言。静态语言采用编译方式执行，脚本语言采用解释方式执行。例如，C 语言是静态语言，Python 是脚本语言。编译是将源代码转换成目标代码的过程。解释是将源代码转换成目标代码同时运行目标代码的过程。本题选择 B 选项。

16. C 【解析】Python 在 3 种基本控制逻辑[顺序结构、选择结构（也称分支结构）、循环结构]上进行了适当的扩展。在分支结构的基础上，Python 增加了异常处理，使用 try-except 关键字。本题选择 C 选项。

17. C 【解析】Python 的单分支结构使用 if 关键字对条件进行判断，语法格式如下。

if <条件>:

<语句块>

Python 的二分支结构使用 if - else 关键字对条件进行判断，语法格式如下。

if <条件>:

<语句块 1>

else:

<语句块 2>

Python 的多分支结构使用 if-elif-else 关键字对多个相关条件进行判断，并根据不同条件的结果按照顺序选择执行路径，语法格式如下。

if <条件 1>:

<语句块 1>

elif <条件 2>:

<语句块 2>

else:

<语句块 3>

本题选择 C 选项。

18. C 【解析】该程序最外层是 while 循环，while 循环的条件是 True，由此可知 while 内的语句会无限循环。input()函数的作用是获取用户用键盘输入的内容并以字符串类型返回。eval()函数的作用是把字符串转换成Python可用的语言。if 语句的作用是控制程序是否继续循环，判断条件中的 0x452 是十六进制数，对 2 整除的结果是 553，如果用户输入的数据是 553，则将结果输出并终止循环；如果用户输入其他数据，程序会一直要求用户输入，直到输入正确的数据才会终止循环。本题选择 C 选项。

19. B 【解析】for 循环将字符串 grandfather 中的字符依次赋给变量 s，当 s == "d" 或 s == "h" 时，结束本次循环，不执行 print(s,end = '')；反之，则执行 print(s,end = '')。故输出结果为 granfater。本题选择 B 选项。

20. A 【解析】Python 中循环包括两种：遍历循环和无限循环。遍历循环使用关键字 for 依次提取遍历结构元素进行处理；无限循环使用关键字 while 根据判断条件执行程序。如果 while 中判断条件可以执行一次或两次，while 中的语句块也就执行一次或两次，故 A 选项错误。循环结构有两个辅助循环控制关键字：break 和 continue。break 用来跳出最内层 for 或 while 循环，脱离该循环后程序从循环后的代码继续执行；continue 用来结束当前当次循环，即跳出循环体中尚未执行的语句，但跳不出当前循环。二者的区别是：continue 语句只结束本次循环，不终止整个循环的执行，而 break 语句具备结束循环的能力，故 C、D 选项正确。所有的 for 分支都可以用 while 循环改写，故 B 选项正确。本题选择 A 选项。

21. B 【解析】函数是指将一组语句的集合通过一个名字（函数名）封装起来，要想执行这个函数，只需要调用其函数名即可。函数能提高应用的模块性和代码的重复利用率。本题选择 B 选项。

22. B 【解析】在 Python 中，用关键字 class 来定义类。本题选择 B 选项。

23. C 【解析】在 Python 中，return 语句用来结束函数并将程序返回函数被调用的位置继续执行。return 语句可以出现在函数中的任何部分，可以同时将 0 个、1 个或多个函数运算结果返回给函数被调用处的变量。函数可以没有 return 语句，此时函数不返回值。本题选择 C 选项。

24. D 【解析】Python 是一种脚本解释语言，与 C/C ++ 和 Java 有很大的区别，其没有内置的 main() 函数。当运行单个 Python 文件时，如文件名为"a. py"，则 a 的属性__name__ == '__main__'，并不是先执行 main() 函数。Python 程序自顶向下顺序执行。本题选择 D 选项。

25. C 【解析】for 循环将字符串 PythonNCRE 的字符依次赋给变量 s，当 s == "N" 时，跳出 for 循环，故输出为 Python。本题选择 C 选项。

26. D 【解析】input() 函数用来从控制台获得用户的一行输入。无论用户输入什么内容，input() 函数都以字符串类型返回结果。当用户输入 2 时，n = '2'，这是字符 2，不是数字，不能进行数值运算，故程序会执行 except 后面的语句，输出"程序执行错误"。本题选择 D 选项。

27. A 【解析】常用的组合数据类型有 3 类，分别是集合类型、序列类型及映射类型。其中序列类型包括字符串类型、列表类型及元组类型。字典类型属于映射类型。本题选择 A 选项。

28. B 【解析】用方括号([ ])表示列表类型，也可以通过 list() 函数将集合或字符串类型转换成列表类型。题目代码生成列表 lis = [0,1,2,3]，最后通过 print() 函数输出。本题选择 B 选项。

29. B 【解析】ls. remove(x) 是删除列表 ls 中出现的第一个元素 x，而不是删除列表 ls 中所有的 x 元素。本题选择 B 选项。

30. C 【解析】在 Python 中，字典使用花括号({})创建，是存储可变数量键值对的数据结构，每个元素是一个键值对，具有和集合类似的性质，即键值对之间没有顺序且不能重复。通过字典类型实现映射，键必须是唯一的，且必须是不可变数据类型;值可以是任何数据类型,故 A、D 选项错误。B 选项中,值 as 和 sf 没有引号,应被识别为变量。但 as 属于 Python 内部定义并保留使用的变量名,不能被创建为变量,故 B 选项错误。本题选择 C 选项。

31. A 【解析】在 Python 中,假设列表名为 ls,列表操作函数有如下几种。

len(ls):返回列表 ls 的元素个数(长度)。

min(ls):返回列表 ls 的最小元素。

max(ls):返回列表 ls 的最大元素。

list(x):将 x 转变为列表类型。

使用 min(ls)和 max(ls)的前提是列表中各元素类型可以进行比较。如果列表元素不能比较,使用这两个函数将会报错。本题选择 A 选项。

32. D 【解析】外层 for 第 1 次循环将字符“想”赋给变量 m,内层 for 第 1 次循环将“家”赋给变量 n,再利用列表的 append()方法将 m + n 连接后的字符“想家”加入列表 ls;内层 for 第 2 次循环将“人”赋给变量 n,再利用列表的 append()方法将 m + n 连接后的字符“想人”加入列表 ls。外层 for 第 2 次循环将字符“念”赋给变量 m,内层 for 第 1 次循环将字符“家”赋给变量 n,再利用列表的 append()方法将 m + n 连接后的字符“念家”加入列表 ls;内层 for 第 2 次循环将字符“人”赋给变量 n,再利用列表的append()方法将 m + n 连接后的字符“念人”加入列表 ls。最后列表 ls = ['想家','想人','念家','念人'],执行 print(ls)语句输出 ls。本题选择 D 选项。

33. B 【解析】在 Python 中,假设 f 代表文件变量,文件的读取方法有如下几种。

f. read():从文件中读入整个文件的内容。

f. readline():从文件中读入一行内容。

f. readlines():从文件中读入所有行,以每行为元素形成一个列表。

f. seek():改变当前文件操作指针的位置。

本题选择 B 选项。

34. C 【解析】open()函数用来打开一个文件,并返回可以操作这个文件的变量。open()函数有两个参数:文件名和打开模式。本题只是打开了文件,并没有对文件进行操作,因此不会输出文件的内容。print(txt)语句输出的是变量 txt 代表的文件的相关信息:<_io. TextIOWrapper name = 'family. txt' mode = 'r' encoding = 'cp936'>。若想要输出文件的内容,需要把文件的内容读入,如 txt1 = txt. read()。本题选择 C 选项。

35. A 【解析】在 Python 中,split()方法通过指定分隔符对字符串进行切片,返回分隔后的字符串列表。用 split(",")方法从 CSV 文件中获取内容时,无法去除换行符。'水晶葡萄\n 奶油富士'作为一个列表元素出现,所以 ls = ['哈密瓜','香瓜','无籽西瓜','水晶葡萄\n 奶油富士','火龙果','百香果'],最后输出列表。本题选择 A 选项。

36. B 【解析】文件打开模式中 w 表示覆盖写模式。若文件不存在,则创建新文件;若文件存在,则完全覆盖原文件。文件写入方法中,writelines()表示直接将列表类型的各元素连接起来写入文件中。题目代码就是将列表 ls 中的内容全部写入文件中。本题选择 B 选项。

37. C 【解析】open()函数用来打开一个文件,并返回一个操作这个文件的变量,其语法格式为 **<变量名> = open(<文件路径及文件名>,<打开模式>)**。本题选择 C 选项。

38. A 【解析】NumPy 是一种开源数值计算扩展的第三方库,用于处理数据类型相同的多维数组。NumPy 可以用来存储和处理大型矩阵,提供了许多高级的数组编程工具,如矩阵运算、矢量处理、*N* 维数据变换等。本题选择 A 选项。

39. D 【解析】PIL 库是 Python 在图像处理方面的第三方库,支持图像存储、处理及显示。它能够处理几乎所有的图片格式,可以完成对图像的缩放、剪裁、叠加以及为图像添加线条、图像及文字等操作。使用Python处理与图像相关的程序,首选 PIL 库。本题选择 D 选项。

40. B 【解析】在 Python 中,属于 Web 开发的第三方库有 Django 库、Pyramid 库及 Flask 库。本题选择 B 选项。

二、基本操作题

41.【参考答案】

```
import random
brandlist = ['三星','苹果','vivo','OPPO','魅族']
random.seed(0)
name = brandlist[random.randint(0,4)]
print(name)
```

【解题思路】

本题要求随机输出列表中的一个手机名称,需要用到 Python 的标准库 random,因此第 1 空应填入“random”。random. seed(0)的作用是设置初始化随机数种子,设置种子的好处是可以重复再现相同的随机数序列。输出列表中的元素可以使用索引的方法,由已有代码可知,列表中共有 5 个元素,所以元素的索引为 0 ~ 4,需要用到 random 库的 randint()方法。random. randint(a,b)的作用是生成一个范围为[a,b]的随机整数。因此第 2 空应填入“name = brandlist[random. randint(0,4)]”。

42.【参考答案】

```
import jieba
s = input("请输入一个字符串")
n = len(s)
m = len(jieba.lcut(s))
print("中文字符数为{},中文词语数为{}。".format(n, m))
```

【解题思路】

本题要求使用 jieba 库,统计输入的字符串的长度以及中文词语数。给定的字符串 s 中仅包含中文字符和中文标点符号,因此可以直接使用 len()函数统计字符数量,故第 1 空应填入“len(s)”。再使用 jieba 库的 lcut(s)方法,返回一个以中文词语为元素的列表类型,然后使用 len()获得列表的长度,即中文词语数量。因此第 2 空应填入“len(jieba.lcut(s))”。

43.【参考答案】

```
n = eval(input("请输入数量:"))
if n == 1:
    cost = 150
elif n >= 2 and n <= 3:
    cost = int(n * 150 * 0.9)
elif n >= 4 and n <= 9:
    cost = int(n * 150 * 0.8)
elif n >= 10:
    cost = int(n * 150 * 0.7)
print("总额为:",cost)
```

【解题思路】

本题考查 Python 的多分支结构。总额 = 购买件数 × 每件的价钱 × 购买折扣。当条件满足时,执行相应条件后面的语句,其他条件的语句无法执行。题目要求结果输出整数,需使用 int()函数对所得总额进行四舍五入。

三、简单应用题

44.【参考答案】

```
from turtle import *
for i in range(5):
    fd(200)
    right(144)
```

【解题思路】

本题考查 Python 标准库——turtle 库。因为要绘制 5 条边,所以循环执行 5 次,故第 1 空应填入“range(5)”。因为五角星边长为 200 像素,所以第 2 空应填入“200”。最后由于本题要求使用 right()函数,且五角星的内角为 36°,因此第 3 空应填入“right(144)”。

45.【参考答案】

```
fo = open("PY202.txt","w")
data = input("请输入一组人员的姓名、性别、年龄:") # 姓名 性别 年龄
women_num = 0
age_amount = 0
person_num = 0
while data:
    name, sex, age = data.split(' ')
    if sex == '女':
        women_num += 1
    age_amount += int(age)
    person_num += 1
    data = input("请输入一组人员的姓名、性别、年龄:")
average_age = age_amount / person_num
fo.write("平均年龄是{:.1f} 女性人数是{}".format(average_age, women_num))
fo.close()
```

【解题思路】

由题目可知,首先需要定义 3 个变量分别用来统计女性人数、年龄总和以及总人数。本题要求每个人的

信息采用空格分隔，即需要用字符串分隔方法 split()进行分隔。split()方法返回的是一个列表，所以每个人的信息就以列表的形式存储在对应的变量中。由于按 <Enter> 键结束信息输入，因此需要把输入信息的方法放在循环内，最后在输出时使用 format()输出格式化信息。

四、综合应用题

46.(1)**【问题 1 参考答案】**

```
fi = open("PY301 - vacations.csv","r")
ls = []
for line in fi:
    ls.append(line.strip("\n").split(","))
s = input("请输入节假日名称:")
for line in ls:
    if s == line[1]:
        print("{}的假期位于{}-{}".format(line[1],line[2],line[3]))
```

(2)**【问题 2 参考答案】**

```
fi = open("PY301 - vacations.csv","r")
ls = []
for line in fi:
    ls.append(line.strip("\n").split(","))
s = input("请输入节假日序号:").split(" ")
while True:
  for i in s:
    for line in ls:
      if i == line[0]:
        print("{}({})假期是{}月{}日至{}月{}日之间".format(line[1],line[0],line[2][0] + line[2][1],line[2][2] + line[2][3],line[3][0] + line[3][1],line[3][2] + line[3][3]))
    s = input("请输入节假日序号:").split(" ")
```

(3)**【问题 3 参考答案】**

```
fi = open("PY301 - vacations.csv","r")
ls = []
for line in fi:
  ls.append(line.strip("\n").split(","))
s = input("请输入节假日序号:").split(" ")
while s != "":
    for i in s:
      flag = False
      for line in ls:
          if i == line[0]:
            print("{}({})假期是{}月{}日至{}月{}日之间".format(line[1],line[0],line[2][0] + line[2][1],line[2][2] + line[2][3],line[3][0] + line[3][1],line[3][2] + line[3][3]))
            flag = True
      if flag == False:
          print("输入节假日编号有误!")
    s = input("请输入节假日序号:").split(" ")
```

【解题思路】

(1)对文件的读操作需要使用 open()函数，模式为“r”；将文件读入后，需要把 CSV 文件的内容转换成二维数据，并将其转换成二维列表对象。首先定义一个列表 ls，把读入的每行数据使用 strip()方法清除掉换行符，再使用 split()方法在元素之间以逗号分隔存储在列表 ls 中。split()方法返回的是一个列表，因此把 CSV 文件转换成二维列表对象。使用 input()函数获取用户输入，再使用 for 循环遍历二维列表，如果输入的节假日名称在列表中，则输出对应的时间段。

(2)用户可以输入多个节假日的序号，因此可以考虑使用 split()方法把输入的序号放在一个列表中，然后使用两个 for 循环，一个用来遍历二维列表，另一个用来遍历输入的序号列表。当输入的序号与二维列表中的一样时，输出结果。因为题目的输出示例在数字月和日期之间加入了汉字，此时分析存入二维列表中的数字，可以知道存入的是字符串，即在 CSV 文件中，初始月日和结束月日都是长度为 4 的字符串，属于序列类型，因此可以使用索引访问。

（3）在问题 2 的基础上，加上一个标记，如果输入的序号正确，则标记为 True；如果输入的序号错误，则标记为 False。最后根据标记判断是否输出“输入节假日编号有误！”。分析题目要求可知，标记是在输入的序号在二维列表中可以查到时变为 True，其他情况都为 False，所以标记应该放在遍历序号列表的 for 循环内、遍历二维列表的 for 循环外。

第 3 套　参考答案及解析

一、选择题

1. A 【解析】CPU 主要包括运算器和控制器两部分。运算器负责对数据进行加工处理，也就是对数据进行算术运算和逻辑运算；控制器负责对程序所规定的指令进行分析，控制并协调输入、输出操作或对内存的访问。本题选择 A 选项。

2. C 【解析】虚拟内存的作用同物理内存一样，只不过是从硬盘存储空间划出的部分，以完成内存的工作，由于不是真正的内存，所以被称为虚拟内存。计算机所支持的最大内存是由该计算机的地址位数决定的，也就是计算机的最大寻址能力。例如，32 位计算机的寻址能力为 2^{32} 个地址，大约为 4GB。所以虚拟内存的大小受计算机地址位数的限制。本题选择 C 选项。

3. B 【解析】线性表链式存储结构的特点是，用一组不连续的存储单元存储线性表中的各个元素。线性链表的存储单元是任意的，即各数据节点的存储序号可以是连续的，也可以是不连续的。循环链表采用链式存储结构，因此存储空间也可以是不连续的。本题选择 B 选项。

4. B 【解析】栈的存储空间为 S(1:50)，初始状态为 top = 51，即栈的初始状态为空。当第一个元素进栈后，top = 50，第二个元素进栈后，top = 49，第三个元素进栈后，top = 48，以此类推；若第三个元素出栈后，top = 48，第二个元素出栈后，top = 50。即每进栈一个元素，top - 1；每出栈一个元素，top + 1。当 top = 50 时，栈中只有一个元素。本题选择 B 选项。

5. D 【解析】根据二叉树的性质：对任何一棵二叉树，度为 0 的节点（即叶子节点）总是比度为 2 的节点多一个。本题中，度为 2 的节点个数为 199，则叶子节点数为 199 + 1 = 200。199 + 200 = 399，即这棵二叉树中只存在度为 0 和度为 2 的节点，不存在度为 1 的节点。本题选择 D 选项。

6. A 【解析】对象是由描述该对象属性的数据以及可以对这些数据施加的所有操作封装在一起构成的统一体，A 选项错误，B 选项正确。消息传递是对象间通信的手段，一个对象通过向另一个对象发送消息来请求其服务，C 选项正确。类是对象的抽象，一个对象则是其对应类的一个实例，D 选项正确。本题选择 A 选项。

7. B 【解析】软件产品必须提供用户所需的功能，如果做不到这一点，什么产品都没有意义。本题选择 B 选项。

8. D 【解析】数据库管理系统的主要功能包括：①数据模式定义；②数据存取的物理构建；③数据操纵；④数据完整性、安全性的定义与检查；⑤数据库的并发控制与故障恢复；⑥数据服务。本题选择 D 选项。

9. C 【解析】关系模式进行规范化的目的是使关系结构更加合理，消除存储异常，使数据冗余尽量小，便于插入、删除和更新等操作。本题选择 C 选项。

10. A 【解析】关系 R1 和关系 R2 均为 3 元的关系，而关系 R3 为 6 元的关系，两个 3 元的关系进行并或交操作不可能得到 6 元的关系，可直接排除 B、D 两项。关系 R1 和关系 R2 均有 3 个元组，两者进行笛卡儿积操作应得到一个含有 9 个元组的关系，而题目中 R3 只有 3 个元组，排除 C 项。关系 R3 是关系 R1 和关系 R2 按照条件 R1. B = R2. D 进行等值连接得到的关系。本题选择 A 选项。

11. C 【解析】在 Python 中，源文件的扩展名一般使用. py。本题选择 C 选项。

12. A 【解析】关键字是编程语言内部定义并保留使用的标识符。Python 3.x 有 35 个关键字，分别为 and、as、assert、async、await、break、class、continue、def、del、elif、else、except、False、finally、for、from、global、if、import、in、is、lambda、None、nonlocal、not、or、pass、raise、return、True、try、while、with、yield。本题选择 A 选项。

13. C 【解析】在 Python 中，0.1 + 0.2 = 0.30000000000000004。原因：对于十进制，它只能表示以进制数的质因子为分母的分数。10 的质因子有 2 和 5，因此 1/2、1/4、1/5、1/8 及 1/10 都可以精确表示；相反，1/3、1/6 及 1/7 都是循环小数，因为它们的分母使用了质因子 3 或者 7。二进制中，只有一个质因子，即 2，因此只能精确表示分母质因子是 2 的分数。二进制中，1/2、1/4 及 1/8 都可以被精确表示，但 1/5 或者 1/10 就变成了循环小数。所以，在十进制中能够精确表示的 0.1 与 0.2（1/10 与 1/5），到了计算机所使用的二进制中就变成了循环小数。当对这些循环小数进行数学运算并将二进制数据转换成人类易读的十进制数据时，会对小数尾部进行截断处理。在不同的编程语言中，运行 0.1 + 0.2 会输出不同的结果。本题选择 C 选项。

14. B 【解析】在 Python 中，字符编码以 Unicode 值存储。chr(x) 和 ord(x) 函数用于在单字符和 Unicode 值之间进行转换。chr(x) 函数返回 Unicode 值对应的字符，ord(x) 函数返回单字符 x 对应的 Unicode 值，如 chr(1010) 返回'c'，ord("和") 返回 21644。因此，选项 C、D 错误。本题选择 B 选项。

15. D 【解析】a = 10.99，说明实部为 10.99，虚部为 0，故 complex(a) 返回复数 10.99 + 0j。本题选择 D 选项。

16. B 【解析】elif 是分支逻辑关键字，for 和 while 是循环逻辑关键字，在 Python 中没有 do 关键字。本题选择 B 选项。

17. B 【解析】在 Python 中，使用 for – in 方式形成的循环能遍历的类型有字符串、文件、range( ) 函数或组合数据类型，不能遍历复数。本题选择 B 选项。

18. A 【解析】Python 使用关键字 try 和 except 进行异常处理，语法格式如下。

```
try:
    <语句块1>
except:
    <语句块2>
```

“语句块 1”是正常执行的程序内容，执行这个语句块发生异常时，则执行 except 关键字后面的“语句块 2”。一个 try 代码块可以对应多个处理异常的 except 代码块。本题选择 A 选项。

19. C 【解析】在 Python 中，缩进是指每行语句开始前的空白区域，用来表示 Python 程序间的包含和层次关系。本题选择 C 选项。

20. C 【解析】异常是指在程序运行过程中发生的异常事件，通常是由外部问题（如硬件错误、输入错误）所导致。错误是指导致系统不能按照用户意图工作的一切原因、事件。在程序设计过程中，由于某些错误的存在，导致程序无法正常运行。处理这些错误确保程序正确运行的过程被称为错误处理。异常和错误是完全不同的概念。本题选择 C 选项。

21. B 【解析】函数是一段具有特定功能的、可重用的语句组，它通过函数名来标识和调用。经过定义，一组语句等价于一个函数，在需要使用这组语句的地方，直接调用函数名称即可。采用参数名称传递方式不需要保持参数传递的顺序，参数之间的顺序可以任意调整，只需要对每个必要参数赋予实际值即可。每次使用函数不需要提供相同的参数作为输入。本题选择 B 选项。

22. C 【解析】函数定义的语法格式如下。

```
def <函数名>(<非可选参数列表>,<可选参数>=<默认值>):
    <函数体>
    return <返回值列表>
```

可选参数一般放置在非可选参数的后面。题目中函数中定义了 3 个参数，其中 2 个参数都指定了默认值，那么调用函数时，参数个数最少是 1 个。本题选择 C 选项。

23. A 【解析】在 Python 中，return 语句用来结束函数并将程序返回到函数被调用的位置继续执行。return语句可以出现在函数的任何部分，可以同时将 0 个、1 个或多个函数运算结果返回给函数被调用处的变量。函数可以没有 return 语句，此时函数并不返回值。故 B、D 选项错误。Python 函数定义中没有对参数指定类型，则函数内的默认值参数是对函数的默认值参数属性__defaults__的引用，故 C 选项错误。

eval( ) 函数将去掉字符串最外侧的引号，并按照 Python 语句方式执行去掉引号后的字符内容，使用方式为 **<变量> = eval(<字符串>)**，其中变量用于保存对字符串内容进行 Python 运算的结果，故函数 eval( ) 可以用于数值表达式的求值，如 eval("2 * 3 + 1") = 7。本题选择 A 选项。

24. C 【解析】程序中，将实参 b 的值传给形参 a，将实参 a 的值传给形参 b，则在函数体中 c = 2 ** 2 + 10 = 14，函数返回 14，实参 c = 14 + 10 = 24；形参 a 和 b 在函数结束后会自动释放，并没有影响实参 a 和 b 的值，故实参 a 仍然是 10，实参 b 仍然是 2。本题选择 C 选项。

25. C 【解析】根据程序中变量所在的位置和作用范围，变量分为局部变量和全局变量。局部变量是指在函数内部定义的变量，仅在函数内部有效，且作用域也在函数内部。当函数退出时，该变量将不再存在。全局变量一般是指在函数之外定义的变量，在程序执行全过程有效，一般没有缩进。全局变量和局部变量的命名可以相同。本题选择 C 选项。

26. B 【解析】函数定义时的语法格式如下。

```
def <函数名>(<非可选参数列表>,<可选参数>=<默认值>):
    <函数体>
    return <返回值列表>
```

可选参数一般放置在非可选参数的后面。本题选择 B 选项。

27. D 【解析】列表是包含 0 个或多个元素的有序序列，属于序列类型。列表用方括号（[ ]）表示，由于列表属于序列类型，因此继承了序列类型的所有属性和方法。索引是列表的基本操作，用于获得列表中的一个元素，该操作沿用序列类型的索引方式，即正向递增索引或反向递减索引，使用方括号作为索引操作符，索引不得超过列表的元素范围，否则将产生 IndexError 错误。索引从 0 开始。列表可以进行元素增加、删除、替换、查找等操作。列表没有长度限制，元素类型可以不同，能够包含其他的组合数据类型，可以使用比较操作符（如 >、< 等）对列表进行比较，也可以对列表进行成员运算操作、长度计算及分片。本题选择 D 选项。

28. A 【解析】在 Python 中，字典是存储可变数量键值对的数据结构，通过字典类型实现映射。使用花括号({})创建字典,每个元素是一个键值对,语法格式为{ **<键1>:<值1>,<键2>:<值2>,…,<键*n*>:<值*n*>**},其中,键和值通过冒号连接,不同键值对通过逗号隔开。字典具有和集合类似的性质,即键值对之间没有顺序且不能重复。通过键可以索引值,并可以通过键修改值,因此可以直接利用键值对关系索引元素。索引语法格式:<值> = <字典变量>[<键>]。本题选择 A 选项。

29. B 【解析】字典的操作方法(d 代表字典变量)如下。

d. keys():返回所有键的信息。

d. values():返回所有值的信息。

d. items():返回所有的键值对。

d. get(key,default):键存在,则返回相应值,否则返回默认值 default。

d. pop(key,default):键存在,则返回相应值,同时删除键值对,否则返回默认值 default。

d. popitem():随机从字典中取出一个键值对,以元组(key,value)形式返回,同时将该键值对从字典中删除。

d. clear():删除所有键值对,清空字典。

本题选择 B 选项。

30. C 【解析】列表索引从 0 开始,索引可以是正向递增索引,也可以是反向递减索引,故 ls[2][1][-2]是字符 o。本题选择 C 选项。

31. D 【解析】根据字典的索引方式可知,d. get('egg','no this food')索引的是字典第一层,但是第一层只有键 food,没有键 egg,故输出的是"no this food"。本题选择 D 选项。

32. B 【解析】外层 for 循环将 a[0] = [1,2,3],a[1] = [4,5,6],a[2] = [7,8,9]依次赋给变量 c;内层 for 循环将变量 j 从 0 递增到 2,即累加 c[1] + c[2] + c[3]的值,所以内层循环加外层循环用于计算 1 + 2 + 3 + 4 + 5 + 6 + 7 + 8 + 9 的值,s = 45。本题选择 B 选项。

33. D 【解析】文件的打开模式如下。

r:只读模式,如果文件不存在,返回异常 FileNotFoundError。

x:创建写模式,文件不存在,则创建新文件,否则返回异常 FileExistsError。

w:覆盖写模式,文件不存在,则创建新文件,否则完全覆盖原文件。

a:追加写模式,文件不存在,则创建新文件,否则在原文件最后追加内容。

文件打开模式中没有 n。本题选择 D 选项。

34. C 【解析】CSV 文件是一种通用的、相对简单的文件,多用于在程序之间转移表格数据。CSV 文件没有通用标准规范,使用的字符编码同样没有被指定,但 ASCII 是基本的通用编码。CSV 文件可以保存一维数据或二维数据,每一行是一维数据,可以使用 Python 的列表类型表示。本题选择 C 选项。

35. B 【解析】二维数据由多个一维数据构成,可以看作一维数据的组合形式。本题中该列表中虽然包含两种数据类型,但仍然是一维数据。本题选择 B 选项。

36. A 【解析】在 Python 中,使用 open()打开文件的操作过程中需要注意,由于\是字符串中的转义字符,所以表示路径时,需使用\\、/或//代替\。本题选择 A 选项。

37. C 【解析】在 Python 中,二维列表对象输出 CSV 文件时,可采用遍历循环结合字符串的 join()方法来实现。方法如下:

```
#ls 代表二维列表,此处省略
f = open("cpi.csv","w")
for row in ls
    f.write(",".join(row) + "\n")
f.close()
```

本题选择 C 选项。

38. A 【解析】在 Python 中,用于数据分析的第三方库有 NumPy、SciPy、pandas 及 Matplotlib。Scrapy 库是网络爬虫方向的第三方库。本题选择 A 选项。

39. B 【解析】在 Python 中,使用 pip 工具来安装和管理 Python 第三方库,pip 属于 Python 的一部分。本题选择 B 选项。

40. D 【解析】在 Python 语言中,turtle 库是 Python 重要的标准库之一,用于基本的图形绘制;NumPy 库属于数据分析领域;Pygame 库属于游戏开发领域,它们都不属于机器学习领域的第三方库。本题选择 D 选项。

二、基本操作题

41.【参考答案】

```
n = eval(input("请输入正整数:"))
print("{0:@>30,}".format(n))
```

【解题思路】

该题目主要考查 Python 字符串的格式化方法。字符串的 format()格式化方法的语法格式为<**模板字符**

串>.format(<逗号分隔的参数>)。题目的输出格式为右对齐、30个字符、以@填充、千位分隔符，横线处应填入"0:@>30,"或":@>30,"。

42.【参考答案】

```
a = [11, 3, 8]
b = eval(input())
s = 0
for i in range(3):
    s += a[i] * b[i]
print(s)
```

【解题思路】

本题用变量s收集两个列表中对应元素乘积的和，因此要先定义变量s，第1空应填入"s = 0"。两个列表中对应元素乘积可表示为a[i] * b[i]，再求和s += a[i] * b[i]；由于列表中只有3个元素，索引从0开始，所以for循环遍历中i的取值依次为0、1、2，因此第2空应填入"range(3)"。

43.【参考答案】

```
import random
random.seed(255)
for i in range(5):
  print(random.randint(1,50), end = " ")
```

【解题思路】

题目要求以255为随机数种子，seed()函数用于初始化随机数种子，因此第1空应填入"random.seed(255)"。

题目要求随机生成5个区间为[1,50]的随机数，因此for循环需要遍历5次，第2空应填入"5"。

randint(a,b)函数用于生成一个区间为[a,b]的整数(包含a和b)，题目要求的区间是[1,50]，第3空应填入"random.randint(1,50)"。

三、简单应用题

44.【参考答案】

```
import turtle
turtle.pensize(2)
d = 72
for i in range(5):
    turtle.seth(d)
    d += 72
    turtle.fd(200)
```

【解题思路】

根据图中箭头的方向可知，在绘制该五边形时先调整小海龟的方向，再绘制边长(即小海龟的行进距离)。正五边形的内角为108°，则外角为72°，即小海龟的方向每次要增加72°再绘制下一条边，因此第1空和第2空均应填入"72"。

题目要求使用turtle.fd()函数。turtle.fd()函数用于控制小海龟向当前行进方向前进一个指定距离，题目要求边长为200像素，因此第3空应填入"200"。

45.【参考答案】

```
fo = open("PY202.txt","w")
names = input("请输入各个同学职业名称，职业名称之间用空格间隔(按<Enter>键结束输入):")
name_list = names.split(' ')
d = {}
for item in name_list:
    d[item] = d.get(item,0) + 1
ls = list(d.items())
ls.sort(key = lambda x: x[1], reverse = True)
for k in ls:
        fo.write("{}:{}".format(k[0], k[1]))
fo.close()
```

【解题思路】

根据题目要求，要统计数量，需要将字符串变量names转换为列表类型，这可以使用字符串的split()方法，指定空格符作为分隔符对字符串进行切片，并返回分割后的字符串列表name_list。

然后使用 for 循环遍历列表 name_list 中的每个元素,若字典 d 中不存在键与该元素相同,就将该元素作为字典 d 的一个键,该键所对应的值设置为 1;若字典 d 中存在键与该元素相同,就将该键对应的值加 1。这需要使用字典的 get( )方法。

ls = list(d. items( ))表示将字典类型变成列表类型,字典中的每个键值对对应列表中的一个元组。随后,对列表 ls 进行排序,排序规则是按照每个元组中第 2 个元素(即数量)从大到小排列。然后对排序后的列表 ls 进行 for 循环遍历,将每个元组中的两个元素(即职业名称和数量)通过“:”连接写入“PY202. txt”文件中。k[0]表示元组中的第 1 个元素(职业名称),k[1]表示元组中的第 2 个元素(数量)。

四、综合应用题

46. (1)**【问题 1 参考答案】**

```
fi = open("论语.txt", 'r')
fo = open("论语-原文.txt", 'w')
flag = False
for line in fi:
    if "【" in line:
        flag = False
    if "【原文】" in line:
        flag = True
        continue
    if flag == True:
        fo.write(line.lstrip())
fi.close()
fo.close()
```

(2)**【问题 2 参考答案】**

```
fi = open("论语-原文.txt", 'r')
fo = open("论语-提纯原文.txt", 'w')
for line in fi:
    for i in range(1,23):
        line = line.replace("({})".format(i),"")
    fo.write(line)
fi.close()
fo.close()
```

【解题思路】

(1)题目要求从“论语. txt”文件中提取内容,输出保存到“论语-原文. txt”文件中,因此需要用“r”模式打开“论语. txt”文件,用“w”模式创建“论语-原文. txt”文件。

本题要求区域性提取,与单行提取不同,因此,可以借助写标记 flag 来标记操作的是哪里的文本。使用 for 循环遍历“论语. txt”文件中的每一行,当该行存在【时,说明已经到了新的区域,写标记设置为否,即 flag = False;当该行存在【原文】时,写标记设置为 True;当写标记为 True 时,就将当前行内容写入新的文件“论语-原文. txt”中。对文件操作完成后,使用 close( )方法关闭文件。

(2)题目要求对“论语-原文. txt”文件进一步提纯,保存为“论语-提纯原文. txt”文件,因此需要用“r”模式打开“论语-原文. txt”文件,用“w”模式创建“论语-提纯原文. txt”文件。

题目要求去掉每行文字中所有圆括号及内部数字,可在 for 循环遍历“论语-原文. txt”文件中的每一行时,用空格来代替出现的“(数字)”形式。分析“论语-原文. txt”文件可知,其中出现(1)~(22)共 22 种可能,因此内部嵌套 for 循环需要从 1 遍历到 22,构造(i)并替换。替换后将该行内容写入“论语-提纯原文. txt”文件中。对文件操作完成后,使用 close( )方法关闭文件。

第 4 套　参考答案及解析

一、选择题

1. B　**【解析】**根据符号位和数值位的编码方法不同,机器数有原码、补码和反码 3 种表示。整数在计算机中存储和运算通常采用的格式是补码。本题选择 B 选项。

2. C　**【解析】**一个计算机系统中有成千上万个文件,为了便于对文件进行存取和管理,计算机系统建立了文件的索引,即文件名和文件物理位置之间的映射关系,这种文件的索引称为文件目录。本题选择 C 选项。

3. C　**【解析】**最坏情况为:查找的元素为表中最后一个元素或查找的元素不在表中,则需要比较表中所有元素,所以最坏情况下需要比较次数为 n。本题选择 C 选项。

4. A 【解析】设循环队列的存储空间为 Q(1:m)，当 front = rear = m 时，循环队列为空；当 front = rear 且不等于 m 时，循环队列可能为空，也可能为满。当为空时，可以插入元素；当为满时，插入元素会发生“上溢”错误。题目中已经说明“成功地将一个元素入队”，说明之前循环队列的状态为空，插入一个元素后，队列中共有 1 个元素。本题选择 A 选项。

5. B 【解析】二叉树遍历可以分为 3 种：前序遍历（访问根节点在访问左子树和访问右子树之前）、中序遍历（访问根节点在访问左子树和访问右子树两者之间）、后序遍历（访问根节点在访问左子树和访问右子树之后），并且在遍历左右子树时也遵循同样的规则。本题中，二叉树的前序序列为 ABCDEF，可确定二叉树的根节点为 A，由于后序序列最后访问根节点，可排除 A、D 两项；由中序序列为 ABCDEF 可知，以 A 为根节点的这棵二叉树不存在左子树，且由前序序列和中序序列相同可判断出每棵子树均不存在左子树（即只有右子树），后序序列先访问处于右子树上的节点 F。本题选择 B 选项。

6. D 【解析】对象是由描述该对象属性的数据以及可以对这些数据施加的所有操作封装在一起构成的统一体。一个对象通常可由对象名（标识）、属性和操作 3 部分组成。本题选择 D 选项。

7. B 【解析】软件工程包含方法、工具和过程 3 个要素。方法是完成软件开发各项任务的技术手段；工具支持软件的开发、管理、文档生成；过程支持软件开发的各个环节的控制、管理。本题选择 B 选项。

8. A 【解析】数据库管理阶段的数据库系统的基本特点：数据集成性、数据的共享性高，冗余性低、数据独立性高、数据统一管理与控制。本题选择 A 选项。

9. B 【解析】一个社团只能有一名团长，一个同学可以同时担任多个社团的团长，则团长和社团之间的联系是一对多。团长是一的一方，社团是多的一方。本题选择 B 选项。

10. D 【解析】对于关系模式，若其中的每个属性都已经不能再分为简单项，则它属于第一范式。本题中，在关系模式“班级”中，属性“班级学生”又可以分为“学生学号”和“学生姓名”等，因此不满足第一范式。本题选择 D 选项。

11. A 【解析】在 Python 中，IPO 模式的内容如下。

I：Input（输入），程序的输入。程序的输入包括文件输入、网络输入、控制台输入、随机数据输入、程序内部参数输入等。输入是一个程序的开始。

P：Process（处理），程序的主要处理逻辑。程序对输入进行处理，输出处理结果。处理的方法也叫算法，是程序最重要的部分。可以说，算法是一个程序的“灵魂”。

O：Output（输出），程序的输出。程序的输出包括屏幕显示输出、文件输出、网络输出、操作系统内部变量输出等。输出是一个程序展示处理结果的方式。

本题选择 A 选项。

12. C 【解析】在 Python 中，输出用 print() 函数，Hello World 是字符串类型，需要加单引号或双引号。本题选择 C 选项。

13. B 【解析】二进制整数以 0b 开头，后面跟二进制数 0 和 1。A、C、D 中有 4、9、C、3、F，这些都不是二进制数。本题选择 B 选项。

14. B 【解析】在 Python 中，复数类型表示数学中的复数，D 项正确。复数可以看作二元有序实数对（a，b），表示 a + bj，其中 a 是实数部分，简称实部，b 是虚数部分，简称虚部。虚数部分通过后缀“J”或“j”来表示，实部、虚部都可为 0。复数可以进行四则运算。A 选项正确，B 选项错误。复数类型中，实部和虚部都是浮点数类型，对于复数 z，可以使用 z. real 和 a. imag 分别获取它的实部和虚部，C 选项正确。本题选择 B 选项。

15. D 【解析】Python 采用大写字母、小写字母、数字、下划线及汉字等字符及其组合进行命名，但名字的首字符不能是数字，标识符中间不能出现空格，长度没有限制，变量名不能与关键字相同。本题选择 D 选项。

16. A 【解析】Python 分支结构使用关键字 if、elif 及 else 来实现，每个 if 后面不一定要有 elif 或 else，A 选项错误；if - else 结构是可以嵌套的，B 选项正确；if 语句会判断 if 后面的逻辑表达式，当表达式为真时，执行 if 后面的语句块，C 选项正确；缩进是 Python 分支语句的语法部分，缩进不正确会影响分支功能，D 选项正确。本题选择 A 选项。

17. D 【解析】列表使用方括号作为索引操作符，索引从 0 开始，即第一个元素的索引是 0，第二个元素的索引是 1，依次类推。本题列表中有 10 个元素，则索引取值范围是[0,9]。本题选择 D 选项。

18. B 【解析】输入 5，因为 n = 5 满足第一个 if 条件，所以 n = n - 1，n = 4，s = 4；由于现在 n = 4，满足第二个 if 条件，所以执行 n = n - 1，n = 3，s = 3。print(s)，输出 3。本题选择 B 选项。

19. C 【解析】Python 中循环包括两种：遍历循环和无限循环。遍历循环使用关键字 for 依次提取遍历结构元素进行处理；无限循环使用关键字 while 根据判断条件执行程序。

循环结构有两个辅助循环控制关键字：break 和 continue。break 用于跳出最内层 for 或 while 循环，脱离该循环后程序从循环后的代码继续执行。continue 用于结束当前当次循环，即跳出循环体中下面尚未执行的语句，但不跳出当前循环。

pass：什么事也不做，只是空占位语句，并且是无运算的占位语句。当语法需要语句并且没有任何使用的语句可写时，就可以使用它。pass 通常用于为复合语句编写一个空的主体。

如果写无限循环，每次迭代什么也不做，就写 pass。pass 是有意义的，如忽略 try 语句所捕获的异常，以及定义带属性的空类对象，而该类实现的对象行为就像其他语言的结构和记录。

pass 有时指“以后会填上”，只是暂时用于填充函数主体而已，无法保持函数体为空而不产生语法错误，因此，可以使用 pass 来替代。

两者的区别：continue 语句只结束本次循环，不终止整个循环的执行，而 break 具备结束循环的能力。本题选择 C 选项。

20. D 【解析】Python 使用关键字 try 和 except 进行异常处理，语法格式如下。

try：

　　<语句块 1>

except：

　　<语句块 2>

语句块 1 是正常执行的程序内容，当执行这个语句块发生异常时，则执行 except 关键字后面的语句块 2。当输入 10 时，执行 try 后面的语句，n = 10，函数 pow2( ) 只进行了定义，但未进行调用，所以此时程序只执行了输入语句，函数不执行，语句运行正常，并不执行 except 后面的语句，故程序没有任何输出。本题选择 D 选项。

21. C 【解析】在 Python 中，return 语句用于结束函数并将程序返回到函数被调用的位置继续执行。return语句可以出现在函数中的任何部分，可以同时将 0 个、1 个或多个函数运算结果返回给函数被调用处的变量。函数可以没有 return 语句，此时函数不返回值。当函数使用 return 语句返回多个值时，这些值形成了一个元组数据类型，由圆括号和逗号分隔，如(a,b,c)，可以使用一个变量或多个变量保存结果。本题选择 C 选项。

22. A 【解析】根据程序中变量所在的位置和作用范围，变量分为局部变量和全局变量。局部变量是指在函数内部定义的变量，仅在函数内部有效，且作用域也在函数内部。当函数退出时，该变量将不再存在。全局变量一般是指在函数之外定义的变量，在程序执行全过程有效。全局变量在函数内部使用时，需要提前使用关键字 global 声明，语法格式为 **global <全局变量>**。使用 global 对全局变量声明时，该变量要与外部全局变量同名。本题选择 A 选项。

23. B 【解析】range( ) 函数的语法为 range(start,stop,step)，其作用是生成一个从 start 开始到 stop(不含)结束的以 step 为步长的整数序列。CLis = list(range(5)) 生成一个列表，包含 0、1、2、3、4。因为 5 不在 CLis 列表中，故返回 False。本题选择 B 选项。

24. B 【解析】函数定义的语法格式如下。

def <函数名>(<非可选参数列表>,<可选参数> = <默认值>)：

　　<函数体>

　　return <返回值列表>

可选参数一般放置在非可选参数的后面。本题代码中，n 为非可选参数，fact(n) 函数的功能为求 n 的阶乘。s 在函数内部定义，为局部变量。根据 range( ) 函数的定义，range(1,n+1) 的范围是[1,n]，不包含 n+1。本题选择 B 选项。

25. C 【解析】该函数功能是计算 a 的 b 次方，运算符 ** 表示幂运算，s = 2 ** 5 = 32。本题选择 C 选项。

26. D 【解析】列表 ls 中有 3 个元素，函数 funC("yellow") 将 yellow 传递给形参 a，用 append( ) 方法将 a 中内容添加到列表 ls 中，最后返回，故最终的 ls = ["apple","red","orange","yellow"]，print(ls)，即将列表 ls 中的内容输出。本题选择 D 选项。

27. C 【解析】列表用方括号([ ])表示，由于列表属于序列类型，因此继承了序列类型的所有属性和方法，B 选项正确。索引是列表的基本操作，用于获得列表中的一个元素，该操作沿用序列类型的索引方式，即正向递增索引或反向递减索引，使用方括号作为索引操作符，索引不得超过列表的元素范围，否则将产生 IndexError错误，A 选项正确。列表可以进行元素增加、删除、替换、查找等操作，列表没有长度限制，元素类型可以不同，能够包含其他的组合数据类型，故 D 选项正确、C 选项错误。本题选择 C 选项。

28. B 【解析】序列的索引从 0 开始，所以 s = [1,"kate",True] 时，s[3] = 0，返回 False，A 选项错误。x in s(如果 x 是 s 的元素，返回 True；否则返回 False)；x not in s(如果 x 不是 s 的元素，返回 True；否则返回 False)，B 选项正确、C 选项错误。序列类型使用的索引可以是正向递增索引(从 0 开始递增)，也可以是反向递减索引(从 -1 开始递减)，所以 s[-1] = False，返回的是 False，D 选项错误。本题选择 B 选项。

29. D 【解析】range( ) 函数的语法格式为 **range(start,stop,step)**，其作用是生成一个从 start 开始到 stop(不含)结束的以 step 为步长的整数序列。一般默认 start 为 0，步长 step = 1，如 range(5)，生成 0、1、2、3、4。len(S) = 4，for i in range(4) 表示 i 从 0 开始取值，当 i = 0 时，print(S[0],end = "")，输出 P；当 i = 1 时，print(S[-1],end = "")，输出 e；当 i = 2 时，print(S[-2],end = "")，输出 m；当 i = 3 时，print(S[-3],end

=""),输出 a。故代码输出结果为 Pema。本题选择 D 选项。

30. C 【解析】for s in "HelloWorld":将字符串 HelloWorld 中的字符依次赋给变量 s,之后进行 if 判断,如果 s="W",则 continue,执行下一个循环,不执行 print(s,end=""),否则执行 print(s,end=""),所以最后输出的结果是 Helloorld。本题选择 C 选项。

31. B 【解析】在 Python 中,字典是存储可变数量键值对的数据结构,键和值可以是任意数据类型,通过键索引值,并可以通过键修改值。因此,可以直接利用键值对关系索引元素。索引语法格式为 **<值> = <字典变量>[<键>]**。故能够正确索引字典并输出数字 2 的语句是 print(d['cake'])。本题选择 B 选项。

32. D 【解析】在 Python 中,想要在列表中的任意位置插入元素,一般使用 insert()方法。insert()方法有两个参数:第一个参数代表在列表中的位置,第二个参数是在这个位置处插入的元素。注意:插入时,是插入在该位置之前。列表下标从 0 开始,s=[4,2,9,1],s[3]=1,则执行 s.insert(3,3)后,s=[4,2,9,3,1],最后 print(s)。本题选择 D 选项。

33. C 【解析】在 Python 中,进行写文件操作时定位到某个位置所用到的方法是 seek()。设 f 为文件变量,用法为 f.seek(offset);含义为改变当前文件操作指针的位置;offset 的值为 0 表示文件开头,为 2 表示文件结尾。本题选择 C 选项。

34. A 【解析】文件包括文本文件和二进制文件两种类型。Python 对文本文件和二进制文件采用统一的操作步骤,即打开—操作—关闭,故 B 选项正确。采用文本方式读入文件,文件经过编码形成字符串,输出有含义的字符;采用二进制方式打开文件,文件被解析为字节流,故 A 选项错误。Python 通过 open()函数打开一个文件,并返回一个操作这个文件的变量,语法格式为 **<变量名> = open(<文件路径及文件名>, <打开模式>)**,故 C 选项正确。文件使用结束后要用 close()方法关闭,释放文件的使用授权,语法格式为 **<变量名>.close()**,故 D 选项正确。本题选择 A 选项。

35. A 【解析】二维数据也称表格数据,由关联关系数据构成,故 A 选项错误。二维数据由多个一维数据构成,可以看作一维数据的组合形式,故 B 选项正确。CSV 文件是二维数据的存储文件,故 C 选项正确。CSV 文件的每行是一维数据,用逗号分隔,故 D 选项正确。本题选择 A 选项。

36. D 【解析】在 Python 中,读取 CSV 文件中的二维码数据可采用遍历循环和字符串的 split()方法相结合的方式。例如:

```
f=open("cpi.csv","r")
ls=[]
for line in f:
    ls.append (line.strip("\n").split(","))
f.close()
```

本题选择 D 选项。

37. A 【解析】执行 fo=open("book.txt","w"),打开"book.txt"文本文件,打开模式为"w"(覆盖写模式);创建列表 ls=['book','23','201009','20'];str()函数返回一个对象的字符串格式,str(ls)返回 ls 中字符串,fo.write(str(ls))将返回的字符串写入"book.txt"文本文件中。本题选择 A 选项。

38. C 【解析】属于网络爬虫领域的第三方库是 Scrapy;NumPy 库是 Python 在数据分析方面的第三方库;使用 wordcloud 可以方便地生成词云图,这是 Python 在数据可视化方面的第三方库;PyQt5 库是 Python 在用户图形界面方向的第三方库。本题选择 C 选项。

39. A 【解析】用于数据分析的第三方库是 pandas,PIL 是 Python 在图像处理方面的第三方库,Django 和 Flask 库是 Python 在 Web 开发方向的第三方库。本题选择 A 选项。

40. B 【解析】在 Python 中,time 是 Python 重要的标准库之一,用于处理时间相关的问题,不属于机器学习领域的第三方库。TensorFlow、PyTorch、MXNet 均属于机器学习领域的第三方库。本题选择 B 选项。

二、基本操作题

41. **【参考答案】**

```
ntxt=input("请输入4个数字(空格分隔):")
nls=ntxt.split(' ')
x0=eval(nls[0])
y0=eval(nls[1])
x1=eval(nls[2])
y1=eval(nls[3])
r=pow(pow(x1 - x0, 2) + pow(y1 - y0, 2), 0.5)
print("{:.1f}".format(r))
```

【解题思路】

本题要求用键盘输入两个点的坐标,然后输出两点之间的距离。计算两点之间的距离可以使用数学公式

$|AB| = \sqrt{(x_1 - x_2)^2 + (y_1 - y_2)^2}$,所以题目的难点就是如何处理输入的数据。由题目已给的代码可知数据存储在列表中,因此需要用到字符串的 split()函数返回一个列表且用空格符分隔,第 1 空应填入“nls = ntxt. split(' ')”。pow()函数是 Python 的内置函数,用来求一个数的幂,由于求距离涉及开方,因此第 2 空填入“0.5”。

42.【参考答案】

```
import jieba
txt = input("请输入一段中文文本:")
ls = jieba.lcut(txt)
print("{:.1f}".format(len(txt)/len(ls)))
```

【解题思路】

本题考查的是 jieba 中文分词库的使用。jieba 库属于 Python 第三方库,使用时需要用关键字 import 导入,lcut()是最常用的一种中文分词函数,用于精确模式,即把字符串分割成等量的中文词组,返回结果是列表类型。用 len()方法求出字符串的长度和列表的长度,二者相除就可以得出文本词语的平均长度。因此第 1 空应填入“jieba”,第 2 空应填入“ls = jieba. lcut(txt)”。

43.【参考答案】

```
n = eval(input("请输入一个数字:"))
print("{:+^11}".format(chr(n-1) + chr(n) + chr(n+1)))
```

【解题思路】

要获得 Unicode 编码对应的字符,需要使用 chr()函数。chr(i)表示返回 Unicode 编码为 i 的字符。题目要求输出 3 个 Unicode 编码对应的字符,可以用“+”将字符连接起来,因此第 2 空应填入“chr(n-1) + chr(n) + chr(n+1)”。另外,题目要求输出格式为宽度为 11 个字符、加号字符填充、居中对齐,因此第 1 空应填入“:+^11”。

三、简单应用题

44.【参考答案】

```
import turtle
d = 0
for i in range(4):
    turtle.fd(200)
    d = d + 90
    turtle.seth(d)
```

【解题思路】

本题主要考查使用 Python 标准库中的 turtle 库来绘制正方形。因为绘制 4 条边,所以循环执行 4 次,因此第 1 空应填入“4”。正方形边长为 200 像素,所以第 2 空应填入“200”。因为使用 seth()方法更改绘制方向,所以绘制一条边后,角度增加 90 再绘制下一条边,因此第 3 空应填入“d + 90”。

45.【参考答案】

```
fo = open("PY202.txt","w")
data = input("请输入课程名及对应的成绩:") # 课程名 成绩
course_score_dict = {}
while data:
    course, score = data.split(' ')
    course_score_dict[course] = eval(score)
    data = input("请输入课程名及对应的成绩:")
course_list = sorted(list(course_score_dict.values()))
max_score, min_score = course_list[-1], course_list[0]
average_score = sum(course_list) / len(course_list)
max_course, min_course = "", ""
for item in course_score_dict.items():
    if item[1] == max_score:
        max_course = item[0]
    if item[1] == min_score:
        min_course = item[0]
fo.write("最高分课程是{} {}, 最低分课程是{} {}, 平均分是{:.2f}".format(max_course, max_score, min_course, min_score, average_score))
fo.close()
```

【解题思路】

本题涉及课程名及其成绩的统计,可以借助字典来实现,课程名及其对应的成绩构成字典的键值对。先定义一个字典变量 course_score_dict,然后对其进行构造,课程名作为字典的键,其成绩作为键对应的值。

题目要求输出最高成绩和最低成绩,就需要对成绩进行排序,可以使用 sorted()函数,但该函数只适用于序列类型,因此需要将字典转换成列表。可以使用字典的 values()方法返回所有的值信息(即所有的成绩),将这些值存入一个列表中,然后对该列表按升序进行排序并赋值给列表 course_list。此时,列表 course_list 中第一个元素 course_list[0]就是最低分 min_score,最后一个元素 course_list[-1]就是最高分 max_score,列表中所有元素的和除以列表的长度就是平均分 average_score。

题目还要求输出最高分和最低分对应的课程名,可以使用 for 循环遍历字典 course_score_dict 中的每个键值对,判断键值对中的值是否和 max_score 或 min_score 相等。如果和 max_score 相等,则该值对应的键即为最高分课程名 max_course;如果和 min_score 相等,则该值对应的键即为最低分课程名 mix_course。最后将 max_course、max_score、min_course、min_score、average_score 根据格式写入"PY202. txt"文件中。

四、综合应用题

46. (1)**【问题 1 参考答案】**

```
fi = open('sensor.txt', 'r')
fo = open('earpa001.txt', 'w')
txt = fi.readlines()
for line in txt:
    ls = line.strip("\n").split(",")
    if 'earpa001' in ls:
        fo.write('{},{},{},{}\n'.format(ls[0],ls[1],ls[2],ls[3]))
fi.close()
fo.close()
```

(2)**【问题 2 参考答案】**

```
fi = open('earpa001.txt', 'r')
fo = open('earpa001_count.txt', 'w')
d = {}
for line in fi:
    split_data = line.strip("\n").split(',')
    floor_and_area = split_data[-2] + "-" + split_data[-1]
    if floor_and_area in d:
        d[floor_and_area] += 1
    else:
        d[floor_and_area] = 1
ls = list(d.items())
ls.sort(key = lambda x: x[1], reverse = True) # 该语句用于排序
for i in range(len(ls)):
    fo.write('{},{}\n'.format(ls[i][0],ls[i][1]))
fi.close()
fo.close()
```

【解题思路】

(1)本题涉及"sensor. txt"和"earpa001. txt"两个文件,前者使用"r"模式打开,后者使用"w"模式创建。从"sensor. txt"文件中读入所有的行,以行为元素形成列表 txt。然后使用 for 循环遍历列表 txt 中的每个元素,并将该元素内容存入列表 ls 中。使用 if 条件判断"earpa001"是否在列表 ls 中,如果存在,就将列表 ls 中的前 4 个元素写入"earpa001. txt"文件中。最后关闭文件。

(2)本题涉及"earpa001. txt"和"earpa001_count. txt"两个文件,前者使用"r"模式打开,后者使用"w"模式创建。由于题目涉及统计计算,这可以借助字典来实现,因此首先定义字典变量 d。

然后使用 for 循环遍历"earpa001. txt"文件中的每一行,并将该行内容存入列表 split_data 中。由于题目要求的格式形如"1-1",因此需要将列表 split_data 中的最后两个元素通过"-"进行连接并赋值给变量 floor_and_area。使用 if 条件判断 floor_and_area 在字典 d 中是否存在。若存在,则将该键对应的值加 1;若不存在,则将变量作为字典的键并将对应值设置为 1。

ls = list(d. items())表示将字典类型变成列表类型,字典中的每个键值对对应列表中的一个元组。随后,对列表 ls 中的元组按照第二个元素的大小降序排序。

排序后，再通过一个 for 循环遍历将列表 ls 中每个元组的第 1 个和第 2 个元素写入“earpa001_count.txt”文件中。最后关闭文件。

第 5 套　参考答案及解析

一、选择题

1. A 【解析】循环链表是指在单链表的第一个节点前增加一个表头节点，即空循环链表和非空循环链表中均存在表头节点，故循环链表中至少有一个节点，A 选项正确。循环链表是线性表的一种链式存储结构，循环队列是队列的一种顺序存储结构，故 D 选项错误。双向链表也叫双链表，是链表的一种，它的每个数据节点中都有两个指针（左指针和右指针），分别指向其前件节点和后件节点，故 C 选项错误。双向链表中只有一个头指针且无头节点，故 B 选项错误。本题选择 A 选项。

2. D 【解析】对于长度为 n 的有序线性表，在最坏情况下，二分法查找需比较 $\log_2 n$ 次。对于长度为 n 的线性表，最坏情况下顺序查找需要 n 次，寻找最大项需要 $n-1$ 次，堆排序需要 $n\log_2 n$ 次。故 D 选项的时间复杂度最低。本题选择 D 选项。

3. B 【解析】设总节点数是 n，则度为 2 的节点为 $n-9-20-0=n-29$。根据树中的节点数 = 树中所有节点的度之和 +1，有 $9\times3+(n-29)\times2+0\times1+20\times0+1=n$，解得 $n=30$。本题选择 B 选项。

4. C 【解析】由于后序序列最后遍历根节点，故可确定该二叉树的根节点为 A。根据前序序列首先访问根节点 A，可排除 A、B 两项。由中序序列为 BDCA，可确定该二叉树只有左子树，没有右子数；再由后序序列为 DCBA，可确定左子树的根节点为 B。前序序列访问完该树的根节点 A 后，再访问左子树的根节点 B。本题选择 C 选项。

5. C 【解析】软件测试的目的是发现程序中的错误。调试是作为成功测试的后果而出现的步骤，也就是说，调试是在测试发现错误之后排除错误的过程。软件调试的任务是诊断和改正程序中的错误。本题选择 C 选项。

6. A 【解析】扇入是指调用一个给定模块的模块个数，扇出是指由一个模块直接调用的其他模块个数，故 B 选项错误。从属模块是指被另一个模块调用的模块。原子模块是从属模块，但从属模块不一定是原子模块，故 D 选项错误。结构图是描述软件结构的图形工具，故 C 选项错误。本题选择 A 选项。

7. B 【解析】计算机软件按功能分为应用软件、系统软件、支撑软件（或工具软件）。安卓（Android）操作系统、数据库管理系统均属于系统软件，C 语言编译器属于支撑软件，交通管理软件属于应用软件。本题选择 B 选项。

8. C 【解析】概念模型着重于对客观世界复杂事物的描述及对它们内在联系的刻画，与具体的数据库管理系统无关。本题选择 C 选项。

9. D 【解析】一位教师可以对多个班级授课，一个班级也可以由多位教师授课，因此，教师和授课班级之间的联系是多对多联系。本题选择 D 选项。

10. A 【解析】关系 SC 的主属性为（S#，C#），但 C#→Cr 属于非主属性对主属性的部分依赖。本题选择 A 选项。

11. A 【解析】在 Python 中，有特殊含义的符号包括 +、-、*、/、%、**、//、==、!=、>、<、>=、<=、=、+=、-=、*=、/=、%=、**=、//=、&、|、^、~、<<、>>、&=、|=、^=、~=。本题选择 A 选项。

12. C 【解析】关键字也称保留字，是编程语言内部定义并保留使用的标识符。Python 3.x 的关键字有 35 个，分别是 and、as、assert、async、await、break、class、continue、def、del、elif、else、except、False、finally、for、from、global、if、import、in、is、lambda、None、nonlocal、not、or、pass、raise、return、True、try、with、while、yield。本题选择 C 选项。

13. A 【解析】用于循环逻辑的关键字有 while、for、else、break、continue。try 用于捕捉异常。本题选择 A 选项。

14. D 【解析】对字符串中某个子串或区间的检索称为切片。切片的语法格式如下。

<字符串或字符串变量>[*N*:*M*]

切片获取字符串从 N 到 M（不包含 M）的子字符串，其中 N 和 M 为字符串的索引，可以混合使用正向递增索引和反向递减索引。切片要求 N 和 M 都在字符串的索引区间，如果 N 大于等于 M，则返回空字符串；如果 N 缺失，则默认将 N 设为 0；如果 M 缺失，则默认表示到字符串结尾。

选项中，s[1:5]='2345'，s[0:3]='123'，s[-10:-5]='12345'，s[0:4]='1234'。本题选择 D 选项。

15. B 【解析】根据运算符的优先级，运算顺序为 5%6=5，5*2=10，10//8=1，3+1=4。本题选择 B 选项。

16. A 【解析】函数是一段具有特定功能的、可重用的语句组，它通过函数名来标识和调用。使用函数可以降低编程复杂度和增加代码复用，增强代码可读性。本题选择 A 选项。

17. C 【解析】根据程序中变量所在的位置和作用范围，变量分为全局变量和局部变量。局部变量是在函数内部定义的变量，仅在函数内部有效，且作用域也在函数内部，当函数退出时变量将不再存在。全局变量是在函数之外定义的变量，在程序执行的全过程有效。全局变量在函数内部修改时，才需要提前使用关键字global声明，语法格式为 **global <全局变量>**。使用 global 对全局变量声明时，该变量要与外部全局变量同名。本题选择 C 选项。

18. A 【解析】在 Python 中定义函数时，不仅可以设置普通的形参，如 def fun(arr1, arr2 = '我是 2 号参数')(其中 arr1 为必选参数，arr2 为可选参数)，还可以传入两种特殊的参数，即带 * 和 ** 的参数。这两种特殊的参数都可以传入任意数量的实参，它们的不同点主要在于 * 参数传入的是一个元组，** 参数传入的是一个字典。由于传入的参数数量不确定，因此，当它们与普通参数放在一起时，必须把它们放在最后。本题选择 A 选项。

19. D 【解析】len(d)方法用于返回字典 d 的键值对个数。字典的每个键值对用冒号(:)连接，不同键值对之间用逗号(,)隔开，整个字典包括在花括号({})中。字典 d 中共有 3 个键值对，故 len(d)=3。本题选择 D 选项。

20. C 【解析】能表示多个数据的类型称为组合数据类型。Python 中最常用的组合数据类型有 3 类，分别是集合类型、序列类型(典型代表是字符串类型和列表类型)及映射类型(典型代表是字典类型)。Python 中的数据类型不包括数组类型，数组类型需要通过引用第三方库(如 Numpy)实现。本题选择 C 选项。

21. A 【解析】序列切片的方式为 **<序列>[起始索引:结束索引:步长]**。在[ ]中表示区间时，使用冒号(:)。本题选择 A 选项。

22. D 【解析】min()函数用于返回给定参数的最小值，但是要求给定参数是可以比较的。若给定的参数不能比较，则会报错；若给定的参数存在多个最小元素，则 min()只会返回序列中最小的一个元素。本题选择 D 选项。

23. A 【解析】在 Python 中，or 表示多个条件之间的"或"关系。若 x 为 True，则 x or y 的结果为 True，不再对 y 进行判断。本题中，x > 5 为 True，故(x > 5) or (x/y > 5)的结果为 True，输出结果为 Right。本题选择 A 选项。

24. A 【解析】本题中，break 语句出现在 print 语句之前，当 if 的条件为 True 时，执行 break 语句，跳出 for 循环，不再执行循环体中 break 后面的语句，故无输出。本题选择 A 选项。

25. D 【解析】range(1,10)的返回值为 1 2 3 4 5 6 7 8 9，即 for 循环中 i 的取值范围为[1,9]，则 s = 2 + 1 + 2 + … + 9 = 47。本题选择 D 选项。

26. B 【解析】函数的参数在定义时可以指定默认值，当函数被调用时，如果没有传入对应的参数值，则使用函数定义时的默认值代替。本题在定义函数时，y = 1 和 z = 2 就已指定默认值。函数调用时，参数传递的主要方式有位置传递和关键字传递两种。位置传递是根据函数定义的参数位置来传递参数；关键字传递是根据每个参数的名字传递参数，该方式不用区分参数顺序位置，名字正确即可。关键字传递可以和位置传递混用，但混用时位置参数要出现在关键字参数之前。A 选项中，第 1 个参数为关键字传递，第 2 个参数为位置传递，混用顺序不对；D 选项中，第 2 个参数为关键字传递，第 3 个参数为位置传递，混用顺序不对；C 选项中，第 1 个参数已经使用位置传递(将 1 传递给 x)，第 2 个参数又使用关键字传递将 2 传递给 x，会出现异常报错。本题选择 B 选项。

27. C 【解析】列表的 index()方法用于从列表中找出某个对象的第一个匹配项的索引，如果这个对象不在列表中会报异常错误。其语法格式为 **list.index(obj[,start = 0[,stop = len(L)]])**，其中 obj 为必选参数，指要查找的对象；start 为可选参数，指从哪个索引开始查找，默认为 0；stop 为可选参数，指查找到哪个索引结束，默认为列表的长度。本题中，查找对象为"乌龙茶"，从索引为 0 处开始查找，查找到第 2 个元素匹配，故返回其索引 1。本题选择 C 选项。

28. B 【解析】在 Python 中，字典是存储可变数量键值对的数据结构，通过字典类型实现映射，一个键对应一个值，键必须是唯一的，且必须是不可变数据类型，值可以是任何数据类型。字典具有和集合类似的性质，即键值对之间没有顺序且不能重复。字典可以通过"字典['键']"的形式访问对应的元素，即以键为索引进行访问。本题选择 B 选项。

29. A 【解析】在 Python 中，文件的读/写方法(file 表示使用 open()函数创建的对象)如下。

file.read([size])：参数可选，若未给定参数或参数为负，则读取整个文件的内容；若给定参数，则读取前 size 长度的字符串或字节流。

file.readline([size])：参数可选，若未给定参数或参数为负，则读取一行内容；若给定参数，则读取该行前 size 长度的字符串或字节流。

file.readlines([hint])：参数可选，若未给定参数或参数为负，则从文件中读取所有行，以每行为元素形成一个列表；若给定参数，则读取 hint 行。

file.write(str)：将字符串或字节流写入文件。

file.writelines(lines)：向文件写入一个序列字符串列表。

本题选择 A 选项。

30. B 【解析】在 Python 中，open()函数提供了 7 种基本的文件打开模式：r、w、x、a、b、t、+。其中，r、w、x、a 可以和 b、t、+组合使用。本题选择 B 选项。

31. C 【解析】一维数据由对等关系的有序或无序数据构成，采用线性方式组织；二维数据也称表格数据，由关联关系数据构成，采用二维表格方式组织；高维数据由键值对类型的数据构成，采用对象方式组织。本题选择 C 选项。

32. A 【解析】本题考查列表取值。要取得数字 4，首先可以通过 ls[-3]或 ls[2]的方式取得 ls 的第 3 个元素[5,4]，然后通过[5,4][-1]或[5,4][1]的方式取得 4。因此，ls[-3][-1]、ls[-3][1]、ls[2][-1] 或 ls[2][1]都可以取得数字 4。本题选择 A 选项。

33. C 【解析】CSV 文件中以逗号分隔数据，形成一行。在进行 CSV 文件的读/写时，常用的字符串处理方法有 strip()、join()、split()。其中，strip()方法用于删除文件开头和结尾的给定字符序列，参数为空时，默认删除空白符(包括'\n'、'\r'、'\t'、' ')。join()方法用于将数据以指定的字符(分隔符)连接成一个新的序列。split()方法用于将数据按某一个字符或字符串进行分割。index()方法用于检测字符串中是否包含指定子字符串。在进行 CSV 文件读写时，相较于前面 3 种方法，index()方法最不可能使用。本题选择 C 选项。

34. B 【解析】由 f = open()可知，f 是文件对象的引用，在程序中 f 代表打开的文件，执行 print(f)不会报错，故 B 选项错误、A 选项正确；f. read()方法中如果不给定参数，则从文件中读入整个文件的内容，故 C 选项正确；执行 m = f 后，m 也是该文件对象的引用，m 与 f 都表示该打开文件对象，故 D 选项正确。本题选择 B 选项。

35. A 【解析】perf_counter()是 time 库的函数，调用该函数需要先导入 time 库。本题选择 A 选项。

36. B 【解析】pip install <第三方库名>：安装第三方库；pip uninstall <第三方库名>：卸载一个已经安装的第三方库；pip download <第三方库名>：下载第三方库的安装包，但并不安装；pip search <第三方库名>：联网搜索库名或摘要中的关键字。本题选择 B 选项。

37. C 【解析】random. randint(a,b)用于随机生成一个[a,b]的整数；random. uniform(a,b)用于随机生成一个[a,b]的小数。本题选择 C 选项。

38. A 【解析】opencv-python 是图像处理和计算机视觉方向的第三方库，matplotlib 是数据可视化方向的第三方库，flask 是 Web 开发方向的第三方库，pymongo 是数据存储方向的第三方库。本题选择 A 选项。

39. B 【解析】PyQt5 是用户图形化界面方向的第三方库，pandas、NumPy、seaborn 和 scipy 都是数据分析方向的第三方库。本题选择 B 选项。

40. D 【解析】pyocr 是图像字符识别方向的第三方库，pytorch、mxnet 和 Keras 都属于人工智能领域的第三方库。本题选择 D 选项。

二、基本操作题

41.**【参考答案】**

```
s = input()
print("{:=>25,}".format(eval(s)))
```

【解题思路】

本题主要考查 Python 字符串的格式化方法。Python 推荐使用 format()格式化方法，其语法格式如下。

<模板字符串>.format(<逗号分隔的参数>)

其中，模板字符串是一个由字符串和槽组成的字符串，用来控制字符串和变量的显示效果。槽用花括号表示，对应 format()方法中用逗号分隔的参数。如果模板字符串中有多个槽，可以通过 format()参数的序号在模板字符串槽中指定参数，参数从 0 开始编号。例如：

"{0}日:学而不思则罔，思而不学{1}。".format("孔子","则殆")

其结果为“孔子日：学而不思则罔，思而不学则殆。”。

format()方法的槽除了包括参数序号，还可以包括格式控制信息，语法格式如下。

{<参数序号>:<格式控制标记>}

其中，格式控制标记包括填充、对齐、宽度、,、精度、类型 6 个字段，由引导符号(:)作为引导标记。这些字段都是可选的，可以组合使用。

填充：用于填充的单个字符。

对齐：分别使用<、>及^表示左对齐、右对齐及居中对齐。

宽度：设定当前槽的输出字符宽度。

,：用于显示数字类型的千位分隔符。

精度：由小数点(.)开头，对于浮点数，精度表示小数部分输出的有效位数；对于字符串，精度表示输出的最大长度。

类型：表示输出整数和浮点数类型的格式规则。

本题的格式要求：宽度为 25 个字符，等号字符(=)填充，右对齐，带千位分隔符，则第 1 空应填入“:=

>25,"。

由于题目要求带千位分隔符,所以模板字符串对应的 format()方法中的参数必须是数字类型,但无论用户输入的是字符还是数字,input()函数统一按照字符串类型输出,这时就需要先使用 eval()函数去掉字符串最外侧的引号,然后再参与运算,因此第 2 空应填入"eval(s)"。

42.【参考答案】

```
s = input()
print(s[::-1])
print(len(s))
```

【解题思路】

要将字符串逆序输出,可使用切片方法先检索后逆序切片。切片的语法格式为 <字符串或字符串变量>[*N*:*M*:*K*],表示获取字符串中从 *N* 到 *M*(不包含 *M*)且根据步长 *K* 得到的子字符串。其中,*N* 和 *M* 为字符串的索引;若 *K* 为负数,表示从后往前对字符串进行切片。因此第 1 空应填入"s[::-1]",此处省略了 *N* 和 *M*,表示将对字符串中的所有字符进行检索;-1 表示从字符串的最后一个字符逆序切片。

若要输出字符串的个数,可使用 len()函数。len()函数返回的是字符串的长度,因此第 2 空应填入"len(s)"。

43.【参考答案】

```
a, b, c = [int(x) for x in input().split(',')]
ls = []
for i in range(c):
    ls.append(a + (i * b))
print(ls)
```

【解题思路】

根据题目要求和给出的提示代码,用户输入的是以逗号分隔的 3 个数字,则需要用 split()方法将字符串分隔成列表,再用 for 循环遍历该列表,将字符串类型转换成数字类型。因此第 1 空应填入"[int(x) for x in input().split(',')]"。

向列表中增加元素时可使用 append()方法。本题输出的是以 a 为起始数值、b 为差的等差递增数列,c 为数列中数值的数量,则 for i in range(c)中 i 的值是 0~c-1 的整数。那么数列中第 i 个数为 a+(i*b)。因此第 2 空填入"append(a+(i*b))"。

三、简单应用题

44.【参考答案】

```
import turtle
turtle.pensize(2)
d = 0
for i in range(1, 13):
    turtle.fd(40)
    d += 30
    turtle.seth(d)
```

【解题思路】

本题要绘制一个多边形,需要使用 turtle 库(海龟),首先使用 import 关键字将 turtle 库导入。由于绘制的是十二边形,因此 for 循环遍历中,要对序号为 1~12 的每条边依次绘制,i 的取值从 1 开始到 12 结束。第 1 空应填入"13"。

turtle.fd()函数用于控制小海龟向当前行进方向前进一个指定距离,题目要求边长为 40 像素,因此第 2 空应填入"turtle.fd(40)"。

turtle.seth(d)函数用于设置小海龟当前行进方向,该角度是绝对方向角度值。在十二边形中,相邻两条边形成的外角均为 30°,即绘制完一条边后,小海龟的行进方向要增加 30°后再绘制下一条边。因此第 3 空应填入"30"。

45.【参考答案】

```
ls = [111,222,333,444,555,666,777,888,999]
lt = [999,777,555,333,111,888,666,444,222]
s = 0
for i in range(len(ls)):
    s += (ls[i] * lt[i])
print(s)
```

【解题思路】

本题给定程序中最后输出的是变量 s,所以 s 是两个列表中对应元素乘积的和。两个列表中对应元素乘积可表示为 ls[i] * lt[i],再求和 s += (ls[i] * lt[i])。由于列表中元素的索引是从 0 开始的,所以 for 循环遍历中 i 的取值从 0 开始直至 len(ls) - 1,而 range(len(ls))的返回值正是 0 ~ len(ls) - 1。

四、综合应用题

46. (1)【问题 1 参考答案】

```
L = [ ]
fo = open("score.txt", "r")
fi = open("candidate0.txt", "w")
lines = fo.readlines()
for line in lines:
    line = line.strip()
    student = line.split(' ')
    sum = 0
    for i in range(1,11):
        sum += int(student[ -i])
    student.append(str(sum))
    L.append(student)
L.sort(key = lambda x:x[ -1],reverse = True)
for i in range(10):
    fi.write(' '.join(L[i][:-1]) + '\n')
fo.close()
fi.close()
```

(2)【问题 2 参考答案】

```
fo = open("candidate0.txt", "r")
fi = open("candidate.txt", "w")
L = [ ] # 存储候选人
lines = fo.readlines()
for line in lines:
    line = line.strip()
    student = line.split(' ')
    for i in student[ -10:]:
        if int(i) < 60:
            break
    else:
        L.append(student[:2])
for i in L:
    fi.write(' '.join(i) + '\n')
fo.close()
fi.close()
```

【解题思路】

(1)本题涉及"score.txt"和"candidate0.txt"两个文件。首先要读取"score.txt"文件中的信息,通过程序求出每个学生的总成绩,然后按总成绩从高到低排序,将总成绩排名前 10 的学生的学号、姓名以及 10 门课成绩写入"candidate0.txt"文件。打开文件用 open()函数,用"r"只读模式打开"score.txt"文件,用"w"模式创建"candidate0.txt"文件。

"score.txt"文件中每行为一个学生的信息,需要用 readlines()方法读入所有行,以每行内容为元素形成列表 lines,然后用 for 循环遍历该列表中的元素。在遍历元素时,用 strip()方法删除元素首尾出现的空白符,用 split()方法以空格分隔学生学号、姓名以及 10 门课成绩,得到列表 student。由于要计算总成绩,因此使用 for 循环遍历学生的 10 门课成绩,将其累加赋值给 sum,并将 sum 追加到 student。最后将列表 student 中的所有元素追加到列表 L 中。

随后,使用 sort()方法对列表 L 进行排序。参数 key = lambda x:x[-1]中 lambda 是一个匿名函数,是固定写法;x 表示列表中的一个元素,在这里表示一个列表(即一个学生的信息),x 只是临时起的一个名字,也可以使用任意的名字;x[-1]表示以列表最后一个元素(即总成绩)排序。参数 reverse = True,表示按降序排序;若该参数省略或 reverse = False,表示按升序排序。

最后,通过 for 循环提取列表 L 前 10 个元素(即前 10 名的学生信息,但不包含总成绩),用空格分隔每个元素,并添加换行符,写入文件“candidate0. txt”,再关闭所有文件。

(2)本题涉及“candidate0. txt”和“candidate. txt”两个文件。首先要读取“candidate0. txt”文件中的信息,通过程序判断学生的所有成绩是否都大于等于 60。若满足条件,则将该学生的学号和姓名写入“candidate. txt”文件中。打开文件用 open()函数,用“r”只读模式打开文件“candidate0. txt”,用“w”模式创建“candidate. txt”文件,并定义一个列表 L 来存储学号和姓名。

“candidate0. txt”文件中有 10 行数据,需要用 readlines()方法读入所有行,以每行内容为元素形成列表 lines,然后用 for 循环遍历该列表中的元素。在遍历元素时,用 strip()方法删除元素首尾的空格,用split()方法以空格分隔学生学号、姓名以及 10 门课成绩,得到列表 student。然后对列表 student 使用 for 循环遍历,以判断 10 门课程的成绩是否都大于等于 60。若满足条件,就将列表 student 中的前两个元素(即学号和姓名)追加到列表 L 中。

最后,通过 for 循环提取列表 L 中的所有元素,用空格分隔每个元素,并添加换行符,写入“candidate. txt”文件,再关闭所有文件。

第 6 套　参考答案及解析

一、选择题

1. B 【解析】考虑到所有的器件中存储器的速度很慢,CPU 访问一次内存所花费的时间较长,因此,通常用内存中读取一个指令字的最短时间来规定 CPU 周期,也称为机器周期。本题选择 B 选项。

2. D 【解析】一个正在运行的进程由于所申请的资源得不到满足,进程将从运行状态变为等待(阻塞)状态,需要调用阻塞进程原语。本题选择 D 选项。

3. B 【解析】最坏情况下比较次数:堆排序为 $n\log_2 n$,快速排序为 $n(n-1)/2$,顺序查找为 n,寻找最大项为 $n-1$。故最坏情况下比较次数等于 $n(n-1)/2$ 的是快速排序。本题选择 B 选项。

4. D 【解析】栈的存储空间为 S(1:50),初始状态为 top = 0,栈为空。top = 1 时,栈中有一个元素;top = 50 时,栈满,无法再进行入栈操作,所以 top 不可能为 51。本题选择 D 选项。

5. A 【解析】假设度为 3 的节点数为 x,度为 1 的节点数为 y,树的总节点数为度为 3 的节点数 + 度为 2 的节点数 + 度为 1 的节点数 + 度为 0 的节点数,即 $x+0+y+6$。由于树的总节点数为树中所有节点的度数之和再加 1,则树的总节点数为 $3\times x+2\times 0+1\times y+0\times 6+1$。$3\times x+y+1=x+y+6$,则 $x=2.5$,节点数不可能为小数,所以不可能有这样的树。本题选择 A 选项。

6. C 【解析】扇入指调用一个给定模块的模块个数。在该系统结构图中,“功能 n.1”模块能被第 2 层中的“功能 1”“功能 2”“功能 n”3 个模块调用,则最大扇入数为 3。本题选择 C 选项。

7. A 【解析】软件测试的实施过程主要有 4 个步骤:单元测试、集成测试、确认测试(验收测试)和系统测试。符合测试步骤的只有 A 选项。本题选择 A 选项。

8. C 【解析】关系数据库中的二维表一般满足 7 个基本特征。

①元组(行)个数是有限的——元组个数有限性。

②元组(行)均不相同——元组的唯一性。

③元组(行)的次序可以任意交换——元组的次序无关性。

④元组(行)的分量是不可分割的——元组分量的原子性。

⑤属性(列)名各不相同——属性名唯一性。

⑥属性(列)与次序无关,可以任意交换——属性的次序无关性。

⑦属性(列)的分量具有与该属性相同的值域——分量值域的统一性。

本题选择 C 选项。

9. A 【解析】数据库管理系统中关系代数的运算有投影、选择、笛卡儿积、交、连接等。本题选择 A 选项。

10. D 【解析】检索课程名涉及关系 C 的 Cn 列,检索成绩涉及关系 SC 的 G 列,检索姓名涉及关系 S 的 Sn 列,则表达式中应同时存在关系 C、SC、S,因此 A、C 两项错误。B 选项检索的结果是选修课程名为“操作系统”的成绩在 90 分以上(含 90 分)的学生,还需要进行投影运算选择 Sn 列,因此 B 选项错误。本题选择 D 选项。

11. A 【解析】Python 开源免费,具有优秀的扩展性和跨平台等特性。Python 是脚本语言,采用解释型方法执行。本题选择 A 选项。

12. D 【解析】只有当程序语法出现错误,不能正常继续执行时,才会产生 SyntaxError 错误。本题选择 D 选项。

13. A 【解析】保留字也称关键字,是编程语言内部定义并保留使用的标识符。Python 3. x 中的保留字有 35 个,分别是 and、as 、assert、async、await、break、class、continue、def、del、elif、else、except、False、finally、for、from、

global、if、import、in、is、lambda、None、nonlocal、not、or、pass、raise、return、True、try、with、while、yield。本题选择A选项。

14. B　【解析】int()函数可以将整数字符串转换成整数，也可以将浮点数转换成整数，但是不能将浮点数字符串转换成整数。此题中100/3是浮点数字符串，所以执行错误。本题选择B选项。

15. C　【解析】random库的random()函数的作用是生成一个[0.0,1.0)的随机小数，type()函数的作用是返回参数的数据类型，所以返回的应该是float类型。本题选择C选项。

16. C　【解析】当max()函数的参数是字典时，返回值就是字典的键的最大值。本题选择C选项。

17. B　【解析】本题主要考查字符串的切片。切片的语法格式如下。

<字符串或字符串变量>[*N*:*M*:*L*]

切片获取字符串从N到M(不包含M)、步长为L的子字符串。其中，N和M为字符串的索引，可以混合使用正向递增索引和反向递减索引；L为步长。切片要求N和M都在字符串的索引区间，如果N大于等于M，则返回空字符串；如果N缺失，则默认将N设为0；如果M缺失，则默认表示到字符串结尾。本题从索引为1的字符取到索引为-1的字符，且步长为2，所以结果为246。本题选择B选项。

18. B　【解析】本题主要考查字符串的strip()方法和replace()方法。首先执行strip()方法，此方法用于去除字符串首尾两端与参数相同的字符(无论数量)，因此去除之后的字符串为“北京大学”；再执行replace()方法，此方法用于将字符串中与第一个参数相同的字符替换为第二个参数，因此结果为“南京大学”。本题选择B选项。

19. A　【解析】本题主要考查字符串的isspace()方法。此方法用于判断字符串是否全为空格，若全为空格，则返回True，否则返回False。因此，程序输出的结果为“False True”。本题选择A选项。

20. D　【解析】Python的多分支结构，包含if语句块、elif语句块及else语句块；for循环遍历时，会将遍历结构的各个元素全部遍历一次；range(1,10)可以变相地认为是从1到10之间所有的整数组成的列表，包括1但不包括10，所以循环次数为9；单分支结构里只有if语句块，没有elif语句块和else语句块。本题选择D选项。

21. C　【解析】random库的random()函数可以生成[0.0,1.0)的小数，没有参数；random库可以根据梅森旋转算法产生随机数，每个不同的随机数种子都有各自固定的数字生成序列；random库无须自行下载，安装Python时已同步安装完毕。本题选择C选项。

22. A　【解析】本题主要考查字符串的join()方法。前置字符串作为连接符连接参数，因此输出的结果为“a{:->4}b”。需要注意的是，不要将join()方法与format()方法混淆。本题选择A选项。

23. D　【解析】int()函数可以将整数字符串转换成整数，也可以将浮点数转换成整数，但是不能将浮点数字符串转换成整数。此题中3.2是浮点数字符串，所以执行错误，异常被捕获，执行except语句块。本题选择D选项。

24. C　【解析】本题主要考查列表的复制。程序通过img1 = img2，使两个变量绑定同一个地址，当其中一个变量发生未进行赋值的变化时，另一个变量也会随之发生变化。当img1使用append()方法添加了[5,6]时，img1 = [1, 2, 3, 4, [5,6]]，img2也随之变化。因此，调用函数显示的是[1, 2, 3, 4, [5, 6]]。本题选择C选项。

25. B　【解析】Python支持可选参数传递，也可以设置参数的默认值，在调用时才会执行函数。Python还支持关键字传参，也就是利用参数名称传递参数。关键字传参时，参数可以无序。函数可以没有返回值，当无返回值时，函数默认返回None。本题选择B选项。

26. A　【解析】本题主要考查字符串的乘法，以及print()函数的参数使用。在程序中，函数的定义虽然包含默认值，但由于传递参数时，只传递了两个参数，因此默认值并不会被使用，函数的返回值是“abcabc”。最后输出时还使用了print()函数的end参数，在输出末尾加上“,”，因此输出的结果是“abcabc,”。本题选择A选项。

27. C　【解析】本题考查列表的排序函数。sorted()函数的reverse参数，如果等于True，则按照降序排列；如果等于False，则按照升序排列。程序在函数体中对参数flag进行if判断，参数flag被传递了一个整数2，任何非零整数均视为True，因此此处if条件成立，ss按照降序排列，输出的结果为[21, 9, 6, 4]。本题选择C选项。

28. A　【解析】本题主要考查列表的reverse()方法和列表的切片。reverse()方法用于将列表逆序排列ls = ['46', 'cd', '44', 'ab']，故A选项的输出为“ab44cd46”，B选项的输出为“46cd44ab”，C选项的输出为“cd44ab”，D选项的输出为“ab”。本题选择A选项。

29. A　【解析】遍历列表ss，当循环执行时，每次输出最大的数字，同时从列表中删除最大的数字，此时列表的元素数量会发生变化，而for循环又是控制循环次数的，当循环执行3次后，列表中的元素只剩3个，再想遍历第4个元素时，列表已经不能满足，所以循环3次的值分别为9、7、6。并且print()函数含有参数end，故在每个输出后都得加上“,”，因此输出结果为“9,7,6,”。本题选择A选项。

30. D　【解析】本题考核的是字典的操作函数max()和min()。这两个返回最大值、最小值的函数都是对字典的键进行比较,所以最大值为“c”,最小值为“a”。本题选择 D 选项。

31. B 【解析】本题主要考查字典的 keys( )方法。此方法返回的值为字典的键,并且数值类型为 dict_keys。本题选择 B 选项。

32. C 【解析】本题主要考查 random 库的 sample( )函数。sample( )函数返回的是组合数据类型的一段随机数据,数据的长度由第二个参数决定。这里第二个参数为 2,故输出的值应为 2 个元素。本题选择 C 选项。

33. A 【解析】文件的打开一般使用 open( )函数,此函数接收参数来指定打开模式,若想读取文件,应使用打开模式参数“r”;若想写入文件,应使用“w”(表示覆盖写模式,会覆盖原有文件内容)或者“a”(表示追加写模式,会在文件末尾追加)。若同时需要读写功能,可在模式后直接加“+”,如“r+”“w+”或“a+”。文件默认以文本模式打开,但可通过在模式字符串中添加“b”来指定以二进制方式打开,如“rb”。seek( )方法是对文件的指针进行操作。本题选择 A 选项。

34. B 【解析】本题主要考查文件的写入和 join( )方法。通过 join( )方法将写入的字符串变为“大学 道德经 易经”,文件的内容也是如此。本题选择 B 选项。

35. A 【解析】copy( )方法用于复制一个列表,seek( )方法用于操作文件的指针,open( )函数用于打开文件,write( )方法用于写入文件。本题选择 A 选项。

36. D 【解析】字典类型和 JSON 格式都可以表达高维数据;CSV 文件可以存储一行表达一维数据,也可以存储多行多列表达二维数据;列表可以嵌套表示多维数据。本题选择 D 选项。

37. D 【解析】right( )函数用于设置操作画笔转动的方向。pendown( )函数用于设置放下画笔。与 pendown( )函数对应的是 penup( )函数,该函数用于设置提起画笔。goto( )函数用于将画笔移动到一定的位置,根据参数确定位置。pencolor( )函数用于设置画笔的颜色。本题选择 D 选项。

38. C 【解析】通过 PyInstaller 库可以将源程序打包为可执行文件,并且会自动将依赖的库一并打包,可以通过设置参数删除生成的临时文件,但是如果程序中对外部数据(如图片等)有调用,就必须自行导入相应的目录。本题选择 C 选项。

39. A 【解析】NumPy 是数据分析方向的第三方库,TensorFlow 是深度学习的第三方库,Mayavi 是可视化方向的第三方库,time 是时间处理的标准库。本题选择 A 选项。

40. C 【解析】PyQt5 是 Python 在 GUI 开发方向的第三方库,Pygame 是 Python 在游戏开发方向的第三方库,Django 是 Python 在 Web 开发方向的第三方库,Tkinter 也是 Python 在 GUI 开发方向的第三方库。本题选择 C 选项。

二、基本操作题

41.【参考答案】

```
num = input().split(',')
for i in num:
    print('{:>10}'.format(i),end='')
```

【解题思路】

本题考查字符串的 split( )方法和 format( )格式化输出方法。根据题目要求和给出的提示代码可知,用户输入的是以逗号分隔的 5 个数字,需要先用 split( )方法将字符串分隔成列表,再将列表赋值给变量 num;接着遍历列表输出,可采用 format( )格式化输出方法。format( )格式化输出方法的语法格式如下。

<模板字符串>.format(<逗号分隔的参数>)

其中,模板字符串是一个由字符串和槽组成的字符串,用来控制字符串和变量的显示效果。槽用花括号({})表示,对应 format( )方法中逗号分隔的参数。如果模板字符串中有多个槽,可以通过 format( )参数的序号在模板字符串的槽中指定参数的使用,参数从 0 开始编号。例如,"{0}曰:学而不思则罔,思而不学{1}。".format("孔子","则殆"),其结果为“孔子曰:学而不思则罔,思而不学则殆。”。format( )方法的槽除了包括参数序号,还可以包括格式控制信息,其语法如下。

{**<参数序号>:<格式控制标记>**}

其中,格式控制标记包括填充、对齐、宽度、,、精度、类型 6 个字段,由引导符号(:)作为引导标记。这些字段都是可选的,并且可以组合使用。

填充:用于填充的单个字符。

对齐:分别使用<、>和^这 3 个符号表示左对齐、右对齐和居中对齐。

宽度:设定当前槽的输出字符宽度。

,:用于显示数字类型的千位分隔符。

精度:由小数点(.)开头,对于浮点数,精度表示小数部分输出的有效位数;对于字符串,精度表示输出的最大长度。

类型:表示输出整数和浮点数类型的格式规则。

所以第1空应填入“split(',')”,第2空应填入“'{:>10}'.format(i),end=""”。

42.【参考答案】

```
scale = 0.0001 # 成就值增量
def calv(base, day):
    val = base * pow(base+base*scale,day*11)
    return val
print('5年后的成就值是{}'.format(int(calv(1, 5*365))))
year = 1
while calv(1, year*365) < 100:
    year += 1
print('{}年后成就值是100'.format(year))
```

【解题思路】

本题主要考查pow()函数的使用方法。根据题意可以知道,一个正常人工作1小时,他的成就值为1+1*0.01%=100.01%,那么工作一天的成就值是100.01% **8=1.0001 **8,而科学家比正常人多工作3小时,科学家一天的成就值就是1.0001 **11。利用Python中的pow()函数表达就是pow(1.0001,11)。通读程序可以知道,函数calv()的两个参数,base为初始成就值,day为工作的时间,所以第1空应填入“base+base*scale,day*11”。此处scale是全局变量,可以直接调用。第2空可以根据下文中输出的值进行判断,year是年份,所以第2空应填入“year*365”。

43.【参考答案】

```
while True:
  try:
    a = eval(input('请输入一个正整数:'))
    if a > 0 and type(a)==int:
        print(a)
        break
    else:
        print("请输入正整数")
  except:
    print("请输入正整数")
```

【解题思路】

本题主要考查判断数据类型的type()函数。通读题目可知,输入的值要判断两个条件,其是否大于0以及是否为整数。根据已有的代码可知,这里已经将循环、异常判断以及部分的条件编写完毕,所以第1空应填入“type(a)==int”。对数据类型进行判断时,若判断正确,则输出数字,结束循环,所以第2空应填入“break”。

三、简单应用题

44.【参考答案】

```
import turtle as t
ls = [69, 292, 33, 131, 61, 254]
X_len = 400
Y_len = 300
x0 = -200
y0 = -100

t.penup()
t.goto(x0, y0)
t.pendown()

t.fd(X_len)
t.fd(-X_len)
t.seth(90)
t.fd(Y_len)

t.pencolor('red')
```

```
t.pensize(5)
for i in range(len(ls)):
    t.penup()
    t.goto(x0 + (i+1) * 50, -100)
    t.seth(90)
    t.pendown()
    t.fd(ls[i])
t.done()
```

【解题思路】

本题主要考查 turtle 库的应用。根据已有的代码可知，导入 turtle 库时采用了别名 t，且直方图是在循环内部绘制的。所以第 1 空应填入"import turtle as t"。第 2 空所处的位置，应该是绘制坐标系，在此空前绘制了 x 轴，所以需要旋转 90°绘制 y 轴，此处应填入"90"。观察循环体，在绘制直方图时需要切换坐标。切换坐标使用了 goto( )方法，需要注意的是切换之前要将画笔提起，不然会留下移动轨迹，所以第 3 空应填入"penup( )"。使用 goto( )方法需要填写 x 轴和 y 轴的坐标，x 轴的坐标代码中已经给出，y 轴的坐标每次循环需从 0 开始。观察上述程序，此坐标轴的 0 坐标对应的是 turtle 库的 -100，所以第 4 空应填入" -100"。最后一行需要根据表格内的长度进行绘制，所以第 5 空应填入"ls[i]"。

45.【参考答案】

```
import random
random.seed(2)

pdict = {'Alice':['123456789'],
    'Bob':['234567891'],
    'Lily':['345678912'],
    'Jane':['456789123']}

name = input('请输入一个人名:')
if name in pdict:
    print(name,pdict[name][0],random.randint (1000,9999))
else:
    print('对不起,您输入的用户信息不存在。')
```

【解题思路】

本题主要考查字典键值的操作和 random 库函数的使用。结合题目和已给出的代码可知，后续需要编写对 name 的判断代码和程序的输出代码。首先利用判断语句和 in 操作判断 name 是否在字典中，若 name 在字典中，则输出人名、电话号码和验证码。人名就是 name；电话号码是 name 对应的字典的值，并且题目给出的格式无列表框，所以需要用索引取值；验证码是 4 位数，可以使用 randint( )方法生成一个[1000,9999]的数字。最后当不满足条件时，可以直接按照题目要求输出对应的语句。

四、综合应用题

46.(1)【问题 1 参考答案】

```
import jieba

def fenci(txt):
    f = open(txt,'r')
    datas = f.read()
    f.close()
    data = jieba.lcut(datas)
    d = {}
    for i in data:
        if len(i) >= 2:
            d[i] = d.get(i,0) + 1
    lt = list(d.items())
    lt.sort(key = lambda x:x[1],reverse = True)
    return lt
```

```
def show(lt):
    for i in lt[:9]:
        print(i[0],':',i[1],end=',',sep='')
    print(lt[9][0],':',lt[9][1],sep='')
l1 = fenci('data2018.txt')
l2 = fenci('data2019.txt')
print(2019,end=':',sep='')
show(l2)
print(2018,end=':',sep='')
show(l1)
```

(2)【问题 2 参考答案】

```
import jieba

def fenci(txt):
    f = open(txt,'r')
    datas = f.read()
    f.close()
    data = jieba.lcut(datas)
    d = {}
    for i in data:
        if len(i) >= 2:
            d[i] = d.get(i,0) + 1
    lt = list(d.items())
    lt.sort(key = lambda x:x[1],reverse = True)
    ls = [x[0] for x in lt[:10]]
    return ls
def show(lt):
    print(','.join(lt))
l1 = fenci('data2018.txt')
l2 = fenci('data2019.txt')
l3 = []
for i in l1:
    if i in l2:
        l3.append(i)
for i in l3:
    l1.remove(i)
    l2.remove(i)
print('共有词语:',end='',sep='')
show(l3)
print('2019 特有:',end='',sep='')
show(l2)
print('2018 特有:',end='',sep='')
show(l1)
```

【解题思路】

(1)本题主要考查 jieba 库的应用。分析题目可知,本题需要对文件的词语进行频次统计,并输出次数的前 10 名。题目已给出的代码提示了需要使用字典对词频进行统计,然后转化成列表进行排序。因为本题需要对两个文件进行统计输出,所以考生可以选择使用函数,以减少冗余的操作。首先创建分词排序函数,此函数传入的参数为文件名,使得本函数可以操作多个文件。在分词排序函数体内部,首先对文件内容进行读取,然后使用 jieba 库将读取的内容分词。接下来循环遍历分词结果,通过判断其长度是否大于 2 来取得关键词并将其作为键存放到字典中。再使用字典的 get()方法对词语出现的次数进行统计,并将其作为值。最后使用 items()方法和 list()函数将字典转化为列表,并使用列表的 sort()方法进行排序。

继续创建另一个函数来展示前 10 名的数据。此函数接收上一个函数的分词结果作为参数。输出时需要注意:每个数据需要通过冒号分隔词语,标点符号前后无空格,各词语间用逗号分隔,最后一个词语后无逗号。

因此通过循环输出，sep 参数设置为空，end 参数设置为逗号，并且第 10 个数据在循环外部自行输出，否则在最后一个数据后就会存在逗号。

最后调用函数，按次序输出即可。本题的答案不唯一。

(2)本题主要考查 jieba 库分词和数据的对比。提示代码与第一题类似，并且统计的数据需要符合第一题条件的主题词，所以前半部分代码与第一题基本相同。依然选择创建函数以减少冗余操作。首先创建分词函数，此函数与上题略有不同，其中先将整理好的数据进行排序，然后使用列表生成式将前 10 个符合要求的主题词存储到列表 ls 中，最后将 ls 作为返回值以便后续赋值操作。

再创建一个展示函数，因为列表中全部数据都为字符串类型，因此此函数可以直接利用字符串的 join()方法对列表内容进行拼接。最后在函数体外部对列表数据进行处理，将处于两个列表中的数据加入 l3 中，再将 l1 和 l2 列表中存在于 l3 列表中的数据删除。这样就使 l1 属于 2018 年的数据，l2 属于 2019 年的数据，l3 属于共有数据。

最后调用函数输出即可。

第 7 套　参考答案及解析

一、选择题

1. B 【解析】唤醒进程原语是把进程从等待队列移到就绪队列并设置进程为就绪状态。当一个进程在运行过程中释放了系统资源后进入就绪状态，需要调用唤醒进程原语。本题选择 B 选项。

2. A 【解析】机器数中正数的原码、反码、补码均相同。负数的反码是对该数的原码除符号位外各位取反，补码是对该数的反码的最后(最右边)一位加 1。不管是正数还是负数，其补码的符号位取反即偏移码。本题选择 A 选项。

3. C 【解析】双向链表具有两个指针域，但属于线性结构，故 A 选项叙述错误。二叉树属于非线性结构，但其中的满二叉树与完全二叉树可以按层次进行顺序存储，故 B 选项叙述错误。循环队列是队列的一种顺序存储结构，故 D 选项叙述错误。本题选择 C 选项。

4. C 【解析】在一个序列中，如果一对数的前后位置与大小顺序相反，即前面的数大于后面的数，那么它们就称为一个逆序。希尔排序的基本思想是，先取一个整数(称为增量)$d1<n$，把全部数据元素分成 $d1$ 组，所有距离为 $d1$ 倍数的元素放在一组中，组成一个子序列，对每个子序列分别进行简单插入排序。然后取 $d2<d1$，重复上述分组和排序工作，直到 $di=1$，即所有记录在一组中。希尔排序可以实现通过一次交换而消除多个逆序。本题选择 C 选项。

5. B 【解析】设度为 3 的节点数为 x，度为 1 的节点数为 y，则树的总节点数 = 度为 3 的节点数 + 度为 2 的节点数 + 度为 1 的节点数 + 度为 0 的节点数 $=x+0+y+5$。树的总节点数为树中所有节点的度数之和再加 1，则树的总节点数 $=3\times x+2\times 0+1\times y+0\times 5+1$。因此有 $x+y+5=3\times x+y+1$，解得 $x=2$，所以度为 3 的节点数为 2。本题选择 B 选项。

6. D 【解析】对象是由描述该对象属性的数据以及可以对这些数据施加的所有操作封装在一起构成的统一体。本题选择 D 选项。

7. A 【解析】软件需求规格说明书应该明确软件的功能、性能、数据、界面等要求，从而确定系统的逻辑模型。算法详细设计是详细设计阶段的工作。本题选择 A 选项。

8. A 【解析】数据库系统共享性大，冗余度小，但只是减少了冗余，并不是避免一切冗余。数据的一致性是指系统中同一数据在不同位置出现时应保持相同的值，而不是数据类型一致。数据库系统比文件系统有更强的管理控制能力，而不是管理更多的数据。本题选择 A 选项。

9. C 【解析】一个学校只能有一名校长，一个人可以是多个学校的校长，则学校和校长之间的联系是多对一。本题选择 C 选项。

10. D 【解析】第一范式(1NF)要求主属性(主键)不为空且不重复，字段不可再分。在关系模式“部门”中，属性“部门成员”字段可以再分，如“部门成员号”和“部门成员姓名”，不满足第一范式。本题选择 D 选项。

11. A 【解析】Python 是一种既支持面向过程，又支持面向对象的采用解释型方法执行程序的高级脚本语言。本题选择 A 选项。

12. A 【解析】本题输出需要包含单引号的 Hello World，所以字符串需要包含单引号。A 选项中，去掉最外层双引号，剩下'Hello World'，正确。B 选项中，去掉最外层单引号，剩下" HelloWorld"，不符合要求。C 选项中，\'是转义字符，去掉最外层单引号，剩下\Hello World'，不符合要求。D 选项中，\"是转义字符，去掉最外层单引号，剩下" Hello World"，不符合要求。本题选择 A 选项。

13. A 【解析】保留字也称关键字，是编程语言内部定义并保留使用的标识符。Python 3. x 的保留字有 35 个，分别是 and、as、assert、async、await、break、class、continue、def、del、elif、else、except、False、finally、for、from、global、if、import、in、is、lambda、None、nonlocal、not、or、pass、raise、return、True、try、with、while、yield。并且 Python 中区分大小写。本题选择 A 选项。

14. C　【解析】%在 Python 中是取余数的符号,34%6 的余数是 4。本题选择 C 选项。

15. B　【解析】random 库是 Python 的标准库,其中的 uniform( ) 函数可以生成两个参数之间的一个随机小数。观察 4 个选项,A、C 和 D 选项均满足条件。本题选择 B 选项。

16. D　【解析】min( ) 函数用于返回参数的最小值。由题目可知,最小值为 1。本题选择 D 选项。

17. C　【解析】分析程序可知,本段程序的输出结果是字符串通过 split( ) 方法切割后生成的列表的长度。split( ) 方法用于将字符串按照圆括号内的参数字符进行切割。若该方法调用时,不带参数,则默认以空白字符作为分隔符进行切割。本题以字符"a"进行切割,生成的列表为['B', 'idu Tr', 'nsl', 'tion is ', 'n online tr', 'nsl', 'tion service'],经计算长度为 7。本题选择 C 选项。

18. B　【解析】对字符串中某个子字符串或区间的检索称为切片。切片的语法格式如下。

<字符串或字符串变量>[*N*:*M*]

切片获取字符串从 *N* 到 *M*(不包含 *M*)的子字符串,其中 *N* 和 *M* 为字符串的索引,可以混合使用正向递增索引和反向递减索引。切片要求 *N* 和 *M* 都在字符串的索引区间,如果 *N* 大于等于 *M*,则返回空字符串;如果 *N* 缺失,则默认将 *N* 设为 0;如果 *M* 缺失,则默认表示到字符串结尾。选项中 sstr[3:-8]='翅膀', sstr[3::2]='翅带我尘飞',sstr[-10:-8]='翅膀',sstr[3:5]='翅膀'。本题选择 B 选项。

19. A　【解析】观察程序,可知 y 是字符串"144"。再观察 4 个选项,字符不能做减法运算,故 C 选项错误;chr( ) 函数是将数字转化为字符,故 D 选项错误;ord( ) 函数的参数必须为单个字符,故 B 选项错误;A 选项中,3 次循环的 ord(i) - ord('a') 的值分别为'1'、'4'和'4'。本题选择 A 选项。

20. C　【解析】break 语句会跳出 break 所在的最内层循环。try 中的语句出错时会被捕获异常,执行 except后的语句;循环结构也是一样,出现异常会立即跳出循环。for 或者 while 只有正常执行的循环语句结束后,才会执行 else 语句。continue 语句会结束当前当次循环,但不跳出当前循环。本题选择 C 选项。

21. A　【解析】random 库的 random( ) 函数可以生成一个[0.0,1.0) 的随机小数,并且 random( ) 函数没有参数。本题选择 A 选项。

22. A　【解析】format( ) 格式化方法的语法格式如下。

<模板字符串>.format(<逗号分隔的参数>)

其中,模板字符串是一个由字符串和槽组成的字符串,槽内填写参数。参数可以有多个,参数序号 0 代表 format 圆括号内第一个参数,依次类推。所以代码的执行结果为 x=4, y=3, z=3。本题选择 A 选项。

23. D　【解析】题目中使用二分支结构的简单形式,将 60 代入程序中,s=60,然后对 s 的值进行判断,大于等于 60 就返回"合格",否则返回"不合格"。s=60,满足条件,因此返回"合格",则 k='合格'。最后执行 print(s,k) 语句,得到的结果为"60 合格"。本题选择 D 选项。

24. B　【解析】程序自上而下执行,创建变量 k,创建函数 send( ),然后依次输出变量 k、','及 send(k)。将 k 作为参数传递给 send( ) 函数,函数内部有 for 循环,将值代入后 i 的值分别为 -1、-2、-3 和 -4,所以 s=''+k[-1]+k[-2]+k[-3]+k[-4]='afda'。最后输出的结果为"fadfa , afda"。本题选择 B 选项。

25. A　【解析】使用函数需要先定义,然后调用、执行,无须测试。本题选择 A 选项。

26. C　【解析】通读程序后可知,程序最后输出的结果是函数的返回值[x,y],x、y 是调用 random 库的 randint( ) 函数生成的随机数。randint( ) 函数生成的是在两个参数范围内的随机整数,并且包含两个参数在内。A 选项中,两个值均满足条件,但是数据类型错误,输出的应该是列表类型;B 选项中,第一个值不满足条件;D 选项中,第一个值不满足条件,同时数据类型不正确。本题选择 C 选项。

27. D　【解析】程序自上向下执行,首先创建函数,此时函数未经过调用,无须执行。然后创建变量 sp,并输出变量 sp 的值和函数的返回值,所以第一个值为 100。myf( ) 函数的参数为 4 和 3,代入函数。myf( ) 函数中使用了 global 关键字,诱导考生认为全局变量 sp 已经被修改,但是在输出过程中 sp 先输出,此时还未执行函数。经运算 myf( ) 函数的返回值为 112。本题选择 D 选项。

28. C　【解析】观察程序,遍历列表 ss,当循环执行时,每次输出最大的字母,同时删除最大的字母。虽然列表的长度也随之变化,但是在循环之初已经将列表的长度传递给 range( ) 函数,所以遍历次数不变。因此排除 A、D 两个选项。在循环内有 print( ) 函数,并且含有参数 end=',',故在每次输出最大的字母后加上逗号。本题选择 C 选项。

29. A　【解析】此题输出字符串的长度。字符串的长度需将空格也算在内。本题选择 A 选项。

30. B　【解析】程序主要的操作是在循环结构内,根据 x 的长度控制循环结构次数。循环 3 次,每次分别用 x 的值作为 z 字典的键,以及 y 对应位置的值作为 z 字典的值。本题选择 B 选项。

31. C　【解析】字典的 pop( ) 方法用于删除第一个参数对应的字典中的键值对,并返回该键值对的值。如果字典中没有第一个参数对应的键,就返回第二个参数。本题选择 C 选项。

32. D　【解析】经计算 ls=[120,'120',120,120]。列表的 index( ) 方法返回的是参数对应的第一个匹配项的索引,索引为 0。count( ) 方法用于计算参数在列表当中的个数,有 3 个。本题选择 D 选项。

33. A　【解析】采用读模式,不能对文件进行写操作,故 A 选项错误;想对文件进行追加模式写入,需要使用“a”参数，故 B 选项正确；“ + ”是在原打开模式的基础上增加功能，比如对读增加写功能，对写增加读功能，故 C 选项正确；只以写模式打开文件，同样不可以对文件进行读操作，故 D 选项正确。本题选择 A 选项。

34. A 【解析】以“w + ”模式打开文件，既可以写入，也可以读取。本程序先进行写操作，将“hello”写入文件中，然后设置指针位置指向文件头，此时读取文件内容，即读取“hello”字符串，并显示到屏幕上。本题选择 A 选项。

35. A 【解析】A 选项返回的是一个视图对象，该对象包含字典中所有键值对作为元组的集合；B 选项返回的是字符串通过中文分词模块分割的结果形成的列表；C 选项返回的是字符串通过 split( ) 方法的参数分割的结果形成的列表；D 选项返回的是 range( ) 函数的 3 个参数形成的相应的列表。本题选择 A 选项。

36. C 【解析】二维数据并不一定要用 CSV 文件格式存储，C 选项的说法过于绝对。本题选择 C 选项。

37. A 【解析】get( ) 方法是字典的方法，不属于 Python 的内置函数；input( ) 是基本的输入函数，abs( ) 是绝对值函数，sum( ) 是计算和的函数，三者均属于 Python 的内置函数。本题选择 A 选项。

38. D 【解析】pip 工具可以安装、更新、卸载第三方库等，但是不可以打包 Python 源代码。想要打包 Python 源代码可以使用 PyInstaller 库。本题选择 D 选项。

39. A 【解析】Beautiful Soup 4 是文本处理方向的第三方库，常用来解析和处理 HTML 和 XML。本题选择 A 选项。

40. A 【解析】pandas 是基于 NumPy 的一种工具，该工具是为了解决数据分析任务而创建的。pandas 纳入了大量库和一些标准的数据模型，提供了高效地操作大型数据集所需的工具，所以可以用于金融数据分析。本题选择 A 选项。

二、基本操作题

41.【参考答案】

```
n = input('请输入一个正整数:')
for i in range(1,eval(n) +1):
    print('{:0 >2} {}'.format(i, '>'*i))
```

【解题思路】

由于输出的次数是由输入的值决定的，起始值为 1，终止值为输入值，并且需要将输入的值转化为整数，因此第 1 空应填入“1,eval(n) +1”。第 2 空为 format 的模板字符串，因为需要输出两个值，所以需要两个槽；题目要求以空格分隔，且第 1 个值需要以 0 补齐 2 个字符宽度并左对齐，所以第 2 空应填入“{:0 >2} {}”。第 3 空的作用是定义后面“ > ”符号的数量，所以用字符串与数字相乘，应填入“'>' * i”。

format( ) 格式化方法的语法格式如下。

<模板字符串>.format(<逗号分隔的参数>)

其中，模板字符串是一个由字符串和槽组成的字符串，用来控制字符串和变量的显示效果。槽用花括号({})表示，对应 format( ) 方法中用逗号分隔的参数。如果模板字符串中有多个槽，可以通过 format( ) 参数的序号在模板字符串槽中指定参数的使用，参数从 0 开始编号。例如：

"{0}曰:学而不思则罔，思而不学{1}。".format("孔子","则殆")

其结果为“孔子曰:学而不思则罔，思而不学则殆。”。

format( ) 方法的槽除了包括参数序号，还可以包括格式控制信息，语法格式如下。

{<参数序号>:<格式控制标记>}

其中，格式控制标记包括填充、对齐、宽度、,、精度、类型 6 个字段，由引导符号(:)作为引导标记。这些字段都是可选的，并且可以组合使用。

填充：用于填充的单个字符。

对齐：分别使用 <、> 和^这 3 个符号表示左对齐、右对齐和居中对齐。

宽度：设定当前槽的输出字符宽度。

,：用于显示数字类型的千位分隔符。

精度：由小数点(.)开头，对于浮点数，精度表示小数部分输出的有效位数；对于字符串，精度表示输出的最大长度。

类型：表示输出整数和浮点数类型的格式规则。

42.【参考答案】

```
ns = input("请输入一串数据:")
dnum,dchr = 0,0
for i in ns:
    if i.isnumeric():
        dnum += 1
    elif i.isalpha():
```

```
            dchr  += 1
    else:
            pass
print('数字个数:{},字母个数:{}'.format(dnum,dchr))
```

【解题思路】

本题主要考查字符串的isnumeric()方法和isalpha()方法的使用。这两个方法分别用于判断字符串中的所有字符是否全为数字或字母,是则返回True,否则返回False。通读已给出的代码可以知道,dnum是字符串中数字的数量,dchr是字符串中字母的数量,二者初始值都设为0,所以第1空应填入"0,0"。第2空和第3空分别是对数字和字母的计数,所以都填入"1"。第4空是将计算出来的个数输出,按照数字在前、字母在后的顺序,所以应填写入"dnum,dchr"。

43.【参考答案】

```
std = [['张三',90,87,95],['李四',83,80,87],['王五',73,57,55]]
modl = "亲爱的{}, 你的考试成绩是: 英语{}, 数学{}, Python{}, 总成绩{},特此通知。"

for st in std:
    cnt = 0
    for i in range(1,4):
        cnt  += st[i]
    print(modl.format(st[0],st[1],st[2],st[3],cnt))
```

【解题思路】

本题主要考查列表索引的使用。通读程序,可以发现cnt参数对应的是总成绩,那么前面循环计算的就是总成绩,且第1空的位置需要创建变量cnt,使cnt初始值为0,因此第1空应填入"0"。之后循环叠加st列表的第2个值到第4个值,因此第2空应填入"1,4",第3空应填入"st[i]"。

三、简单应用题

44.【参考答案】

```
import turtle as t
import random as r
color = ['red','orange','blue','green','purple']
r.seed(1)
for i in range(5):
    rad = r.randint(20,50)
    x0 = r.randint(-100,100)
    y0 = r.randint(-100,100)
    t.color(r.choice(color))
    t.penup()
    t.goto(x0,y0)
    t.pendown()
    t.circle(rad)
t.done()
```

【解题思路】

本题主要考查turtle库和random库的使用。通读程序,可以看到turtle库已经被取了别名t,所以第1空应填入"import turtle as t"。继续向下阅读循环语句,看到rad变量在循环结构的最后一句是turtle库未知函数的参数,并且此函数只有一个参数,那么由题意可知,此处应该是画圆的函数,所以第5空应填入"circle"。又因为半径的范围为[20,50]且由randint()函数产生,所以第2空应填入"randint(20,50)"。剩下两个空此时就很清晰了。x0是横坐标,所以第3空应填入"randint(-100,100)"。第4空的作用是将绘制点随机变动,应使用goto()方法,并且其参数为x0,y0,所以第4空应填入"goto(x0,y0)"。最后阅读完整程序,程序的执行过程是:①导入turtle库,导入random库,创建颜色列表,设置随机数种子;②创建随机的半径、横坐标和纵坐标变量,设置画笔颜色(通过choice()函数随机选取一个颜色),提起画笔,移动到之前创建的横、纵坐标位置,放下画笔,根据半径画圆;③继续执行循环,直至循环结束;④结束绘制。

45.【参考答案】

```
img = [0.244, 0.832, 0.903, 0.145, 0.26, 0.452]
filter = [0.1,0.8,0.1]
res = []
```

```
for i in range(len(img) -2):
    k =0
    for j in range(len(filter)):
        k += filter[j] * img[j+i]
        print("k ={:.3f} ,filter[{}] ={:.3f} ,img[{}{}{}] ={:.3f}".format(k,j,filter[j],i,'+',j,img[i+j]))
    res.append(k)
for r in res:
    print('{:<10.3f}'.format(r),end ='')
```

【解题思路】

本题主要考查考生对题目的理解。题目要求输出多个 k 值,k 值分别为 lt2 列表的 3 个数字与 lt1 索引为 0、1、2 的数字的乘积和、lt2 列表的 3 个数字与 lt1 索引为 1、2、3 的数字的乘积和、lt2 列表的 3 个数字与 lt1 索引为 2、3、4 的数字的乘积和、lt2 列表的 3 个数字与 lt1 索引为 3、4、5 的数字的乘积和,一共 4 个 k 值,并且每次计算需要将 k 值及对应的运算数输出。观察已有代码能够看出,需要填写的部分为 k 值的计算。先设置 k 值为 0,然后创建计算每单个 k 值的循环,在循环内部对 k 值进行叠加,并通过 format()方法输出每次计算的 k 值、对应的 img 列表的值、filter 列表的值。需要注意的是,filter 的索引值和 img 的索引值需与题中描述类似。

四、综合应用题

46.(1)**【问题 1 参考答案】**

```
f = open('data.txt','r',encoding ='utf-8')
data = f.read()
f.close()
f = open('clean.txt','w')
s =''
x =',。?、‘’“”;:、)——(!'
for i in data:
    if i not in x:
        s +=i
f.write(s)
f.close()
```

(2)**【问题 2 参考答案】**

```
import jieba
f = open('clean.txt','r')
data = f.read()
f.close()
l = jieba.lcut(data)
d = {}
for i in l:
    if len(i) >=3:
        d[i] =d.get(i,0) +1
lt = list(d.items())
lt.sort(key = lambda x:x[1],reverse = True)
for i in lt[:9]:
    print(i[0],':',i[1],end =',',sep ='')
print(lt[9][0],':',lt[9][1],sep ='')
```

【解题思路】

(1)本小题无须使用 jieba 库,直接读取文件即可,但需要将读取文件的编码设置为 UTF-8,可以通过参数 encoding 设置。创建一个包含中文标点符号的字符串,并且该字符串需将空格和换行符考虑进去。考生可先浏览 data.txt 文件查看有关的中文标点。接下来对读取的数据进行遍历,将不在标点符号字符串内的数据都添加到新的变量中,然后直接写入文件 clean.txt。

(2)本小题要使用 jieba 库,故使用 import 保留字导入 jieba 库。打开 clean.txt 文件后,需要用 read()方法读入整个文件内容并赋值给 data;然后使用 jieba 库的 lcut()函数对 data 进行精准分词,其分词结果存放在列表 l 中;最后定义一个字典 d,用来存放选出的主题词(键)和该词出现的次数(值)。

用 for 循环遍历列表 l 中的每个元素(主题词)。题目要求选出长度大于等于 3 个字符的主题词(len(i) >=3),当主题词符合要求时,就将该元素存入字典 d 中作为一个键(d[i]),该键所对应的值设置为 1(d.get(i,0)+1)。在后面的循环中,只要遍历的主题词和键相同,就将该键对应的值加 1。

lt = list(d.items())表示将字典类型变成列表类型,字典中的每个键值对对应列表中的一个元组。随后,对列表 lt 中的元素通过 sort()方法进行排序。参数"key = lambda x:x[1]"中,lambda 是一个匿名函数,是固定写法,不能写成别的单词;x 表示列表中的一个元素,在这里表示一个元组(x 只是临时起的一个名字,也可以使用任意的名字);x[1]表示以元组中第 2 个元素排序。sort()方法的第 2 个参数表示排序方式,若该参数为"reverse = True",则表示按降序排序;若该参数未填写或为"reverse = False",则表示按升序排序。程序中"reverse = True",表示按照列表 lt 中每个元组中的第 2 个元素(次数)降序排序。

排序后,通过一个 for 循环,遍历列表 lt 中的前 9 个元组,每个元组的第 1 个元素(主题词)和第 2 个元素(次数)通过":"连接输出,并添加逗号作为输出结束符,空格作为字符分隔符。最后输出第 10 个元组。

第 8 套　参考答案及解析

一、选择题

1. D 【解析】允许多个联机用户同时使用一台计算机系统进行计算的操作系统称为分时操作系统。分时操作系统把中央处理器的时间划分成时间片,轮流分配给每个联机终端用户,每个用户只能在极短时间内执行,若程序未执行完,则等待分到下次时间片时再执行。这样,系统的每个用户的每次要求都能得到快速响应,且用户感觉好像自己独占计算机。本题选择 D 选项。

2. A 【解析】在执行指令的过程中,CPU 不经过总线能直接访问的是寄存器。寄存器是访问速度最快的存储器。本题选择 A 选项。

3. B 【解析】带链的队列和带链的栈均采用链式存储结构。链式存储的存储单元是不连续的,因为是不连续的存储空间,所以指针将不会有规律地连续变化,故 C、D 选项错误。在循环队列中,队头指针和队尾指针的动态变化决定队列的长度,故 B 选项正确,A 选项错误。本题选择 B 选项。

4. C 【解析】栈的存储空间为 S(1:60),初始状态为 top = 61,即栈的初始状态为空。当第 1 个元素进栈后,top = 60;当第 2 个元素进栈后,top = 59;第 3 个元素进栈后,top = 58,以此类推。当 top = 1 时,共有 60 个元素入栈。本题选择 C 选项。

5. A 【解析】最坏情况下比较次数:堆排序为 $n\log_2 n$,快速排序为 $n(n-1)/2$,简单插入排序为 $n(n-1)/2$,冒泡排序为 $n(n-1)/2$。本题选择 A 选项。

6. D 【解析】系统软件是管理计算机的资源、提高计算机的使用效率、为用户提供各种服务的软件,如操作系统、数据库管理系统、编译程序、汇编程序和网络软件等。应用软件是为了应用于特定的领域而开发的软件,A、B 和 C 三个选项都属于应用软件。本题选择 D 选项。

7. B 【解析】白盒测试的主要技术有逻辑覆盖测试、基本路径测试等。其中,逻辑覆盖测试包括语句覆盖、路径覆盖、判定覆盖(也称为分支覆盖)、条件覆盖、判断 - 条件覆盖。边界值分析属于黑盒测试。本题选择 B 选项。

8. C 【解析】在关系模式中,凡能唯一标识元组的最小属性集称为该关系的键或码。本题选择 C 选项。

9. A 【解析】由于数据冗余,有时修改数据时,一部分数据被修改,而另一部分没有被修改,造成同一种数据有多个值,产生数据不一致。本题选择 A 选项。

10. B 【解析】本题中,由(书店编号,书籍编号)→部门编号,(书店编号,部门编号)→部门负责人,(书店编号,书籍编号)→库存数量,可确定关系模式 R 的主键为(书店编号,书籍编号)。这样就存在着非主属性"部门负责人"对主键(书店编号,书籍编号)的传递函数依赖,不满足第三范式(3NF),所以关系模式 R 最高是第二范式(2NF)。本题选择 B 选项。

11. A 【解析】Python 属于脚本语言,脚本语言采用解释执行方式。解释执行是将源代码逐条转换成同时逐条运行的过程,不是一次性翻译的。本题选择 A 选项。

12. D 【解析】缩进格式要求程序对齐,清晰、简明地表示语句的所属关系;Python 的标识符采用大写字母、小写字母、数字、下划线及汉字等字符及其组合进行命名,但标识符的首字符不能是数字,中间不能出现空格,长度没有限制;Python 的关键字区分大小写,True 是关键字,但 true 不是关键字。本题选择 D 选项。

13. B 【解析】关键字也称保留字,是编程语言内部定义并保留使用的标识符。Python 3.x 的关键字有 35 个,分别是 and、as、assert、async、await、break、class、continue、def、del、elif、else、except、False、finally、for、from、global、if、import、in、is、lambda、None、nonlocal、not、or、pass、raise、return、True、try、with、while、yield。本题选择 B 选项。

14. C 【解析】对字符串中某个子串或区间的检索称为切片。切片的语法格式为 **<字符串或字符串变量>[*N*:*M*]**。切片获取字符串从 *N* 到 *M*(不包含 *M*)的子字符串,其中 *N* 和 *M* 为字符串的索引,可以混合使用正向递增索引和反向递减索引。切片要求 *N* 和 *M* 都在字符串的索引区间,如果 *N* 大于等于 *M*,则返回空字符串;如果 *N* 缺失,则默认将 *N* 设为 0;如果 *M* 缺失,则默认表示到字符串结尾。

A 选项的 tstr[4:7] = 'vis',B 选项的 tstr[5:7] = 'is',C 选项的 tstr[-6:6] = 'vi',D 选项的 tstr[4: -2] = 'visi'。本题选择 C 选项。

15. D 【解析】id()函数的返回值是对象的内存地址,属于数字类型。本题选择 D 选项。

16. B 【解析】divmod(x,y) 函数用于计算 x 和 y 的除余结果,返回两个值,分别是 x 与 y 的整除结果(x//y),以及 x 与 y 的余数(x%y)。返回的两个值组成了一个元组类型,即圆括号包含的两个元素 (x//y, x%y)。由于 40//3 = 13,40%3 = 1,故表达式 divmod(40,3)的结果为(13,1)。本题选择 B 选项。

17. C 【解析】将字符串 str 中所有的字符都大写需使用 str. upper()方法,故 A 选项不正确;x 为字符串类型,字符串类型不能进行除法运算,故 B 选项不正确;isnumeric()方法用于检测字符串是否只由数字组成,如果字符串中只包含数字,就返回 Ture,否则返回 False,故 D 选项错误;len()函数用于返回字符串的长度。获取字符串 str 的长度的语法格式为 **len(str)**。本题选择 C 选项。

18. A 【解析】str1[2:]表示对字符串 str1 进行切片,即从索引为 2 的字符开始切片直到字符串结尾(字符串最左侧的字符索引为 0),其结果为 python@*;strip(chars)表示从字符串中去掉其左侧和右侧 chars 中列出的字符,python@*. strip('@')表示将字符串左侧和右侧的@字符去掉,由于字符串最左侧和最右侧均无@字符,故语句执行结果为 python@*。本题选择 A 选项。

19. D 【解析】在 Python 中比较两个字符串的大小,要从第 1 个字符开始比较,只要比较出了大小,就产生结果。本题中,变量 x 和 y 的前两个字符相同,但 y 没有第 3 个字符,所以 x 大,则表达式 x > y 的结果为 True。本题选择 D 选项。

20. B 【解析】for 语句的循环执行次数是根据 <循环结构> 中元素的个数确定的。[1,2,3]和['1','2','3']均有 3 个元素,因此循环次数是一样的,故 A 选项正确。range()函数只有 1 个参数时,表示输出从 0 开始计数到输入参数的前一位整数结束的整数列表;有 2 个参数时,则将第 1 个参数作为起始位,第 2 个参数作为结束位,输出从起始位到结束位的前一位的整数列表;有 3 个参数时,第 3 个参数表示步长,起始位按照步长递增或递减,故 C、D 选项正确。循环体中的 break 语句影响循环次数,但是不代表循环体中不能有 break 语句,B 选项错误。本题选择 B 选项。

21. B 【解析】replace()方法的语法格式为 **str. replace(old, new[,max])**,其作用是把字符串中的 old(旧字符串)替换成 new(新字符串),返回一个新的字符串。如果指定第 3 个参数 max,则替换不超过 max 次。本题中,for 循环执行后,将依次返回新的字符串 ish520、fsh520、fis520,这并不影响 w,故程序执行print(w)后输出 fish520。本题选择 B 选项。

22. C 【解析】无论用户输入的是字符还是数字,input()函数统一按照字符串类型输出。当输入 aa 时,以字符串类型'aa'返回;然后 eval()函数处理字符串'aa',去掉其两侧的引号,将其解释为一个变量。由于之前没有定义过该变量,因此解释器报错,输出“输入有误”。本题选择 C 选项。

23. A 【解析】集合中可以使用 add()方法增加新元素,但不能使用方括号来添加,故 B 选项错误;字典数据类型必须用不可变的元素作为键,而列表是可变的,不能作为键,故 C 选项错误;字典的 items()函数返回的是所有键值对,故 D 选项错误。本题选择 A 选项。

24. B 【解析】本题中函数体内没有 return 语句,即无返回值,因此默认返回 None,输出结果为 None。本题选择 B 选项。

25. D 【解析】自己定义的函数可以与内置函数同名,当调用此函数时会先调用自己定义的函数;函数可以没有输入参数和返回结果;Python 程序是自上而下执行的,函数的定义应放在函数调用之前,否则会报错。本题选择 D 选项。

26. C 【解析】本题中,变量 z 为全局变量,函数内部改变了该变量的值,在函数外部该变量的值不变,因此最后 z 的值仍为 10。然后执行函数 glo(4,2),将实参 4 传递给形参 b,将实参 2 传递给形参 a。函数体内的 z += 3 * a + 5 * b 可变形为 z = 10 + 3 * a + 5 * b = 10 + 3 * 2 + 5 * 4 = 36,故函数的返回值为 36。本题选择 C 选项。

27. D 【解析】列表的 index() 方法用于从列表中找出某个对象的第一个匹配项的索引,如果这个对象不在列表中会报异常错误。本题中,l1. index(2)是指在列表 l1 中查找对象 2,但列表中并不存在元素 2,因此会报异常错误。本题选择 D 选项。

28. B 【解析】在 Python 中,字母大小写是非常敏感的,“N”和“n”是不同的字符。本题中,有两层 for 循环,即每个字符要输出两次,直到 i == 'n'时,跳出循环,执行输出语句。本题选择 B 选项。

29. A 【解析】zip()是 Python 的一个内置函数。它接收一系列可迭代的对象作为参数,将对象中对应的元素打包成一个个元组,然后返回由这些元组组成的列表。若传入参数的长度不等,则返回的列表的长度与参数中长度最短的对象相同。本题中,x 为列表类型,y 为元组类型。zip(x,y)返回的结果为[(90,'Aele'),(87,'Bob'),(93,'lala')]。for 循环中 i 的值依次为 0、1、2,因此 z(字典类型)的值为{0: [(90, 'Aele'), (87, 'Bob'), (93, 'lala')], 1: [(90, 'Aele'), (87, 'Bob'), (93, 'lala')], 2: [(90, 'Aele'), (87, 'Bob'), (93, 'lala')]}。本题选择 A 选项。

30. A 【解析】set()函数用于将其他的组合数据类型转换为集合类型,返回结果是一个无重复且排序任意的集合。因此,ss = set("htslbht")的返回值是一个类似于{'h', 'l', 'b', 's', 't'}的集合,然后将其赋值给 ss。sorted(ss)的返回值是对 ss 进行排序后的结果,即执行 sorted(ss)后,ss 的值并没有改变,最后仍输出 hlbst。本题选择 A 选项。

31. C 【解析】在 Python 中,列表对象的赋值就是简单的对象引用。本题中,ls1 和 ls2 指向同一内存。ls2 是 ls1 的别名,是引用 ls1。对 ls2 做修改,ls1 也会跟着变化。ls2. reverse()的作用是将列表 ls2 中的元素反转,结果为[5,4,3,2,1],则 ls1 的值也为[5,4,3,2,1]。本题选择 C 选项。

32. A 【解析】由题意及程序代码可知,程序的功能是将字典中的键值互换。tb. items()以列表形式(并非直接的列表,若要返回列表值,还需调用 list()函数)返回可遍历的(键, 值) 元组数组。在 for 循环中,it 每次遍历得到的是一个元组,依次为('yingyu',20)、('shuxue',30)、('yuwen',40),然后将元组中索引为 0 的元素和索引为 1 的元素互换位置,实现字典中键值的互换,故应填入 stb[it[1]]=it[0]。本题选择 A 选项。

33. A 【解析】如果文件只被打开,文件内容是不会装入内存的。只有执行读取操作的时候才会把文件相应的内容(例如在 read()函数中指定读取的字节长度)装入内存。本题选择 A 选项。

34. C 【解析】由题意可知,写入文件的是"'90'、'87'、'93'",字符之间用逗号分隔。A 选项是将字符通过逗号连接成形如"'90,87,93'"的字符串;B 选项没有使用逗号分隔;D 选项由于在花括号({})外部没有使用引号,相加的结果为""90,87,93""。本题选择 C 选项。

35. D 【解析】程序先调用 modi()函数,并在函数体内进行赋值操作。列表对象的赋值就是简单的对象引用。函数体内,img1 和 img2 指向同一内存,img1 是 img2 的别名。函数调用后输出[1,2,3,4,5]。然后执行 print(img1),此处的 img1 是外部变量,与函数体内的 img1 不是同一个变量,故仍输出[12,34,56,78]。本题选择 D 选项。

36. A 【解析】列表的索引也可以是负整数,如 l[-1]就代表列表 l 的最后一个元素。本题选择 A 选项。

37. C 【解析】pip 工具常用的命令有安装(install)、下载(download)、卸载(uninstall)、列表(list)、查看(show)、查找(search)。-V 属于 pyinstaller 命令的常用参数,不属于命令。本题选择 C 选项。

38. B 【解析】-F 是指在 dist 文件夹中只生成独立的打包文件(EXE 文件),所有的第三方依赖、资源和代码均被打包到此 EXE 文件中。本题选择 B 选项。

39. A 【解析】第三方库 beautifulsoup4 用于解析和处理 HTML 和 XML。它最大的优点是能根据 HTML 和 XML 语法建立解析树,进而高效解析其中的内容。本题选择 A 选项。

40. D 【解析】turtle 库的 home()函数是设置当前画笔位置为原点,方向向东。本题选择 D 选项。

二、基本操作题

41.**【参考答案】**

```
n = eval(input("请输入正整数:"))
print("{:*>15}".format(n))
```

【解题思路】

本题主要考查 Python 字符串的格式化方法。Python 推荐使用 format()格式化方法,其语法格式如下。

<模板字符串>.format(<逗号分隔的参数>)

其中,模板字符串是一个由字符串和槽组成的字符串,用来控制字符串和变量的显示效果。槽用花括号({})表示,对应 format()方法中用逗号分隔的参数。如果模板字符串中有多个槽,可以通过 format()参数的序号在模板字符串槽中指定参数,参数从 0 开始编号。例如:

"{0}曰:学而不思则罔,思而不学{1}。".format("孔子","则殆")

其结果为"孔子曰:学而不思则罔,思而不学则殆。"。

format()方法的槽除了包括参数序号,还可以包括格式控制信息,语法格式如下。

{<参数序号>:<格式控制标记>}

其中,格式控制标记包括填充、对齐、宽度、,、精度和类型 6 个字段,由引导符号(:)作为引导标记,这些字段都是可选的,也可以组合使用。

填充:用于填充的单个字符。

对齐:分别使用 <、> 及^表示左对齐、右对齐及居中对齐。

宽度:设定当前槽的输出字符宽度。

,:用于显示数字类型的千位分隔符。

精度:由小数点(.)开头,对于浮点数,精度表示小数部分输出的有效位数;对于字符串,精度表示输出的最大长度。

类型:表示输出整数和浮点数类型的格式规则。

本题的格式要求:宽度为 15 个字符,数字右边对齐,不足部分用星号填充,故模板字符串为"{:*>15}"。因此横线处应填入":*>15"。

42.【参考答案】

```
a = [3,6,9]
b = eval(input()) #例如:[1,2,3]
c = []
for i in range(3):
    c.append(a[i] + b[i])
print(c)
```

【解题思路】

a 和 b 是两个长度相同的列表变量,a 中有 3 个元素,则 b 中也要有 3 个元素,a 中元素与 b 中对应元素的和为 a[i] + b[i],故第 2 空应填入"a[i] + b[i]"。列表中元素的索引从 0 开始,因此 for 循环中 i 的值应分别为 0、1、2,故第 1 空应填入"3"。

43.【参考答案】

```
import random
random.seed(0)
s = 0
for i in range(5):
    n = random.randint(1,97) # 产生随机数
    s = s + n ** 2
print(s)
```

【解题思路】

本题要求以 0 为随机数种子,seed()函数用于初始化随机数种子。因此第 1 空应填入"random.seed(0)"。

randint(a,b)函数用于随机生成一个[a,b]的整数。本题要求的是 1(含)~97(含)的随机数,因此第 2 空应填入"1,97"。

最后求 5 个随机数的平方和,n 的平方可以表示为 n ** 2,平方和存储于变量 s 中,可表示为 s = s + n ** 2,因此第 3 空应填入"s + n ** 2"。

三、简单应用题

44.【参考答案】

```
import turtle
turtle.pensize(2)
d = 0
for i in range(1,9):
    turtle.fd(100)
    d += 45
    turtle.seth(d)
```

【解题思路】

本题要求绘制一个正八边形,需要使用 turtle 库,故使用import关键字把 turtle 库导入。由于绘制的是正八边形,在 for 循环遍历中,要对索引为 1 ~8 的每条边依次绘制,i 的取值从 1 开始到 8 结束。因此第 1 空应填入"9"。

turtle.fd()函数用于控制小海龟向当前方向前进一个指定距离,题目要求边长为 100 像素,因此第 2 空应填入"turtle.fd(100)"。

turtle.seth(d)函数用于设置小海龟当前行进方向为 d,该角度是绝对方向角度。在正八边形中,相邻两条边形成的外角均为 45°,即绘制完一条边后,小海龟的行进方向要增加 45°后再绘制下一条边。因此第 3 空应填入"45"。

45.【参考答案】

```
f = open("name.txt")
names = f.readlines()
f.close()
f = open("vote.txt")
votes = f.readlines()
f.close()
f = open("vote1.txt","w")
D = {}
```

```
NUM = 0
for vote in votes:
    num = len(vote.split())
    if num == 1 and vote in names:
        D[vote[:-1]] = D.get(vote[:-1],0) + 1
        NUM += 1
    else:
        f.write(vote)
f.close()
l = list(D.items())
l.sort(key = lambda s:s[1],reverse = True)
name = l[0][0]
score = l[0][1]
print("有效票数为:{} 当选村主任的村民为:{},票数为:{}".format(NUM,name,score))
```

【解题思路】

“name.txt”文件中每行为一个村民的姓名,用 readlines()函数读入所有行,以每行为元素形成列表 names;“vote.txt”文件中每行为一张选票信息,用 readlines()函数读入所有行,以每行为元素形成列表 votes。用 for 循环遍历 votes 列表中的每个元素,并使用 if 语句进行判断,若该元素中只有一个姓名(vote 的长度为 1)且该姓名也在列表 names 中,则为有效票,否则为无效票(将 vote 写入“vote1.txt”文件)。因此,第 1 空应填入“votes”,第 2 空应填入“names”,第 4 空应填入“vote”。

若判断为有效票,就将 NUM 加 1,统计出有效票数量,并将该元素作为字典 D 中的一个键,该键所对应的值为 1。在后面的循环中,只要遍历的元素和键相同,就将该键对应的值加 1。因此,第 3 空应填入“D.get(vote[:-1],0)”。

l = list(D.items())表示将字典类型转变成列表类型,字典中的每个键值对对应列表中的一个元组。然后,用 sort()方法对列表 l 的元素进行排序。在参数 key = lambda s:s[1]中,lambda 是一个匿名函数,是固定写法;s 表示列表中的一个元素,在这里表示一个元组(s 只是临时起的一个名字,也可以使用任意的名字);s[1]表示以元组中第 2 个元素排序。sort()方法的第 2 个参数表示按哪种方式排序,若为 reverse = True,表示按降序排序;若该参数未填写或 reverse = False,表示按升序排序。这里按降序排序,因此第 5 空应填入“reverse = True”。

排序后,列表 l 中第 1 个元素(一个元组)即为当选村主任的村民的姓名和选票数,其中,name = l[0][0]表示当选村主任的村民的姓名,score = l[0][1]表示选票数。因此,第 6 空应填入“l[0][0]”,第 7 空应填入“l[0][1]”。

四、综合应用题

46.(1)**【问题 1 参考答案】**

```
import jieba
f=open('data.txt','r')
lines = f.readlines()
f.close()
f=open('out.txt','w')
for line in lines:
    line = line.strip(' ')
    wordList = jieba.lcut(line)
    f.writelines('\n'.join(wordList))
f.close()
```

(2)**【问题 2 参考答案】**

```
import jieba
f = open('out.txt','r')
words = f.readlines()
f.close()
D = {}
for w in words:
    D[w[:-1]] = D.get(w[:-1],0) + 1
print("曹操出现次数为:{} ".format(D['曹操']))
```

【解题思路】

(1)本小题要使用jieba库,故使用import关键字引用jieba库。打开data.txt文件后,需要使用readlines()函数读入所有行,以每行为元素形成列表lines。然后用for循环遍历该列表中的每个元素并进行分词。在遍历每个元素时,首先使用strip()方法删除元素首尾出现的空格。因此,第1空应填入“line.strip(' ')”。再使用jieba库的lcut()方法对元素进行精准分词。因此,第2空应填入“jieba.lcut(line)”。最后将换行符插入每个词组之间,并写入“out.txt”文件中。因此,第3空应填入“join(wordList)”。

(2)首先使用import关键字引用jieba库。打开“out.txt”文件后,需要使用readlines()方法读入所有行,以每行为元素形成列表words。然后用for循环遍历该列表中每个元素出现的次数。因此,第1空应填入“words”。

在遍历每个元素时,若字典D中没有键与该元素相同,就将该元素作为字典D的一个键,并将该键所对应的值置为1;若字典D中存在键与该元素相同,就将该键对应的值加1。因此,第2空应填入“D.get(w[:-1],0)”。

本小题要求输出“曹操”出现的次数,字典D中键“曹操”对应的值为该词出现的次数。因此,第3空应填入“D['曹操']”。

第9套 参考答案及解析

一、选择题

1.C 【解析】允许多个联机用户同时使用一台计算机系统进行计算的操作系统称为分时操作系统。分时操作系统把中央处理器的时间划分成时间片,轮流分配给每个联机终端用户,每个用户只能在极短时间内执行。若程序未执行完,则等待分到下次时间片时再执行。这样,系统的每个用户的每次要求都能得到快速响应,且用户感觉好像自己独占计算机。本题选择C选项。

2.A 【解析】操作系统的功能主要为进程管理(处理机管理)、存储管理、设备管理、文件管理和用户接口。本题选择A选项。

3.D 【解析】对长度为n的线性表进行冒泡排序,最坏情况下需要比较的次数为$n(n-1)/2$。故对长度为20的线性表进行冒泡排序,最坏情况下需要比较的次数$=20\times(20-1)\div2=190$。本题选择D选项。

4.D 【解析】循环队列长度为40,初始状态为front = rear = 40,此时循环队列为空。经过一系列入队与退队操作后,front = rear = 15,此时循环队列为队满或队空。此后又正常地退出了一个元素,若循环队列为队空(0个元素),退出元素会发生“下溢”错误;若循环队列为队满,退出一个元素后循环队列中的元素个数$=40-1=39$。本题选择D选项。

5.A 【解析】假设叶子节点个数为n,则树的总节点数=度为3的节点数+度为2的节点数+度为1的节点数+度为0的节点数$=4+1+3+n$。根据树的总节点数为树中所有节点的度数之和再加1,则有总节点数$=3\times4+2\times1+1\times3+0\times n+1$。因此有$3\times4+2\times1+1\times3+1=4+1+3+n$,解得$n=10$,即叶子节点数为10。本题选择A选项。

6.C 【解析】软件需求规格说明书要涵盖用户对系统的所有需求,包括功能要求、性能要求、接口要求、设计约束等。软件需求规格说明书的可验证性指描述的每一个需求都可在有限代价的有效过程中验证确认,软件自身没有可验证性。本题选择C选项。

7.B 【解析】静态测试不实际运行软件,主要通过人工进行分析。动态测试就是通常所说的上机测试,通过运行软件来检验软件中的动态行为和运行结果的正确性。白盒测试的主要技术有逻辑覆盖测试、基本路径测试等。基本路径测试需要运行程序,属于动态测试。本题选择B选项。

8.C 【解析】概念数据模型简称概念模型,是一种面向客观世界、面向用户的模型,与具体的数据库管理系统和具体的计算机平台无关。概念模型着重于对客观世界复杂事物的描述及对它们内在联系的刻画。目前,常用的概念模型有实体联系模型和面向对象模型。本题选择C选项。

9.A 【解析】在学籍管理系统中,一名学生只有一份学籍档案,一份学籍档案只属于一名学生,则学生和学籍档案之间的联系是一对一。本题选择A选项。

10.B 【解析】检索医生编号为1且性别为男是选择行,用σ操作;检索患者姓名是选择列(投影),用π操作,则在表达式中应同时存在π和σ,故A选项错误。C选项没有满足性别为男的条件,不符合题意。D选项进行投影运算检索的是患者编号,不符合题意。本题选择B选项。

11.A 【解析】Python是一种解释型高级通用脚本语言,具有通用性,可以用于几乎任何与程序设计相关应用的开发。本题选择A选项。

12.D 【解析】在逻辑行首的空白(空格符和制表符)用来决定逻辑行的缩进层次,从而用来决定语句的分组。这意味着同一层次的语句必须有相同的缩进,不是同一层次的语句不需要缩进。一般在分支、循环、函数中含有缩进。缩进的空格数量可以任意,但同一层级中,数量必须一致。本题选择D选项。

13.C 【解析】在Python中,变量名的命名规则:以字母或下划线开头,后面跟字母、下划线和数字;不能以数字开头。本题选择 C 选项。

14. B 【解析】本题中,eval( )函数内部先执行字符串的拼接,然后用 eval( )函数去掉字符串的引号。首先字符串'100' + "1 + 2" = '1001 + 2',然后将字符串'1001 + 2'通过 eval( )函数转化,得到 1001 + 2 = 1003。本题选择 B 选项。

15. B 【解析】在 Python 中,int( )函数用于将变量 a 转化成整数类型;type( )函数用于判断变量 a 的数据类型;str( )函数用于将变量 a 转化成字符串类型;eval( )函数用于将字符串类型数据 a 去掉引号,并执行。本题选择 B 选项。

16. A 【解析】在 Python 中,复数的加法运算与数学中的加法运算一致,即实部与实部相加,虚部与虚部相加,最后得到 0j。注意:当虚部为 0 时,j 依然不能省略。本题选择 A 选项。

17. D 【解析】在 Python 中,可以使用 len( )函数获取字符串的长度,不存在 lenstr( )函数。本题选择 D 选项。

18. A 【解析】在本题中,format( )方法的格式控制标记也是通过槽来进行传递的,在进行输出之前,需要将槽内的格式控制标记补齐。根据槽内的数字,选择 format( )方法对应序号的参数。需要注意的是,参数序号从 0 开始,所以得到模板字符串为"{0:*>20,}\n{0:*^20,}\n{0:*<20,}"。然后使用 format( )方法将参数序号为 0 的参数一一填入,得到输出结果如下。

```
*************3.141593
******3.141593******
3.141593************
```

本题选择 A 选项。

19. C 【解析】在 Python 中,分支结构的精简模式由 if 和 else 两个保留字组成,语法格式为:**表达式 1 if 条件 else 表达式 2**。本题选择 C 选项。

20. D 【解析】本程序首先创建了变量 a,并赋值为 75,然后执行分支语句。因为 75 大于 60,满足条件,所以直接执行 if 分支下的 print("Should Work Hard!")语句,并且分支语句是自上而下执行的,只要有一个条件成立,便执行对应语句块,所以后续分支无须继续判断。本题选择 D 选项。

21. C 【解析】由题目代码可知,当用户输入"apple,banana,bear"时,该字符通过 input( )函数获取后成为字符串"apple, banana, bear",然后使用字符串的 split( )方法通过逗号将字符串分隔成列表["apple","banana","bear"]。在循环过程中,对 x 的值进行判断。只要 x 小于 a 列表的长度,循环就继续执行,在循环内部输出 a 列表,索引为 x 的值;并且 x 从 0 开始,每次循环 x 值加 1。循环一共执行 3 次,分别输出 apple、banana 和 bear。print( )函数设置了 end 参数为 &,所以每次输出不以换行符结尾,改为以 & 结尾。本题选择 C 选项。

22. D 【解析】在 Python 中,利用 try、except、finally 和 else 保留字提供异常处理功能。当发生异常时,可以通过 except 捕获异常,而不是直接退出程序。异常和错误是不同的概念。本题选择 D 选项。

23. B 【解析】当 for 循环遍历的结构中没有元素时,for 循环内部语句块不执行,故 A 选项错误。for 循环可以直接遍历字符串,有多少个字符循环就执行多少次,故 B 选项正确。for 循环遍历字典时,遍历的是字典的键,不能将字典的值遍历出来,故 C 选项错误。for 循环可以与 break 和 continue 保留字使用,用于控制循环的执行限制,故 D 选项错误。本题选择 B 选项。

24. A 【解析】在 Python 中,divmod( )函数用于返回包含第 1 个参数除以第 2 个参数的商和余数的元组。type( )函数用于返回参数的数据类型。ord( )函数用于返回字符串参数的 ASCII 值或者 Unicode 值。本题选择 A 选项。

25. C 【解析】在 Python 中,函数中形参的定义顺序一般为位置参数、默认参数及可变参数。C 选项中,*a 为可变长度参数,b 为位置参数,顺序不对。本题选择 C 选项。

26. D 【解析】题目中的程序创建了一个函数,并在函数外部调用函数。函数内部首先创建了两个变量 a、b,并依次赋值为 1000、99。然后使用 for 循环遍历 10 次,循环内执行语句 a = a × (b + 1),b = b × (a - 1),循环结束用 return 关键字返回 a 与 b 进行小于判断的布尔值。因为函数虽然有一个布尔值作为返回值,但是并没有任何输出的语句来显示结果,所以没有任何输出。本题选择 D 选项。

27. B 【解析】在 Python 中,局部变量可以是任意标志符,因为局部变量在函数执行完成后被系统回收,相当于被销毁,所以即使与全局变量同名,也可以正常运行。本题选择 B 选项。

28. A 【解析】组合数据类型根据数据的关系分为序列类型、集合类型和映射类型,其中序列类型又包含字符串、元组和列表。集合类型和映射类型都是没有顺序的数据类型,不能通过序号访问。本题选择 A 选项。

29. C 【解析】存储多信息的数据,最适合的是列表数据类型。列表内含有多个元素,每一个元素都是一个单独的列表,第一个列表存储的是信息的分类,每一类作为一个元素,后续列表存储的都是学生的个人信息,将信息按照分类的顺序逐个存储即可。本题选择 C 选项。

30. A 【解析】在 Python 中,列表类型是可变的数据类型;元素可以是任意的数据类型,也可以任意修改。本题选择 A 选项。

31. D 【解析】本题考查列表的索引及切片。首先,列表索引 -4 得到元素['河北省','浙江省','广东省'];然后,该元素索引 1 得到元素'浙江省';接下来将字符串通过[:2]切片得到字符串'浙江';最后输出浙江。本题选择 D 选项。

32. C 【解析】本题考查列表的索引。str1 通过空格及加法将列表的各个元素拼接起来,s[3]代表的是第 4 个元素"how",s[4]代表的是第 5 个元素"do",s[5]代表的是第 6 个元素"you",s[6]代表的是第 7 个元素"do",拼接起来就是"how do you do"。本题选择 C 选项。

33. B 【解析】字典的 pop()方法用于寻找字典中是否存在与第 1 个参数相同的键,若存在,则删除该键值对,并返回对应的值;若不存在,则返回第 2 个参数。字典中存在字符串"黄昏"这个键,所以删除对应键值对,并返回字符串"戌时"赋值给 time。本题选择 B 选项。

34. D 【解析】A 选项错误,采用等号是直接将 ls2 的数据赋值给 ls1。B 选项错误,列表的 insert()方法必须要有两个参数,第 1 个参数是插入的位置,第 2 个参数是插入的元素。C 选项错误,min()函数返回的是最小值。D 选项正确,join()方法将括号内参数(一个可迭代对象,如列表、元组等)的各个元素以调用该方法的字符串(作用分隔符)拼接起来,最后返回拼接后的字符串。本题选择 D 选项。

35. A 【解析】本程序是在输出 ls 前调用了 func()函数。在 func()函数内部,先将 lt 赋值给 ls,然后输出 ls,所以函数内部的输出数据应该是[1,2,3,4,5],由此可排除 C、D 两个选项。因为在函数内部采用了赋值符号,所以函数内部的 ls 相当于局部变量,那么函数外部的全局变量 ls 便不会被局部变量所影响,最后输出[12,34,56,78]。本题选择 A 选项。

36. A 【解析】列表可以正向索引,也可以反向索引。当为反向索引时,索引值为负值,小于 0,所以 A 选项错误。本题选择 A 选项。

37. D 【解析】在 Python 中,turtle 库中没有 turtlesize()函数。shape()函数用于设置绘图箭头的形状。getscreen()函数用于返回一个 TurtleScreen 类的绘图对象,并开启绘画。setup()函数用于打开一个自定义大小和位置的画布。本题选择 D 选项。

38. B 【解析】分析题目中程序,该程序是使用 random 库中的 randint()函数生成范围在 1 到 100 的随机整数,只要数字大于等于 50,就输出,并结束程序;如果数字小于 50,便一直通过循环获取新的随机数,直至数字大于等于 50。因为本题未设置随机数种子,所以程序每次运行时会自动以当前运行的时间作为默认的随机数种子。由于种子不同,产生的结果也会不同,并且只要 a 是大于 50 的数字都可以退出程序,所以 C、D 两个选项错误。本题选择 B 选项。

39. C 【解析】Scrapy 是 Python 网络爬虫方向的第三方库。Matplotlib 是 Python 数据可视化方向的第三方库。opencv-python 是 Python 图像处理方向的第三方库。wxPython 是 Python 图形界面方向的第三方库。本题选择 C 选项。

40. A 【解析】requests 是 Python 网络爬虫方向的第三方库。NLTK 是 Python 自然语言处理方向的第三方库。PyTorch 是 Python 机器学习方向的第三方库。Pillow 是 Python 图像处理方向的第三方库。本题选择 A 选项。

二、基本操作题

41.【参考答案】

```
ls = eval(input())
s = ""
for item in ls:
    if type(item) == type("香山"):
        s += item
print(s)
```

【解题思路】

观察已有的提示代码,可以看到最后输出的是 s,那么代表在循环中 s 将字符串"Python"和"等级考试"拼接在一起了。循环的开始处有一条判断语句,type()函数返回的是参数的数据类型,而"香山"的数据类型是字符串,题目要求将字符串类型连接并输出,所以第 1 空应填入"type(item)",以判断 item 的数据类型。当 item是字符串类型时,将 itme 叠加给 s,所以第 2 空应填入"item"。

42.【参考答案】

```
import random
random.seed(25)
n = random.randint(1,100)
for m in range(1,7):
```

```
    x = eval(input("请输入猜测数字:"))
    if x == n:
        print("恭喜你,猜对了!")
        break
    elif x > n:
        print("大了,再试试")
    else:
        print("小了,再试试")
    if m == 6:
        print("谢谢! 请休息后再猜")
```

【解题思路】

观察文件中的已有代码,可知循环内通过判断 x 与 n 是否相等来输出。因为 x 是用户输入的猜测数字,那么 n 就是程序自动生成的随机数,所以第 1 空应填入“random. randint(1,100)”。第 2 空需要对 x 和 n 的大小进行判断,符合条件则输出“大了,再试试”,故第 2 空应填入“x > n”。第 3 空也需要填写一个条件,当满足这个条件时输出“谢谢! 请休息后再猜”,代表用户已经猜测了 6 次,那么此时 m 的值就应该为 6,所以第 3 空应填入“m == 6”。

43.**【参考答案】**

```
def f(n):
    s = 0
    if n%2 == 1:
        for i in range(1, n + 1, 2):
            s += 1/i
    else:
        for i in range(2, n + 1, 2):
            s += 1/i
    return s
n = int(input())
print('{:.2f}'.format(f(n)))
```

【解题思路】

本题要求在不同条件下生成不同的两个数字。观察已有程序,可知函数内部存在判断语句,在判断语句的内部又出现了 s 变量,且使用的是“+=”操作符,因此第 1 空应填入“s = 0”,设置 s 变量的初始值。然后将 if 分支下的 for 循环中 i 的初始值 1 代入计算,可以得到 s += 1/1。观察题目,1 这个值只有在 n 为奇数的时候在式中出现,则第 2 空应填入“n%2 == 1”。因为需要输出函数的返回值,且题目要求输出结果保留 2 位小数,所以第 3 空应填入“'{:.2f}'.format(f(n))”。

三、简单应用题

44.**【参考答案】**

```
import turtle as t
color = ['red','green','blue']
rs = [10,30,60]

for i in range(3):
    t.penup()
    t.goto(0, -rs[i])
    t.pd()
    t.pencolor(color[i])
    t.circle(rs[i])
t.done()
```

【解题思路】

本题要求生成 3 个同心圆,并且因为绘制完成后箭头在最外层圆上,所以,应依次从内向外绘制。观察已有程序,因为需要绘制 3 个圆,所以第 1 空应填入“3”。循环体内,先抬起画笔,利用 goto()函数将画笔移动到绘制起始点,因为圆心是(0,0),并且半径依次是 10、30 和 60,所以此处用索引取出 rs 列表的半径值,由于起始位置在圆心下方,因此纵坐标应为负值,故第 2 空应填入“-rs[i]”。观察后续代码,修改了画笔的颜色,然后绘制圆,但应先将画笔放下,才能绘制出移动轨迹,所以第 3 空应填入“pd()”。画笔的颜色根据 color 列表进行索引取值,所以第4空应填入“color[i]”。最后根据 rs 列表中的半径绘制圆,所以第5空应填入“rs[i]”。

45.【参考答案】

```
import jieba
s = input("请输入一段中文文本,句子之间以逗号或句号分隔:")
slist = jieba.lcut(s)
m = 0

for i in slist:
    if i in ",。":
        continue
    m += 1
    print(i,end = '/')

print("\n 中文词语数是:{} \n".format(m))

ss = ''
for i in s:
    if i in ',。':
        print('{:^20}'.format(ss))
        ss = ''
        continue
    ss += i
```

【解题思路】

本题要求将用户输入的词语分词,并按照一定格式输出。观察已有代码,循环体中遍历 slist,并且对 slist 中的元素进行判断,所以前面一定创建了 slist 这个变量。因为题目需要分词,所以 slist 应是 jieba 分词的结果。观察后续输出语句,输出了词语的数量 m,那么首先需要在循环体外创建 m 变量,在循环体内还需要对 m 的数量进行自增长,且每增长 1 代表一个中文词语,也要将这个中文词语输出一次。在 print()函数中还需要按照题目要求,设置 end 参数,并且每次输出以/结尾。接下来就是将诗句按照逗号和句号进行换行输出。首先创建一个空字符串 ss,使用 for 循环遍历用户的输入,当没有遇到逗号和句号时,便拼接该字符到字符串 ss 上;当遇到逗号和句号时,便直接利用 print()函数输出,并根据题目要求,使用 format()方法以空格填充、居中对齐、20 个字符宽度的要求输出该字符串。然后将 ss 重新赋值为空字符串,并结束本次循环,继续遍历拼接下一句。

四、综合应用题

46. (1)【问题 1 参考答案】

```
fi = open('data.txt','r')
fo = open('studs.txt','w')
students = fi.readlines()
for i in students:
    i = i.strip().split(':')
    name = i[0]
    score = i[1].split(',')[-1]
    fo.write(name + ':' + score + '\n')
fi.close()
fo.close()
```

(2)【问题 2 参考答案】

```
fi = open('data.txt','r')
students = fi.readlines()
l = []
for i in students:
    i = i.strip().split(':')
    name = i[0]
    score = i[1].split(',')[-1]
    l.append([name,score])
```

```
l.sort(key = lambda x:eval(x[1]),reverse = True)
print(l[0][0] +':' +l[0][1])
fi.close()
```

(3)【问题 3 参考答案】

```
fi = open('data.txt','r')
d = {}
students = fi.readlines()
for i in students:
    i = i.strip().split(':')
    clas,score = i[1].split(',')
    d[clas] = d.get(clas,[]) + [eval(score)]

for i in d:
    avg_score = sum(d[i])/len(d[i])
    print('{}:{:.2f}'.format(i,avg_score))
fi.close()
```

【解题思路】

(1)本小题需要将学生的姓名和成绩从素材文件“data.txt”中提取出来,然后输出到“studs.txt”文件中。观察“data.txt”文件中的格式,可以知道每一行都是一个学生的信息,所以读取文件采用 readlines()方法,然后将一行信息通过冒号先分开,学生的姓名就是分割后的第 1 个元素。剩下的就是班级和分数,再通过逗号分隔剩下的元素,将分数取出。写入文件时,用冒号拼接姓名和成绩,并且在元素后加上换行符,最后关闭文件即可。

(2)本小题需要输出分数最高的学生的姓名和分数,打开文件、分析文件两步都与第 1 问类似。在循环体中,首先把姓名和成绩取出,然后将二者组合成列表,添加到大列表中。循环结束后,列表 l 便具有多个元素,每个元素都是一个单独的列表,这个元素的第 1 位是学生的姓名,第 2 位就是学生的成绩。利用列表的 sort()方法为列表排序,lambda 函数的参数 x 代表的就是列表的元素,lambda 函数的返回值 eval(x[1])代表的就是该元素的索引为 1 的值,并且因为存储时的分数是字符串类型,所以通过 eval()函数转换为数字类型。然后设置 reverse 参数值为 True,将列表从大到小排列。最后输出列表的第 1 位元素的姓名和成绩即可。

(3)本小题需要统计每个班的平均分,并将班级和平均分输出到屏幕上。本题与前两问类似,但所需信息有所区别。本小题需要班级和分数两个信息,所以通过逗号切割的结果直接按位置赋值给 clas 和 score 两个变量。然后以班级为键,利用字典的 get()方法,当字典中存在这个班级时,就返回所有学生分数的列表,并加上新学生的分数这个元素;当字典中不存在这个班级时,就创建这个班级,以一个列表作为值,且列表的元素是当前学生的分数。循环结束,字典 d 中便存储了多个键值对,每个键值对都是一个班级所有学生的分数。因为最后的输出没有要求顺序,所以可以直接遍历字典。这相当于遍历字典的键,利用键取值,并使用 sum()和 len()函数计算平均数。最后因题目要求输出的结果保留两位小数,所以利用 format()方法格式化输出班级名和分数。

第 10 套　参考答案及解析

一、选择题

1. C　【解析】所谓虚拟存储器,就是采用一定的方法将一定的外存容量模拟成内存,同时对程序进出内存的方式进行管理,从而得到一个比实际内存容量大得多的内存空间,使得程序的运行不受内存大小的限制。因此,虚拟存储器是对内存(主存)的扩展。虚拟存储器的容量与物理主存大小无关,而受限于计算机的地址结构和可用磁盘容量。本题选择 C 选项。

2. A　【解析】在多道程序并发执行的情况下,程序的执行过程由当时的系统环境与条件决定,程序与其执行过程就不再有一一对应的关系。当多个执行过程共享某个程序时,它们都可以调用这个程序,调用一次即对应一个执行过程,也就是说,这个共享的程序对应多个执行过程。本题选择 A 选项。

3. B　【解析】数据的存储结构直接决定数据的输入,而这会影响算法所执行的基本运算次数,影响算法的时间复杂度,故 A 选项错误。算法的时间复杂度是指执行算法所需要的计算工作量,故 B 选项正确。数据的逻辑结构是指反映数据元素之间逻辑关系(即前后件关系)的数据结构,数据的存储结构是数据的逻辑结构在计算机存储空间中的存放方式,数据元素在计算机存储空间中的位置关系可能与逻辑关系不同,故 C 选项错误。算法的时间复杂度与空间复杂度没有直接关系,故 D 选项错误。本题选择 B 选项。

4. D　【解析】栈的顺序存储空间为 S(1:m),当初始状态为 top = m + 1 时,栈为空;当有元素入栈时,栈顶指针为 top - 1;元素退栈时,栈顶指针为 top + 1。栈中数据元素存储在 top 到 m 的位置,则栈内数据元素个数为 m - top + 1。本题选择 D 选项。

5. C 【解析】若二叉树的前序遍历序列与中序遍历序列相同，则二叉树中任意一个节点均不存在左子树；若二叉树的后序遍历序列与中序遍历序列相同，则二叉树中任意一个节点均不存在右子树。该二叉树具有 n 个节点，则该二叉树的深度为 n。本题选择 C 选项。

6. D 【解析】继承就是子类继承父类的特征和行为，使得子类对象(实例)具有父类的属性和方法，或子类从父类继承方法，使得子类具有父类相同的行为。本题选择 D 选项。

7. C 【解析】在程序流程图中，构成程序流程图的基本图符及含义：方框表示一个加工步骤；菱形表示一个逻辑条件；箭头表示控制流。本题选择 C 选项。

8. B 【解析】数据定义语言负责数据的模式定义与数据的物理存取构建。数据操纵语言负责数据的操纵，包括查询、增加、删除、修改等操作。数据控制语言负责数据完整性、安全性的定义与检查以及并发控制、故障恢复等功能。本题选择 B 选项。

9. C 【解析】在 E - R 图中，用矩形表示实体集，用椭圆形表示属性，用菱形表示联系。本题选择 C 选项。

10. B 【解析】关系 R 与 S 经并运算后所得到的关系由属于 R 或属于 S 的元组构成，记为 R∪S。本题中，关系 T 的元组要么属于关系 R，要么属于关系 S，故为并运算。本题选择 B 选项。

11. A 【解析】Python 社区鼓励并实行开源的原则，这意味着其大部分的第三方库都是在开源许可下发布的。开源许可证如 GPL 允许用户免费使用和传播代码，同时不用担心版权问题。这种开放性促进了开发者之间的协作与共享，加速了软件的发展与创新。本题选择 A 选项。

12. D 【解析】Python 中的保留字是语言的一部分，用于标识语法结构和关键字，因此不能用作变量名，故 A 选项正确。Python 支持使用 Unicode 字符集来命名变量，所以可以使用中文字符作为变量名，故 B 选项正确。在 Python 中，3 个连续的单引号或双引号用于定义多行字符串或者文档字符串(docstring)，是注释代码，自然也可以定义一行注释，故 C 选项正确。虽然在 Python 中可以定义 main()函数作为程序的入口点，但这不是强制要求的，故 D 选项错误。本题选择 D 选项。

13. B 【解析】B 选项采用了赋值语句，但是变量名使用了 global 关键字，所以不能运行。本题选择 B 选项。

14. A 【解析】type()函数可以返回参数的数据类型，题目中的参数为字符串。本题选择 A 选项。

15. C 【解析】在 Python 中，input()函数用于获取用户输入。A 选项中，s = eval(input())会尝试将用户输入的字符串去除引号并作为表达式执行，因为存在数字和字母，所以会被认为是变量名。但是变量名不允许以数字开头，故会产生异常。B 选项中，s = int(input())会尝试将用户输入的字符串转换为整数。由于"23f"包含非数字字符，尝试转换会产生 ValueError 异常。D 选项中，s = float(input())会尝试将用户输入的字符串转换为浮点数。因为"23f"包含非数字字符，尝试转换会产生 ValueError 异常。只有 C 选项能够正常接收"23f"这样的输入而不会发生异常。本题选择 C 选项。

16. A 【解析】//是用来做除法，并取整数部分的操作符。8.2 除以 2 得到 4.1，整数部分为 4，并且因为存在浮点数混合整数运算，即结果为 4.0。本题选择 A 选项。

17. B 【解析】本题考查字符串的切片，切片表达式为 s[start:stop:step]，从 start(索引值)开始，到 stop(索引值)结束，每切取一个字符，索引值便加上 step 后切取下一个，step 默认值为 1，并且不包括结束位置。题目中省略了开始位置和结束位置，其意义为切取全部字符串，此时包括最后一个字符，又因为步长为 2，所以依次切取的字符为 p、t、o，即 pto。本题选择 B 选项。

18. D 【解析】题目使用 s 字符串调用 format()方法，并且参数也为 s 字符串。观察 s 字符串内的槽，表示用“=”字符填充，居中对齐，宽度为 11 个字符，那么就将参数 s 字符串放在中间，两端用“=”字符填充至 11 个字符宽度。本题选择 D 选项。

19. C 【解析】在 if - else 分支结构中，<条件>表达式必须是一个存在布尔值属性的表达式，而不能是任意语句。本题选择 C 选项。

20. A 【解析】如果输入一个正整数，if (R < 0)这条语句仍然会被执行，虽然正整数并不满足条件 R < 0，但是不代表判断语句就不进行判断。本题选择 A 选项。

21. B 【解析】代码中有一个循环，遍历字符串 ss 中的每个字符。如果字符是小写字母('a' <= s <= 'z')，则输出该字符并继续循环；否则跳出循环。因此，当遇到第一个不是小写字母的字符时，循环就会停止，输出结果为之前已经输出的小写字母组成的字符串。最后输出结果为“py”。本题选择 B 选项。

22. D 【解析】代码中，try 语句块内的语句尝试计算变量 R 的平方。如果 R 是一个整数，那么 print(R ** 2)将成功执行并输出该整数的平方。选项 A 中，如果输入数据是 -2，R 被赋值为 -2，然后程序会尝试计算 -2 ** 2，结果是 4，所以输出是 4；选项 B 中，如果输入数据是 3，R 被赋值为 3，然后程序会尝试计算 3 ** 2，结果是 9，所以输出是 9；选项 C 中，如果输入的是一个英文字母，尝试计算平方时会引发一个异常，然后 except会被执行，输出“请输入整数”；选项 D 的描述是不正确的，只要 R 被定义为一个整数，就不会有

NameError。本题选择D选项。

23. C 【解析】循环结构有for循环和while循环,所有的for循环均可使用while循环改写,故A选项错误。while循环的条件表达式是数字时,会自动判断数字的布尔值,对数字类型来说,0和0的任意形式的布尔值均为False,其他数字的布尔值均为True,即非0整数,也代表条件成立,故B选项错误。range()函数用于生成一个数字序列,当参数为0,10,2时,代表从0开始到10(但不包括10)结束,每次的值加2,生成0,2,4,6,8共5个数字,循环执行5次,故D选项错误。本题选择C选项。

24. B 【解析】strdup()函数中,参数st被赋值为字符串"apple ~",而参数times的默认值为2。当调用strdup('apple ~')时,没有提供第2个参数,因此使用默认值2。

在函数内部,通过print(st * times)语句将字符串st重复times次并打印输出。由于st是"apple ~",times是2,所以输出结果就是重复两次的"apple ~",即"apple ~ apple ~"。本题选择B选项。

25. A 【解析】在Python中,函数的可选参数并不是可以放在任意位置的。位置参数是必选参数,它们没有默认值,调用函数时必须按照定义的顺序传入相应的值;关键字参数是带有默认值的参数,调用函数时可以不按顺序传入,通过指定参数名来传递值;可变参数允许传入任意数量的位置参数或关键字参数。使用*args可以收集多余的位置参数到一个元组中,而使用**kwargs可以收集多余的关键字参数到一个字典中。当调用函数时,必须首先传递所有的位置参数,然后传递关键字参数。如果有可变参数,它们应该放在最后,并且在关键字参数之后。

综上所述,虽然关键字参数的位置是可变的,但是它们必须在位置参数之后,这是由Python的函数调用规则决定的。因此,如果一个函数既有位置参数又有关键字参数,那么在调用时,关键字参数不能出现在位置参数之前。本题选择A选项。

26. D 【解析】本段代码首先定义了一个名为appendls的函数,并且在该函数中,创建了一个名为lc的列表,它包含一个元素"hello"。然后将参数la追加到列表lc中。接下来代码调用appendls()函数两次,第1次传入字符串"beijing",再将函数的返回结果作为参数继续运行该函数,第1次函数返回的结果为['hello', 'bejing'],第2次函数返回的结果为['hello', ['hello', 'beijing']]。本题选择D选项。

27. C 【解析】在func()函数内部定义了一个局部变量n,但是在return语句中返回的数据是传递给s变量,后续输出n会产生异常,因为不存在全局变量m,所以会报NameError错误。本题选择C选项。

28. B 【解析】在Python中,列表的索引从0开始,所以x[2]表示的是第3个元素,即['34',"sun"]。而-1表示最后一个元素,所以x[2][-1]表示的是子列表中的最后一个元素,即sun。最后,[0]表示取字符串的第1个字符,即s。本题选择B选项。

29. C 【解析】执行L1.append(2)后,L1变成了[2]。print()函数会输出L1和L1.append(2)这个操作的返回值。由于L1.append(2)没有返回值(即返回None),但输出的时候输出的是L1对应的内存地址存储的数据,所以后续的L1.append(2)这个操作也让L1变成了[2, 2]。本题选择C选项。

30. D 【解析】ls[1:4]表示的是列表ls中索引为1到3的元素,即[2,3,4]。执行ls[1:4]=lt语句后,将lt中的元素替换了ls中索引为1到3的元素,即[7,8]。因此,ls变成了[1,7,8,5]。本题选择D选项。

31. B 【解析】因为题目要求输出结果是{2: []},即一个字典,其中键为2,值为空列表[]。而选项B中,ds被赋值为一个空字典{},符合题目要求。其他选项都不符合题目要求。本题选择B选项。

32. A 【解析】创建一个空字典ds,使用get()方法从字典中获取键为2的值,如果不存在该键,则返回默认值[0],输出获取到的值和字典本身,所以输出是"[0] {}"。本题选择A选项。

33. C 【解析】在Python中,open()函数可以只传入一个参数,表示读模式,故A选项错误;"w +"模式表示可以对文件覆盖写,并且有读的权限,故B选项错误;readlines()函数表示读取文件的全部行内容,每一行形成一个字符串,所有的字符串组成一个列表,故D选项错误。本题选择C选项。

34. B 【解析】集合类型一般不能表示高维数据。本题选择B选项。

35. D 【解析】s.replace(';', ',')和s.strip(' ')都是字符串操作,分别用于替换和去除字符串中的特定字符,返回的均为字符串类型;jieba.cut()语句返回的是一个迭代器,可以通过循环来获取分词结果,但本身并不直接返回一个列表。本题选择D选项。

36. A 【解析】本段代码使用"r +"模式打开文件,这种模式是以读写方式打开文件,本身不具备修改文件内容的能力,并且语句中不存在写入语句,所以并未改写文件内容。本题选择A选项。

37. C 【解析】seth()函数用于转动画笔的朝向,不会移动画笔位置。本题选择C选项。

38. D 【解析】sleep()函数的参数是秒数而不是毫秒数,所以sleep(2)会让程序睡眠2s,而不是2ms。本题选择D选项。

39. A 【解析】matplotlib主要用于绘制图表和可视化数据,是数据可视化方向的第三方库;scipy提供了许多数学、科学和工程计算方面的功能,是科学计算方向的第三方库;wxpython是一个用于创建桌面应用程序的GUI工具包,基于wxWidgets库,是GUI开发方向的第三方库。本题选择A选项。

40. B 【解析】python - docx是处理Microsoft Word文档的第三方库,主要用于文档处理方向;TensorFlow

是一个用于机器学习和深度学习的开源框架,主要用于人工智能和深度学习方向; pillow 主要用于图像处理,属于图像处理方向的第三方库。本题选择 B 选项。

二、基本操作题

41.**【参考答案】**

```
f = input("请输入一个单词:")
print("{}".format("=" * 20))
print("|{:*^18}|".format(f))
```

【解题思路】

本题要求第一行输出 20 个"="符号,所以第 1 空应填入"="*20"。第二行和第一行宽度一致,也就是第二行宽度也为 20,并且第二行左右需要存在"|",所以字符串 f 格式控制宽度为 18;题目要求单词居中且用"*"填充,所以第 2 空应填入"|{:*^18}|"。

format()格式化方法的语法格式如下:

<模板字符串>.format(<逗号分隔的参数>)

其中,模板字符串是一个由字符串和槽组成的字符串,用来控制字符串和变量的显示效果。槽用大括号({})表示,对应 format()方法中用逗号分隔的参数。如果模板字符串中有多个槽,可以通过 format()参数的序号在模板字符串槽中指定参数的使用,参数从 0 开始编号。例如:

"{0}曰:学而不思则罔,思而不学{1}。".format("孔子","则殆")

其结果为"孔子曰:学而不思则罔,思而不学则殆。"。

format()方法的槽除了包括参数序号,还可以包括格式控制信息,语法格式如下。

{<参数序号>:<格式控制标记>}

其中,格式控制标记包括填充、对齐、宽度、,、精度、类型 6 个字段,由引导符号(:)作为引导标记,这些字段都是可选的,并且可以组合使用。

填充:指用于填充的单个字符。

对齐:分别使用<、>和^3 个符号表示左对齐、右对齐和居中对齐。

宽度:设定当前槽的输出字符宽度。

,:用于显示数字类型的千位分隔符。

精度:由小数点(.)开头,对于浮点数,精度表示小数部分输出的有效位数;对于字符串,精度表示输出的最大长度。

类型:表示输出整数和浮点数类型的格式规则。

42.**【参考答案】**

```
def vfun(x,b):
    for i in b:
        x += i
    return x
lc = list(eval(input()))
print(vfun(10,lc))
```

【解题思路】

程序中,首先获得用户的输入,然后使用 eval()方法将输入的字符串去除引号转化成元组,再使用 list()函数将元组转化成列表(list()函数亦可省略,虽不符合 lc 为列表的描述,但程序依旧正确),所以第 3 空应填入"list(eval(input()))";接着将列表 lc 传递给 vfun()函数,并将常数 10 作为第 1 个参数 x,在函数内,需要使用 for 循环将 lc 中的数据叠加给 x,所以第 1 空应填入"for i in b",第 2 空应填入"i"。

43.**【参考答案】**

```
ss = input("请输入一个字符串:")
for s in ss:
    if 'A' <= s <= 'Z' or 'a' < = s < = 'z':
        print(s.upper(),end = '')
    else:
        pass
```

【解题思路】

题目要求获得用户输入的字符串,并且过滤掉数字,将字母转化为大写。已有代码获得了用户的输入并且遍历字符串,在循环过程中做了判断,且满足条件即输出,那么此处第 1 空应是判断是否是字母,所以第 1 空应填入"'A' <= s <= 'Z' or 'a' <= s <= 'z'"; 然后输出该字母的大写形式,并且字母之间无间距,所以第 2 空应填入"s.upper(),end = ''"; 最后 else 语句库不执行任何操作,所以第 3 空应填入"pass"或者"continue"。

三、简单应用题

44.**【参考答案】**

```
import random as r
import turtle as t
def drawSnake(angl):
    t.penup()
    t.goto(0,200)
    t.pendown()
    t.seth(-1 * angl)
    for i in range(length):
        t.circle(radius, angl)
        t.circle( -radius, angl)

length, radius =3, 40
r.seed(1)
color = ['red','blue','purple','black']
for i in range(4):
    t.pencolor(r.choice(color))
    angl = r.randint(30, 180)
    drawSnake(angl)
t.done()
```

【解题思路】

本题要求输出 4 条波浪线，首先分析代码，已有代码创建了 drawSnake( ) 函数，并且在该函数内使用了 circle( ) 函数绘制圆弧，那么主程序中的循环就是循环调用 4 次函数，故第 3 空应填入“4”；在此循环体中，需要设置画笔颜色，因为需要从 color 列表中选择，所以第 4 空应填入“choice”；angl 是使用 random 库中的函数，需要在 30 ~ 180 内选择，即代表 angl 是角度，并且应使用 randint( ) 函数生成，所以第 5 空应填入“randint”；循环最后 drawSnake( ) 函数使用了参数 angl，且此函数中 seth 也使用了 angl 参数，所以第 1 空也应填入“angl”；drawSnake( ) 函数的循环内部使用了两次 circle( ) 函数，因为圆弧是每绘制一个反方向后继续绘制的，第二个 circle 中参数为 – radius，所以此处应为 radius，故第 2 空填入“radius”。

45.**【参考答案】**

```
fs = open("score202.txt","r",encoding = 'utf-8')
ls = fs.readline().split(';')
fb = open("base202.txt","r",encoding = 'utf-8')
lb = fb.readline().split(';')
fo = open("stud202.txt","w")
ds = {}
for l in ls:
    data = l.split(',')
    if len(data) >=2:
        ds[data[0]] = data[1:]
for l in lb:
    data = l.split(',')
    if len(data) >=2:
        ds[data[0]] += [data[1]]
ll = list(ds.items())
for i in ll:
    fo.write('{},{};'.format(i[0],','.join(i[1])))
fs.close()
fb.close()
fo.close()
```

【解题思路】

此题中的已有代码读取了文件内容并按照分号分割了各个数据，后续需要将各个数据分割并重新拼接。首先利用循环遍历 ls 列表，将数据分隔，用学号作为键，信息列表作为值。然后遍历 lb 列表，把年龄信息添加到对应键的值列表中。最后将 ds 字典转换成列表，循环遍历列表，按照题目要求的格式写入文件。

四、综合应用题

46.【参考答案】

```
#问题 1 要求的功能
import jieba as j
ds = {}
fs = open("data.txt","r")
lss = fs.read()
fs.close()
data = j.lcut(lss)
for i in data:
    s = len(i)
    if s not in ds and s >= 2:
        ds[s] = [i]
    elif s >= 2:
        ds[s] += [i]
ls = list(ds.items())
for i in ls:
    print("{}字词有{}个，其中包括:\n{}".format(i[0], len(i[1]),''.join(i[1][:10])))
#问题 2 要求的功能
fo = open("words.txt","w")
for i in ls:
    print("{0:}字词有{1:}个,写入文件{1:}个:".format(i[0], len(i[1])))
    fo.write(''.join(i[1]) +'\n')
fo.close()
```

【解题思路】

问题 1 要求统计不同长度的词汇数量，首先需要将读取的数据进行分词，然后利用循环以数量作为键，以词汇组成的列表作为值，将字典转换成列表，直接循环遍历输出对应长度的前 10 个词语。

问题 2 需要将对应长度的词语写入文件，直接通过循环遍历刚才转换的列表，然后输出题目要求的信息，以及向文件中写入对应长度的词语并换行。

第4部分

新增无纸化考试套卷及答案解析

Part 4

众所周知，计算机等级考试的试题均来自真题考试题库，每一次考试都会更新部分试题。 本部分内容为精选的新增试题，并对试题进行了详简有度的解答和点拨，旨在帮助考生快速地掌握解题技巧，以便顺利通过考试。

我们在每次考试之后都会及时增加新题，帮助考生熟悉近期常考知识点，确保考生高效备考。

4.1　新增无纸化考试套卷

第 1 套　新增无纸化考试套卷

一、选择题(每小题 1 分,共 40 分)

1. 关于冯·诺依曼计算机结构描述正确的是(　　)。
   A)存储程序控制的计算机结构　　B)需求驱动的归约计算机结构
   C)模式匹配驱动的智能计算机结构　　D)数据驱动的数据流计算机结构
2. I/O 方式中的程序中断方式是指(　　)。
   A)当出现异常情况时,CPU 将终止当前程序的运行
   B)当出现异常情况时,计算机将停机
   C)当出现异常情况时,计算机将启动 I/O 设备
   D)当出现异常情况时,CPU 暂时停止当前程序的运行,转向执行相应的服务程序
3. 下列算法中,最坏情况下时间复杂度最低的是(　　)。
   A)堆排序　　B)寻找最大项　　C)顺序查找　　D)有序表的对分查找
4. 设栈与队列初始状态为空,将元素 A,B,C,D,E,F,G,H 依次轮流入队和入栈,然后依次轮流退队和出栈,则输出序列为(　　)。
   A)A,B,C,D,H,G,F,E　　B)A,H,C,F,E,D,G,B
   C)D,C,B,A,E,F,G,H　　D)G,E,C,A,B,D,F,H
5. 某完全二叉树有 256 个节点,则该二叉树的深度为(　　)。
   A)7　　B)8　　C)9　　D)10
6. 下面不属于对象主要特征的是(　　)。
   A)对象唯一性　　B)对象分类性
   C)对象多态性　　D)对象可移植性
7. 数据字典(DD)的作用是(　　)。
   A)定义流程图中各个成分的具体含义　　B)定义数据流图中各个成分的具体含义
   C)定义系统结构图中各个成分的具体含义　　D)定义功能结构图中各个成分的具体含义
8. 数据库(DB)、数据库系统(DBS)和数据库管理系统(DBMS)之间的关系是(　　)。
   A)DBS 包括 DB 和 DBMS　　B)DBMS 包括 DB 和 DBS
   C)DB 包括 DBS 和 DBMS　　D)DBS 就是 DB,也就是 DBMS
9. 逻辑模型是面向数据库系统的模型,下面属于逻辑模型的是(　　)。
   A)谓词模型　　B)物理模型
   C)关系模型　　D)实体联系模型
10. 有两个关系 R 和 T 如下,则由关系 R 得到关系 T 的操作是(　　)。

R

A	B	C
a	1	2
b	4	4
c	2	3
a	1	3

T

A	B
a	1
b	4
c	2

   A)并　　B)交　　C)选择　　D)投影
11. 关于 Python 语言特点的描述,错误的选项是(　　)。
   A)Python 是一种脚本语言,经过编译后可多次执行

B)同一个 Python 程序可以在不同的操作系统上执行
C)Python 的计算生态非常丰富
D)Python 语言在大数据和人工智能领域的应用很广泛

12. 关于 Python 语言注释的描述,错误的选项是(　　)。
A)Python 可以用#(井号)注释一行语句　　B)注释语句不能够被执行
C)Python 可以用一对'''(三引号)注释多行语句　　D)Python 可以使用缩进来表示注释

13. 以下赋值语句,错误的选项是(　　)。
A)a, b = b, c　　B)x == 0
C)s = s.replace(':' , '')　　D)b += 1

14. 表达式'980' > '1000' 的结果是(　　)。
A)1　　B)False　　C)True　　D)0

15. 表达式 type(45) 的结果是(　　)。
A)None　　B)<class 'str'>　　C)<class 'float'>　　D)<class 'int'>

16. x = 2.6 + 4j, 表达式 x.real + x.imag 的结果是(　　)。
A)2.6　　B)6.6　　C)4.0　　D)TypeError

17. 变量 s = 'shehuizhili', 表达式 s[-5:-1]的结果是(　　)。
A)zhil　　B)zhili　　C)izhi　　D)izhil

18. 执行结果为 [23, 56] 的选项是(　　)。
A)print(eval([23,56]))　　B)print(type(eval('[23,56]')))
C)print(eval('[23,56]'))　　D)print(list('[23,56]'))

19. 关于 Python 分支结构的描述,正确的选项是(　　)。

A)
```
if 条件:
    语句块
```
B)
```
if 条件
    语句块
```
C)
```
if 条件
    语句块
else 条件
```
D)
```
if 条件:
    语句块
else
```

20. 以下代码的执行结果是(　　)。
```
a = '3000'
if a < 2000:
    print("少")
elif a < 4000:
    print("不多")
else:
    print("还行")
```
A)还行　　B)不多　　C)少　　D)执行出错

21. 以下代码的执行结果是(　　)。
```
m = 'BeetHoven MoonLight'
a = 0
b = 0
for i in m:
    if 'A' <= i <= 'Z':
        a += 1
    elif 'a' <= i <= 'z':
        b += 1
    else:
        break
print(a, b)
```
A)2 14　　B)4 14　　C)2 7　　D)4 7

22. 关于以下程序执行结果的描述,正确的选项是(　　)。
```
try:
    f = open('data.txt', 'w')
```

```
        ts = f.write()
        print('写文件正确')
    except:
        print('文件操作错误')
```

A)输出“写文件正确”
B)无论 data.txt 文件是否存在,都输出“文件操作错误”
C)如果 data.txt 文件不存在,不输出“文件操作错误”
D)如果 data.txt 文件存在,不输出“文件操作错误”

23. 关于循环结构的描述,错误的选项是(　　)。
A)for i in range(4,n) 中循环变量 i 的初值是 4
B)循环条件中的空列表或空字符串等价于 False
C)for i in 'Hello world' 的循环次数是 11 次
D)while 循环结构的循环次数必须是确定的

24. 以下代码的执行结果是(　　)。

```
k = 5
def test(n):
    global k
    for i in range(n):
        k += i
    return k
print(k,test(5))
```

A)程序运行错误　　B)5 15　　C)5 10　　D)15 15

25. 关于 Python 函数的描述,正确的选项是(　　)。
A)函数外部定义的列表变量,不可以在函数内部引用其值
B)函数内部定义的数字变量,可以在函数之外引用其值
C)函数有默认参数的时候,调用函数可以不给该参数赋值
D)函数内部定义的列表变量,可以在函数之外引用其值

26. 以下代码的执行结果是(　　)。

```
ls = ['try']
def mtry(lt):
    lt.append(ls)
    return lt
print(mtry(mtry(['try'])))
```

A)['try', ['try'], ['try']]　　B)['try', 'try', 'try']
C)try try try　　D)[['try'], ['try'], ['try']]

27. 关于函数参数的描述,错误的选项是(　　)。
A)采用参数名称传递参数,可以增加程序的可读性
B)函数调用时,默认按照位置顺序传递参数
C)采用参数名称传递参数,可以不按照参数的默认顺序
D)函数的可选参数可以放在非可选参数的前面

28. 以下代码的执行结果是(　　)。

```
x = [[3,4,5],[[10,11],[12,13],14]]
print(len(x))
```

A)4　　B)2　　C)3　　D)5

29. 以下代码的执行结果是(　　)。

```
L1 = [1,2,3,4]
st = ''
for i in L1:
    st += i
```

print(st)

A)'1234'　B)10　C)1234　D)程序执行错误

30. 以下代码的执行结果是(　　)。

L1 = ['月亮','河','宽宽','的','河']

print(L1.index('河'))

A)1　B)3　C)2　D)4

31. 以下代码的执行结果是(　　)。

dt = { 'a' : 10, 'b' : 20 }

print(type(dt['a']))

A) <class 'tuple'>　B) <class 'str'>

C) <class 'int'>　D) <class 'dict'>

32. 在以下程序后执行选项中的代码,报错的是(　　)。

d = [{'作者': 'Jone','密码':'*****','收藏':[]},{'作品':['日出','平凡人生']}]

A)print(d[0]['作者'])　B)print(d[0]['作者'][4])

C)print(d[1]['作品'][0])　D)print(d[1]['作品'][1])

33. 关于文件的描述,错误的选项是(　　)。

A)readline()函数从文件中读入一行

B)Python 程序退出后,打开文件自动关闭,不一定需要 close()函数

C)open()函数的参数“r”表示对文件进行读操作

D)open()函数的参数“a”表示只读文件

34. 关于数据维度的描述,错误的选项是(　　)。

A)列表只能用来表示一维数据

B)二维数据可以看作多个一维数据的组合形式

C)字典可以表示高维数据

D)CSV 格式可以存储二维数据,每行使用英文半角逗号分隔各数据

35. 不能返回列表类型的选项是(　　)。

A)s. split()　B)jieba. lcut()

C)jieba. cut()　D)list()

36. d = [(-0.71,0.6,1.0), (0.0,0.06,4.0), (0.71,0.6,8.0)]

for n in d:

　　print(＿＿＿＿＿＿)

在＿＿＿＿上填写语句,输出下述内容:

-0.71 0.0 0.71

正确的选项是(　　)。

A)'{}'. format(n[0]), end =''　B)'{}'. format(n[0])

C)'{}/n'. format(n[0])　D)'{}\n'. format(n[0])

37. turtle 库中,绘制圆弧的函数是(　　)。

A)seth()　B)eclipse()　C)forword()　D)circle()

38. 关于 Python 语言 time 标准库的描述,错误的选项是(　　)。

A)localtime()返回系统当前时间对应的 struct_time 形式

B)localtime()返回系统当前时间对应的时间戳

C)strftime()按照指定的格式返回易读字符串形式的时间

D)mktime()将 struct_time 对象转换成时间戳

39. 属于 Python 文本处理方向的第三方库是(　　)。

A)beautifulsoup4　B)matplotlib　C)Vispy　D)wxpython

40. 属于 Python 网络爬虫方向的第三方库是(　　)。

A)myqr　B)numpy　C)scrapy　D)pillow

二、基本操作题(共 15 分)

41. 考生文件夹下存在一个文件“PY101. py”，请写代码替换横线，不修改其他代码，实现以下功能。

获得用户输入的浮点数，以 10 字符宽度、靠右输出这个浮点数，小数点后保留 2 位数。

示例如下(其中数据仅用于示意)。

```
请输入一个浮点数:2.4
浮点数是:       2.40
请输入一个浮点数:5.98320
浮点数是:       5.98
```

试题程序：

```
#请在________处使用一行代码或表达式替换
#注意:请不要修改其他已给出的代码
f = eval(input("请输入一个浮点数:"))
print("浮点数是:{____(1)____}".format(f))
```

视频解析

42. 考生文件夹下存在一个 Python 源文件“PY102. py”，请写代码替换横线，不修改其他代码，实现以下功能。

按照小写字母 a 到 z 顺序组成包含 26 个字母的字符表，其中，第一个字符 a 序号为 0，依次递增。程序获得用户输入的起始字母序号及连续输出字母的个数，分别记为变量 h 和 w，以逗号隔开，并根据字符表输出从起始字母序号 h 开始的连续 w 个字母。

示例如下(其中数据仅用于示意)。

输入：

```
0,3
```

输出：

```
abc
```

试题程序：

```
#请在________处使用一行代码或表达式替换
#注意:请不要修改其他已给出的代码
h,w = eval(input("请输入起始英文字母的序号和连续输出的个数,逗号隔开:"))
cstr = ''
for i in range(____(1)____):
    c = ____(2)____
    cstr += c
print(cstr)
```

视频解析

43. 考生文件夹下存在一个文件“PY103. py”，请补充代码，实现以下功能。

获得用户输入的 3 个整数，以逗号分隔，分别记为 n、m、k，其中 $m > k$。以 1 为随机数种子，产生 n 个在 k 和 m 之间的随机整数(包括 k 和 m)，将这些随机数输出，每个数一行。

示例如下(其中数据仅用于示意)。

输入：

```
4,26,10
```

输出：

```
14
12
18
13
```

试题程序：

```
#请在________处使用一行代码或表达式替换
#注意:请不要修改其他已给出的代码
import random as r
```

视频解析

```
r.seed(1)
s = input("请输入 3 个整数 n,m,k:")
slist = s.split(",")

...
```

三、简单应用题(共 25 分)

44. 考生文件夹下存在一个文件"PY201. py",请写代码或表达式替换横线,不修改其他代码,实现以下功能。

使用 turtle 库和 random 库,绘制 4 个彩色的正方形,正方形颜色随机从颜色列表 color 中获取,正方形边长从[50, 200]中选取,每个正方形左下角坐标 x 和 y 从[-100,100]中选取。

效果如下图所示。

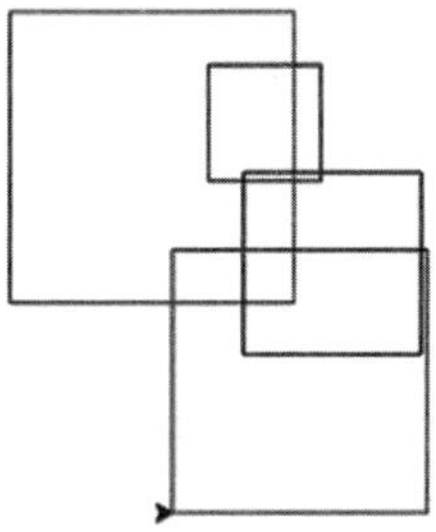

试题程序:

```
#请在______处使用一行代码或表达式替换
#注意:请不要修改其他已给出的代码
import turtle as t
____(1)____
color = ['red','blue','purple','black']
r.seed(1)
for j in range(4):
    t.pencolor(color[____(2)____])
    t.penup()
    t.goto(r.randint( -100,100), ____(3)____)
    t.pendown()
    ra = r.randint(50, 200)
    for i in range(____(4)____):
        t.fd(____(5)____)
        t.seth(90* i)
t.done()
```

视频解析

45. 考生文件夹下存在一个文件"PY202. py",请写代码或表达式替换横线,可修改其他代码,实现以下功能。

"PY202. py"文件中定义了一个字符串 dela = ' - ;:,. ()" < >',包含了需要去除的字符。获取用户输入的文本,去除字符串 dela 中的字符,用 jieba 精准分词后,统计并输出其中词语的个数。

示例如下。

输入:

　　请参考"论语 - 原文 - 输出示例. txt"文件

输出:

　　里面有 8 个词语。

此外,模板程序还将输出其他一些调试信息,请保留并按照提示给出相应输出,作为调试辅助。

试题程序:

```
#请在______处使用一行代码或表达式替换
#请在...处完善代码,可以修改其他的代码
```

```
import jieba
dela = '-;:,.()"<>'
s = input("请输入一句话:")
print("\n 这句话是:{}".format(________))
...
print("替换之后是:{}".format(________))
print("里面有 {}个词语。".format(________))
```

视频解析

四、综合应用题(共 20 分)

46. 考生文件夹下存在两个 Python 源文件“PY301 - 1. py”和“PY301 - 2. py”,以及一个素材文件“data301. txt”。

“data301. txt”文件是 2020 年 5 月 2 日的一个 HTML 页面源文件,里面包含了若干地区的流感确诊人数统计数据、地区及人数。

示例如下(其中数据仅用于示意)。

(略)

```
{
    "name": "Montserrat",
    "value": 0
},
{
    "name": "Saint Helena",
    "value": 0
},
{
    "name": "Falkland Islands",
    "value": 0
},
```

(略)

问题 1:从 data301. txt 中提取地区名称及流感确诊人数,输出地区的总数。

示例如下(其中数据仅用于示意)。

```
一共有 1000 个地区
```

将地区名称和人数结果写入文件“result301. txt”,每行一个地区的信息。

示例如下。

(略)

```
Germany:183979
Thailand:3112
United Kingdom:284868
France:153634
```

(略)

试题程序:

```
#请在________处使用一行代码或表达式替换
#注意:请不要修改其他已给出的代码
fi = open("data301.txt","r")
f = open("result301.txt","w")
cnumd = {}
name = ''
count = 0
```

```
flag =1
for line in fi:
    if '"name":' in line:
        name = line.________
        flag =1
    elif '"value":' in line and flag ==1:
        dx = line.________
        cnumd[name] = dx
        flag =0
        ________
for d in cnumd.items():
    f.write("{}:{}\n".format(d[0],d[1]))
print("一共有{}个地区".format(count))
f.close()
fi.close()
```

问题 2：读取问题 1 输出的“result301.txt”文件，对确诊人数进行排序，输出确诊人数最多的地区名称和人数。

示例如下(其中数据仅用于示意)。

```
流感人数最多的地区是 United States,人数是 1900000
流感人数超过 1 万的地区有 20 个
流感人数为 0 的地区有 40 个
```

试题程序：

```
#请在...处使用一行代码或表达式替换
#注意：请不要修改其他已给出的代码
lcnum = []
with open("result301.txt", "r") as fi:
    for line in fi:
...
lcnum.sort(key = lambda x:x[1], reverse = True)
lz =0
lw =0
for l in lcnum:
...

print("流感人数最多的地区是{},人数是{}".format(lcnum[0][0],lcnum[0][1]))
print("流感人数超过 1 万的地区有{}个".format(lw))
print("流感人数为 0 的地区有{}个".format(lz))
```

视频解析

第 2 套　新增无纸化考试套卷

一、选择题(每题 1 分，共 40 分)

1. 下列存储器中访问速度最快的是(　　)。

A)主存　　B)磁盘　　C)磁带　　D)缓存(Cache)

2. 下列叙述中正确的是(　　)。

A)进程一旦创建，即进入就绪状态

B)进程一旦进入运行状态，就会一直运行下去直到终止

C)进程在运行状态下，如果时间片用完，即进入阻塞状态

D)处于阻塞状态的进程，当阻塞原因解除后即进入运行状态

3. 下列叙述中正确的是(　　)。
A)算法复杂度是指算法控制结构的复杂程度
B)算法复杂度是指设计算法的难度
C)算法的时间复杂度是指设计算法的工作量
D)算法的复杂度包括时间复杂度与空间复杂度

4. 设数据元素的集合 D = {1,2,3,4,5},则满足下列关系 R 的数据结构中为线性结构的是(　　)。
A)R = {(1,2),(3,4),(5,1)}
B)R = {(1,3),(4,1),(3,2),(5,4)}
C)R = {(1,2),(2,3),(4,5)}
D)R = {(1,3),(2,4),(3,5)}

5. 某二叉树的深度为 7,其中有 64 个叶子节点,则该二叉树中度为 1 的节点数为(　　)。
A)0　　B)1　　C)2　　D)63

6. 下面属于字符类的实例是(　　)。
A)'518'　　B)"5"　　C)'nm'　　D)'\n'

7. 软件需求规格说明书的作用不包括(　　)。
A)软件验收的依据
B)用户与开发人员对软件"做什么"的共同理解
C)软件设计的依据
D)软件可行性研究的依据

8. 下列叙述中正确的是(　　)。
A)数据库系统可以减少数据冗余和增强数据独立性,而文件系统则不能
B)数据库系统能够管理各种类型的文件,而文件系统只能管理程序文件
C)数据库系统可以管理庞大的数据量,而文件系统管理的数据量较少
D)文件系统可以管理庞大的数据量,而数据库系统管理的数据量较少

9. 在数据库的数据模型中,面向数据在计算机中物理表示的是(　　)。
A)数据模型　　B)物理模型　　C)概念模型　　D)面向对象的模型

10. 有 3 个关系 R、S 和 T 如下,则由关系 R 和 S 得到关系 T 的操作是(　　)。

R

A	B	C
a	1	2
b	2	1
c	3	1
e	4	5
d	3	2

S

A	B	C
a	3	2
c	3	1
d	4	7

T

A	B	C
c	3	1
d	3	2

A)并　　B)差　　C)交　　D)选择

11. 关于 Python 语言格式框架的描述,错误的选项是(　　)。
A)缩进只能使用 4 个空格来实现
B)Python 采用严格缩进表明程序的格式框架
C)多层缩进代码根据缩进关系决定代码所属范围
D)分支、循环、函数等语法形式都可能使用缩进

12. 关于 Python 语法的描述,正确的选项是(　　)。
A)Python 语言的单行注释以 //(双斜杠)开头
B)Python 整数类型的取值没有范围约束
C)python_id、_isgood、except、a23、中国_c 都是合法变量名
D)"x, y = y, x"是错误的赋值语句

13. 关于 input()函数的描述,错误的选项是(　　)。
A)input()函数可以使用整数作为输入参数
B)input()函数返回的结果始终是字符串类型
C)调用 input()函数时,可以不使用输入参数
D)input()函数可能返回一个空字符串

14. 以下代码的执行结果是(　　)。

```
print("你的身高是{1:.1f}厘米,体重是{0:.2f}斤".format(166.234,172.542))
```

A)你的身高是 166.2 厘米,体重是 172.54 斤

B)你的身高是{1:.1f}厘米,体重是{0:2f}斤

C)你的身高是 172.5 厘米,体重是 166.23 斤

D)你的身高是{1:.1f}厘米,体重是{0:2f}斤.format(166.234,172.542)

15. 关于 Python 数字类型的描述,正确的选项是(　　)。

A)float("a123.6")将字符串"a123.6"转换为浮点数 123.6

B)round(100/3,3)的结果是 33

C)3 ** 2 的结果是 6

D)pow(7,2)的结果是 49

16. 以下代码的执行结果是(　　)。

```
time = "子丑寅卯辰巳午未申酉戌亥"
day = time[4:9]
print("白天的时辰有:", day)
```

A)白天的时辰有:辰巳午未申酉

B)白天的时辰有:辰巳午未申

C)白天的时辰有:卯辰巳午未

D)白天的时辰有:卯辰巳午未申

17. 以下代码的执行结果是(　　)。

```
s = "全国计算机等级考试,是用于考查应试人员计算机知识与技能的全国性计算机水平考试体系。"
s = s.strip("。").replace(",","")
num = s.count("计算机",0,21)
print(num)
```

A)3　　B)1　　C)2　　D)0

18. 关于 Python 异常处理的描述,错误的选项是(　　)。

A)异常处理机制不能避免程序功能的逻辑错误

B)只要程序可能异常退出,无论哪种类型,都可以使用 try - except 进行异常处理

C)异常处理可以增强程序的稳定性和可靠性

D)异常处理不能根据不同错误类型进行区别处理

19. 关于 Python 程序控制结构的描述,正确的选项是(　　)。

A)程序控制结构包括顺序、分支、循环、函数

B)循环结构可以使用 for、while、else 等保留字

C)分支结构包括单分支、二分支、异常分支

D)循环结构可以使用 for、while、loop 等保留字

20. 以下代码的执行结果是(　　)。

```
for ch in "藿,香.正,气/水":
    for j in range(3):
        if ch in ",./水":
            continue
        else:
            print(ch,end = "")
```

A)藿藿藿香香香正正正气气气水水水

B)藿藿藿

C)藿藿藿香香香正正正气气气

D)藿香正气水

21. 关于 Python 函数的描述,正确的选项是(　　)。

A)函数的返回值至少有 1 个

B)函数是功能的抽象

C)函数的参数至少有 1 个

D)abc、ab_c、123abc 都是合法的函数名

22. 以下代码的执行结果是(　　)。

```
def func(n):
    ls = []
    for i in range(n):
        if i%2 ==0:
```

```
            continue
        else:
            ls.append(i)
    return ls
print(func(10))
```

A)[2, 4, 6, 8, 10]　B)[1, 3, 5, 7, 9]　C)[]　D)[10]

23. 以下代码的执行结果是(　　)。

```
def dis(x1,y1,x2,y2):
    d = (x1 - x2) ** 2 + (y1 - y2) ** 2
    return d
print(dis(0,0,3,4))
```

A)25　B)1　C)625.0　D)5

24. 关于 Python 函数参数的描述,正确的选项是(　　)。

A)在参数名前加井号(#)可以定义可变数量参数

B)函数的参数在定义时,不能指定默认值

C)调用函数时,可以使用参数的位置或名称传递参数值

D)传递函数参数值时,不能改变参数之间的顺序

25. 以下代码的执行结果是(　　)。

```
def register(y,d,m=9):
    print("新生报到的日期是:{0}年{2}月{1}日".format(y,d,m))
register(2025,1,8)
```

A)新生报到的日期是:2025 年 1 月 9 日　B)新生报到的日期是:2025 年 1 月 8 日

C)新生报到的日期是:2025 年 9 月 1 日　D)新生报到的日期是:2025 年 8 月 1 日

26. 关于 random 库的 randrange(start,stop[,step])函数的功能描述,正确的选项是(　　)。

A)生成一个[start,stop)之间以 step 为步长的随机小数

B)生成一个[start,stop]之间以 step 为步长的随机整数

C)生成一个[start,stop)之间以 step 为步长的随机整数

D)生成一个[start,stop]之间以 step 为步长的随机小数

27. 关于组合数据类型的描述,正确的选项是(　　)。

A)组合数据类型的元素间都存在先后顺序关系

B)组合数据类型至少要包含一个元素

C)作为组合数据类型,元组一旦创建,就不可以被修改

D)组合数据类型的元素都存在整数索引

28. 以下代码的执行结果是(　　)。

```
x = 0
def func(n,m):
    x = n + m
    y = n - m
    return x,y
s = func(10.9,5.1)
print(x,type(s))
```

A)16.0 <class 'tuple'>　B)0 <class 'tuple'>

C)16.0 <class 'float'>　D)0 <class 'int'>

29. 关于列表类型的描述,错误的选项是(　　)。

A)列表长度可变,元素类型可以不同

B)列表元素也可以是列表类型

C)列表可以用正向递增和反向递减两种方式索引元素

D)列表在创建时,需要指定列表的大小和长度

30. 以下代码的执行结果是(　　)。

```
ls1 = [23,34,45,56]
ls2 = [24,21,54,34]
if ls1 < ls2:
    ls3 = ls1
    ls3[0] = 0
else:
    ls3 = ls2
    ls3[0] = 0
print(ls1,ls2,ls3)
```

A) [23,34,45,56] [24,21,54,34] [0,34,45,56]
B) [0,34,45,56] [24,21,54,34] [0,34,45,56]
C) [23,34,45,56] [0,21,54,34] [24,21,54,34]
D) [23,34,45,56] [24,21,54,34] [0,21,54,34]

31. 以下代码的执行结果是(　　)。

```
ls1 = ["北京","上海","广州"]
ls2 = ["天津","成都","重庆","深圳","南京","杭州","苏州"]
ls2.pop(3)
ls2[1:5:3] = ls1[1:]
print(ls2)
```

A) ['北京', '成都', '上海', '南京', '广州', '苏州']
B) ['天津', '上海', '深圳', '南京', '广州', '苏州']
C) ['上海', '成都', '广州', '南京', '杭州', '苏州']
D) ['天津', '上海', '重庆', '南京', '广州', '苏州']

32. 以下代码的执行结果是(　　)。

```
d = {"爱好":"唱歌","性格":"内向","位置":"北京"}
city = d.pop("北京",1)
hobby = d.get("唱歌",1)
print(city,hobby)
```

A) 1　1　　B) 北京　唱歌　　C) 爱好　位置　　D) 1　爱好

33. 关于 Python 文件的描述，错误的选项是(　　)。
A) 文本文件一般由单一编码的字符组成
B) 图片文件、视频文件、声音文件等都以二进制形式存储
C) 文本文件只能以文本文件方式打开，不能以二进制文件打开
D) 二进制文件没有统一编码

34. 关于 Python 文件操作的描述，正确的选项是 (　　)。
A) open() 函数的文件名参数可以不包含文件的完整路径
B) 当以“r”模式打开不存在的文件时，会创建一个新文件
C) open() 函数的参数“rw”表示对文件可进行读写操作
D) open() 函数的参数“ra”表示对文件可进行读写操作

35. 关于 Python 二维数据的描述，正确的选项是(　　)。
A) 二维数据的所有元素的类型都必须相同　　B) 二维数据只能使用 csv 文件格式存储
C) 二维数据可以用列表来表示　　D) 二维数据的每个元素都必须是数字类型

36. 文件 zwl.txt 的内容如下：

赠汪伦
李白
李白乘舟将欲行
忽闻岸上踏歌声

执行以下代码的输出结果是(　　)。

```
ls = ["桃花潭水深千尺\n","不及汪伦送我情"]
f = open("zwl.txt","a+")
f.writelines(ls)
for line in f.readlines()[:2]:
    print(line)
```

A）赠汪伦\n 李白\n　　B）赠汪伦李白

C）赠汪伦李白李白乘舟将欲行　　D）不显示任何内容

37. 不是 Python 文件操作的选项是（　　）。

A）close()　　B）seek()　　C）writeline()　　D）read()

38. 不属于 turtle 库函数的选项是（　　）。

A）go()　　B）fd()　　C）setup()　　D）pendown()

39. 属于 python 机器学习方向第三方库的选项是（　　）。

A）Pygame　　B）Django　　C）Flask　　D）TensorFlow

40. 不属于 Python 图形界面方向第三方库的选项是（　　）。

A）PyQt5　　B）TVTK　　C）wxPython　　D）PyGTK

二、基本操作题（共 15 分）

41. 考生文件夹下存在一个文件“PY101.py”，请写代码替换横线，不修改其他代码，实现以下功能。

获得用户输入的一个由姓名、年龄字符串组成的若干学生信息，学生信息之间用英文逗号分隔，将输入的学生信息输出，每个信息一行，将姓名和年龄用英文逗号分隔，第一行输出姓名、年龄标题信息。

示例如下（其中数据仅用于示意）。

输入：

```
张丽丽26,王云25,李莉21,王晓芳23
```

输出：

```
姓名,年龄
张丽丽,26
王云,25
李莉,21
王晓芳,23
```

试题程序：

```
#请在______处使用一行代码或表达式替换
#注意：请不要修改其他已给出的代码
sinfo = input()
____(1)____
print("姓名,年龄")
for ____(2)____
    sname = strname[:-2]
    ____(3)____
    print("{},{}".format(sname,sage))
```

视频解析

42. 考生文件夹下存在一个文件“PY102.py”，请写代码替换横线，不修改其他代码，实现以下功能。

以 20 为随机数种子，生成 1～20 之间的 10 个随机整数，将这些随机数分 10 行输出，第 11 行输出 10 个随机数的平均数，平均数保留一位小数。

示例如下。

输出：（仅为格式示例）

```
第 0 个数:20
第 1 个数:11
…
10 个随机数的平均数是:12.4
```

试题程序：

```
#请在________处使用一行代码或表达式替换
#注意:请不要修改其他已给出的代码
import random
random.seed(20)
sum=0
for i in range(10):
____(1)____
    sum+=n
____(2)____
print("10 个随机数的平均数是:{}".format(round(sum/10,1)))
```

视频解析

43. 考生文件夹下存在一个文件“PY103. py”，写代码替换横线，不修改其他代码，实现以下功能。

若 m 整除 n，则 m 是 n 的因子。例如，9 的因子有 1、3、9。定义一个因子函数，用于求整数 n 的所有因子列表。用户输入一个整数 n，调用该因子函数，输出整数 n 所有因子的列表；如果输入非法字符，则检测异常，输出 “输入有误!”。

示例如下(其中数据仅用于示意)。

输入:

4

输出:

整数 4 的因子是:[1, 2, 4]

输入:

a1

输出:

输入有误!

试题程序：

```
#请在________处使用一行代码或表达式替换
#注意:请不要修改其他已给出的代码
def allFactor(n):
    if n <=1:
        return [n]
    if n <=3:
        return [1,n]
    i =1
    ____(1)____
    while i <= n:
        if n%i == 0:
            rlist.append(i)
        ____(2)____
    return rlist

try:
    n=eval(input("请输入一个正整数:"))
    print("整数{}的因子是:{}".format(n,allFactor(n)))
except:
print("输入错误!")
```

视频解析

三、简单应用题(共 25 分)

44. 考生文件夹下存在一个文件“PY201. py”，写代码替换横线，不修改其他代码，实现以下功能。

使用 turtle 库，在屏幕上绘制正方形及其内接圆形。其中，正方形左下角坐标为(0, 0)，边长为黑色，长度为 200 像素，线宽为 1 像素；内切圆为绿色，线宽为 5 像素，内部以红色填充。

绘制效果如下图所示。

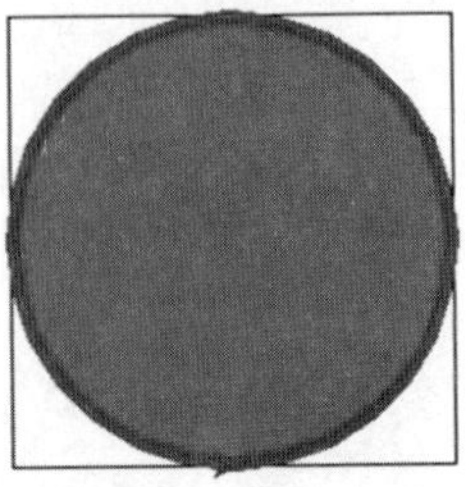

试题程序：

```
#请在______处使用一行代码或表达式替换
#注意：请不要修改其他已给出的代码
import turtle as t
for i in range(4):
    ___(1)___
    t.left(90)
t.penup()
___(2)___
t.pendown()
___(3)___
t.pensize(5)
t.begin_fill()
___(4)___
___(5)___
t.done()
```

45. 考生文件夹下存在一个 Python 源文件“PY202.py”和一个介绍玫瑰花的素材文件“data1.txt”。请写代码替换省略号，可修改其他代码，实现下面功能。

从“data1.txt”文件中读入文本，去掉文中的中文逗号、分号、双引号、句号和双引号；用 jieba 库精确模式分词，分词后的结果以“/”分隔，输出到屏幕上；统计分词结果中长度大于 1 的中文词语出现的词频，并将最高词频的前 5 个词及其词频，输出到屏幕上，每词一行，词和词频之间以英文冒号分隔。

示例如下（其中数据仅用于示意）。

输出：

张老师/在/课堂/上/讲述/了/关于/玫瑰花/颜色/以及/如何/区分/他/说/玫瑰花/的/颜色/丰富/多样/包括/红色/粉色/白色/黄色/等等/每种/颜色/都/代表/着/不同/的/含义/和/情感/首先/红色/玫瑰/通常/被/视为/爱情/的/象征/传达/着……

高频词 top5 如下：

玫瑰:8

颜色:6

……

试题程序：

```
#以下代码为提示框架
#请在...处使用一行或多行代码替换,可以修改其他的代码
import jieba
fuhao = [",",":","、","。",";","“","”"]
with open("data1.txt","r",encoding = "utf-8") as f:
    all_txt = f.read()
    for ch in fuhao:
        all_txt = all_txt.replace(ch,'')
        ...
```

四、综合应用题(共 20 分)

46. 在考生文件夹下存在一个 Python 源文件“PY301. py”和一个素材文件“data2. csv”。在素材文件中,第一行是标题,第二行起是各省份地区参加某项考试的虚拟数据,包括各省份名称、报名、弃考、有效 4 列。每行是一个省份的一组数据信息,代表报名人数、弃考人数、有效成绩人数。各列数据之间用英文逗号隔开。

示例如下(其中数据仅用于示意)。

```
省份,报名,弃考,有效
上海,2505,18,1455
新疆,213,3,73
……
```

打开“PY301. py”文件,编程实现如下功能。

功能 1:显示部分数据。读取“data2. csv”文件的前 5 行的信息,输出在屏幕上;标题行为 “省份,报名,弃考,有效”,每个省份的数据写一行,行内数据之间用英文逗号分隔。

示例如下(其中数据仅用于示意)。

```
省份,报名,弃考,有效
上海,2505,18,1455
新疆,213,3,73
北京,929,9,878
……
```

功能 2:统计并保存结果。读取所有省份数据,统计所有省份的报名,弃考,有效成绩人数的平均值、最大值、最小值,保存到“tongji. csv”文件中。其中,标题行为 “统计,报名,弃考,有效”,平均值、最大值、最小值数据分别写一行,行内数据之间用英文逗号分隔。

示例如下(其中数据仅用于示意)。

```
统计,报名,弃考,有效
平均值,156.5,20.0,136.5
最大值,3500.0,400.0,3100.0
……
```

试题程序:

```
#以下代码为提示框架
#请在...处使用一行或多行代码替换,可以修改其他的代码
def ravg(lst):
    sum = 0
    for i in lst:
        sum += i
return round(sum/len(lst),1)

qzlst = []
swlst = []
zylst = []
with open("data2.csv","r") as f:
    ...
avglst = ["平均值",ravg(qzlst),ravg(swlst),ravg(zylst)]
maxlst = ["最大值",max(qzlst),max(swlst),max(zylst)]
minlst = ["最小值",min(qzlst),min(swlst),min(zylst)]

with open("tongji.csv","w") as f:
    ...
```

视频解析

4.2　参考答案及解析

第 1 套　参考答案及解析

一、选择题

1. A 【解析】“存储程序”思想是冯·诺依曼等人在 1946 年 6 月提出的，它可以简要地概括为以下几点。

①计算机硬件由运算器、控制器、存储器、输入设备和输出设备五大基本部件组成。

②计算机内部用二进制来表示程序和数据。

③需将编好的程序和原始数据事先存入存储器中，然后再启动计算机工作。

综上所述，本题选择 A 选项。

2. D 【解析】计算机在执行程序的过程中，当出现异常情况或者特殊情况时，CPU 停止当前程序的运行，转而执行对这些异常情况或者特殊情况进行处理的程序，处理结束之后再返回到现行程序的断点处继续运行，该过程就是中断。本题选择 D 选项。

3. D 【解析】最坏情况下时间复杂度：有序表的对分查找为 $O(\log_2 n)$，寻找最大项为 $O(n-1)$，顺序查找为 $O(n)$，堆排序为 $O(n\log_2 n)$。故最坏情况下时间复杂度最低的是有序表的对分查找。本题选择 D 选项。

4. B 【解析】栈按先进后出的原则组织数据，所以入栈最早的元素最后出栈；队列按先进先出的原则组织数据，所以入队最早的元素最先退队。将元素 A，B，C，D，E，F，G，H 依次轮流入队和入栈，则入队的顺序为 A，C，E，G，入栈的顺序为 B，D，F，H，然后依次轮流退队和出栈，则退队的顺序为 A，C，E，G，出栈的顺序为 H，F，D，B。本题选择 B 选项。

5. C 【解析】二叉树的基本性质：深度为 K 的二叉树中，最多有 2^K-1 个节点。$2^8-1<256<2^9-1$，则该完全二叉树的深度为 9。本题选择 C 选项。

6. D 【解析】对象的基本特点：标识唯一性、分类性、多态性、封装性、模块独立性好。可移植性不属于对象的特征。本题选择 D 选项。

7. B 【解析】数据字典（Data Dictionary，DD）是对数据流图中所有元素的精确、严格的定义和解释，是一个有组织的列表，使用户和系统分析员对输入、输出、存储成分和中间计件结果有共同的理解，是结构化分析方法的核心。本题选择 B 选项。

8. A 【解析】数据库系统由数据库、数据库管理系统、数据库管理员、硬件平台和软件平台五部分组成。这五部分构成了一个以数据库为核心的完整的运行实体。本题选择 A 选项。

9. C 【解析】逻辑数据模型简称为逻辑模型，是面向数据库系统的模型，着重于在数据库系统一级的实现。成熟并大量使用的逻辑模型有层次模型、网状模型、关系模型和面向对象模型等。本题选择 C 选项。

10. D 【解析】从关系模式中指定若干属性组成新的关系称为投影。本题中关系 T 中的两列（A，B）就是将关系 R 中的两列（A，B）提取出来，将重复的元组只保留一个，故为投影运算。本题选择 D 选项。

11. A 【解析】Python 是跨平台的计算机程序设计语言，计算生态非常丰富，多用于网站开发、大数据和人工智能等方面。Python 是一种脚本语言，使用解释方式执行，解释一句，执行一句，每一次执行程序都需要源代码和解释器。本题选择 A 选项。

12. D 【解析】Python 语言中可以使用井号（#）或者三引号（'''或"""）来注释语句，其中井号常用于单行，三引号常用于多行。注释语句是对代码的解释说明，不被解释器解释执行。本题选择 D 选项。

13. B 【解析】A 选项中利用元组赋值的方式，按顺序将等号右边的数据赋值给左边；B 选项中有两个等号，Python 中两个等号表示判断等式两边数据是否相等，不属于赋值操作；C 选项中将 s 使用 replace() 方法后的结果赋值给 s 自身；D 选项中的操作等同于 b = b + 1，也就是将 b 做自增 1 的操作。本题选择 B 选项。

14. C 【解析】字符串比较大小是按照对应索引位置上的字符的 ASCII 码值进行比较，对于字符来说，'0' <…… <'9' <'A' <…… <'Z' <'a' <…… <'z'，题目中索引为 0 位置的字符'9' >'1'。本题选择 C 选项。

15. D 【解析】题目中使用了 type() 函数，此函数用于返回参数的数据类型。函数内的参数是整数 45，所以返回值应为 <class 'int'>。本题选择 D 选项。

16. B 【解析】题目中使用了复数的 real 和 imag 两种属性，其中 real 可以得到复数的实数部分，imag 可以得到复数的虚数部分，二者得到的均为浮点数，所以得到的结果为 6.6。本题选择 B 选项。

17. A　【解析】对字符串中某个子串或区间的检索称为切片。切片的语法格式如下。

<字符串或字符串变量>[*N*:*M*]

切片获取字符串从 N 到 M(不包含 M)的子字符串,其中 N 和 M 为字符串的索引,可以混合使用正向递增索引和反向递减索引。切片要求 N 和 M 都在字符串的索引区间,如果 N 大于等于 M,则返回空字符串;如果 N 缺失,则默认将 N 设为 0;如果 M 缺失,则默认表示到字符串结尾。题目中切片从索引 -5 开始到索引 -1 结束,得到的子字符串为“zhil”。本题选择 A 选项。

18. C　【解析】本题选项中,分别使用了 print()函数、eval()函数、type()函数和 list()函数。其中 print()函数是输出函数,各选项中的使用均正确;eval()函数的参数必须是字符串类型,所以 A 选项错误;type()函数返回的数据是参数的数据类型,并不是 eval()函数处理过后的[23,56],所以 B 选项错误;list()函数在转化字符串时,会将每一个字符都转化为列表的一个元素,所以 D 选项得到的数据为['[', '2', '3', ',', '5', '6', ']'],所以 D 选项错误。本题选择 C 选项。

19. A　【解析】分支结构的完整形式如下:

```
if 条件:
    语句块
elif 条件:
    语句块
    …
else:
    语句块
```

B 选项中 if 条件后无冒号,格式错误;C 选项中 if 条件后无冒号且 else 有条件,格式错误;D 选项中 else 后无冒号,格式错误。本题选择 A 选项。

20. D　【解析】由题目中的代码可知,本题属于误导性题目,会让做题者认为是使用分支语句根据 a 值的大小执行不同的分支。实际上 a 值为字符串,不能和数字比较大小,所以程序执行会出现异常。本题选择 D 选项。

21. C　【解析】由题目中的代码可知,本段代码的功能是在循环体中对 m 中的每一个字符进行判断。对于 A 到 Z 之间的字符,变量 a 值加 1;对于 a 到 z 之间的字符,变量 b 值加 1;两个条件均不满足,则直接退出循环。观察 m 变量,当遇到空格时,会退出循环,所以计算空格前的所有字符数量,其中大写字母 2 个,小写字母 7 个,输出结果为 2 7。本题选择 C 选项。

22. B　【解析】由题目中的代码可知,本段代码使用了异常捕获语句。在语句结构中,首先用写的方式打开文件 data. txt,然后使用 write()方法,因为没有参数,所以此处会直接产生异常,即会被 except 捕获异常并输出文件操作错误。本题选择 B 选项。

23. D　【解析】在循环结构中,遍历循环通常遍历多元素数据类型及 range()函数,其中多元素数据类型的遍历次数与元素个数有关;range()函数有 3 个参数,分别是开始位置、结束位置和步长,所以 A、C 选项正确。在无限循环中,根据条件决定是否执行,当条件为一个数据时,会自动利用 bool()函数计算此数据的布尔值;对于列表、字符串等多元素数据类型,空数据的布尔值即为 False,所以 B 选项正确,D 选项错误。本题选择 D 选项。

24. B　【解析】由题目中的代码可知,本段代码首先定义了变量,然后创建了 test()函数,此时函数尚未运行。在 print()函数内运行了 test()函数,此时传入参数 5。在 test()函数内使用 globa 修饰 k 变量,使得 k 值在函数内的修改也能同步到全局变量,经过循环,k = 5 + 1 + 2 + 3 + 4 = 15,最后 return 将 k 值返回到调用函数的位置。但是在输出时需要考虑,在 print()函数中,k 在调用函数之前,所以是先确定 k 值再运行函数,这样即使 global 修饰了 k,在调用函数之前的 k 值也不会变化,所以输出结果为 5 15。本题选择 B 选项。

25. C　【解析】在 Python 语言中,函数外部定义的列表,在函数内部可以直接引用或者使用部分方法,所以 A 选项错误;函数内部定义的变量属于局部变量,不可以在函数外部使用,所以 B、D 选项错误。本题选择 C 选项。

26. A　【解析】由题目中的代码可知,本段代码的功能是输出 mtry(mtry(['try']))的返回值。要输出此返回值,需要先计算 mtry(['try'])。根据函数中的代码可以知道,函数中是先将 ls 添加到参数['try']中,然后使用 append()方法添加列表,再将列表整体作为元素添加到['try']中,即得到['try',['try']]。那么 mtry(mtry

(['try']))也就相当于 mtry(['try',['try']]),再次执行函数,得到结果['try', ['try'], ['try']],最后输出结果为['try', ['try'], ['try']]。本题选择 A 选项。

27. D 【解析】函数的参数顺序必须是可选参数放在非可选参数后面,所以 D 选项错误。本题选择 D 选项。

28. B 【解析】本段代码的功能是,首先创建了 x 列表,然后用 len()函数计算 x 列表的长度并输出。列表的长度就是列表中元素的数量,x 列表有两个元素,分别是[3,4,5]和[[10,11],[12,13],14],所以长度为 2。本题选择 B 选项。

29. D 【解析】本段代码的功能是,首先创建了 L1 列表和 st 空字符串,然后循环遍历列表,每次循环后将遍历的元素拼接给 st 字符串。因为 L1 中的元素为数字类型,不能和字符串拼接,所以程序执行时会出现异常。本题选择 D 选项。

30. A 【解析】本段代码的功能是,首先创建了 L1 列表,然后输出用 index()方法得到的 L1 列表元素的索引值。index()方法用于查询列表元素并返回对应的索引,但仅返回查询到的第一个元素在列表中第一次出现的索引位置。题目中查询字符串“河”,所以返回的索引值应为 1。本题选择 A 选项。

31. C 【解析】本段代码的功能是,首先创建了 dt 字典,然后利用 type()函数得到 dt 通过'a'键取值的数据类型,最后输出。当 dt 通过'a'键取值得到的数据为 10 时,type(10)的返回值为 <class 'int'>。本题选择 C 选项。

32. B 【解析】A 选项中,d[0]['作者']得到的结果为“jone”,正确;B 选项是在“jone”的基础上,取索引 4 的值,报错;C 选项中,d[1]['作品'][0]得到的结果为“日出”,正确;D 选项中,d[1]['作品'][1]得到的结果为“平凡人生”,正确。本题选择 B 选项。

33. D 【解析】open()函数中“a”模式是写模式,所以 D 选项错误。本题选择 D 选项。

34. A 【解析】Python 语言中,列表可以用来表示一维、二维和多维数据,所以 A 选项错误。本题选择 A 选项。

35. C 【解析】split()方法可以根据参数切割字符串并返回列表;lcut()函数可以根据 jieba 库的内置词典将参数进行分词并返回列表;cut()函数会生成一个可迭代的数据类型,在迭代的时候再进行分词;list()函数可以将参数转变为列表数据类型。本题选择 C 选项。

36. A 【解析】本段代码要求输出的 3 个数据均为 d 列表中单个元素的首位,且因为 3 个参数中间是以空格分隔,那么 print()函数就需要设置 end 参数等于空格,即 end = ' '。本题选择 A 选项。

37. D 【解析】在 turtle 库中,seth()函数用于调整画笔指向的角度,forword()函数用于移动画笔,circle()函数用于绘制圆或者绘制圆弧。turtle 库中无 eclipse()函数。本题选择 D 选项。

38. B 【解析】在 time 库中,localtime()函数返回的是系统当前时间对应的 struct_time 形式,所以 B 选项错误。本题选择 B 选项。

39. A 【解析】beautifulsoup4 库是用于文本处理方向的第三方库,一般用于处理网页信息;matplotlib 和 Vispy 是用于数据可视化方向的第三方库;wxpython 是用于图形界面方向的第三方库。本题选择 A 选项。

40. C 【解析】myqr 是用于二维码制作的第三方库,numpy 是用于数据分析方向的第三方库,scrapy 是用于网络爬虫方向的第三方库,pillow 是用于图像处理方向的第三方库。本题选择 C 选项。

二、基本操作题

41.【参考答案】

```
f = eval(input("请输入一个浮点数:"))
print("浮点数是:{:>10.2f}".format(f))
```

【解题思路】

本题主要考查 Python 字符串的格式化方法。Python 语言推荐使用.format()格式化方法,其使用方式如下:

<字符串模板>.format(<逗号分隔的参数>)

其中,字符串模板是一个由字符串和槽组成的字符串,用来控制字符串和变量的显示效果。槽用花括号({})表示,对应 format()方法中用逗号分隔的参数。如果字符串模板中有多个槽,且槽内没有指定序号,则按照槽出现的顺序分别对应 format()方法中的不同参数,参数默认从 0 开始编号。例如,"{0}曰:学而不思则罔,思而不学{1}。".format("孔子","则殆")的结果为“孔子曰:学而不思则罔,思而不学则殆。”。format()方法的槽除了包括参数序号,还可以包括格式控制信息,其语法格式如下。

{<参数序号>:<格式控制标记>}

其中,格式控制标记包括填充、对齐、宽度、,、精度和类型 6 个字段,由引导符号(:)作为引导标记,这些字段都是可选的,并且可以组合使用。填充:用于填充的单个字符。对齐:分别使用 <、> 和^3 个符号表示左对齐、右对齐和居中对齐。宽度:设定当前槽的输出字符宽度。,:用于显示数字类型的千位分隔符。精度:由小数点(.)开头,对于浮点数,精度表示小数部分输出的有效位数;对于字符串,精度表示输出的最大长度。类型:表示输出整数和浮点数类型的格式规则。本题的格式要求宽度为 10 个字符,右对齐,不足部分用空格填充,并且浮点数需要保留两位小数。所以此空应填入" >10.2f"。

42.【参考答案】

```
h,w = eval(input("请输入起始英文字母的序号和连续输出的个数,逗号隔开:"))
cstr = ''
for i in range(w):
    c = chr(ord('a') + h + i)
    cstr += c
print(cstr)
```

【解题思路】

本题考查索引的使用及 chr()函数和 ord()函数的嵌套使用。题目要求考生输入两个参数,h 为起始参数,w 为数量参数,则循环次数应为 w,所以第 1 空应填入"w"。在循环体中,循环赋值给 c 变量,然后拼接给 cstr,那么 c 变量就需要每次循环都是对应需求序号的字符。使用 ord()函数将"a"字符转换为对应的编码,然后加上 h 即为开始字符,每次循环中加上循环变量 i 即为向后连续的字符,所以第 2 空应填入"chr(ord('a') + h + i)"。

43.【参考答案】

```
import random as r
r.seed(1)
s = input("请输入 3 个整数 n,m,k:")
slist = s.split(",")

n,m,k = eval(slist[0]),eval(slist[1]),eval(slist[2])
for i in range(n):
    print(r.randint(m,k))
```

【解题思路】

本题考查随机整数的生成。首先观察已有代码,已经导入随机函数库并且获取了用户的输入,考生需要循环生成 n 个随机数。先使用 eval()函数将 3 个变量依次赋值整数类型的数据,然后循环 n 次,每次使用 randint()函数生成一个在[m,k]的随机整数并使用 print()函数输出。

三、简单应用题

44.【参考答案】

```
import turtle as t
import random as r
color = ['red','blue','purple','black']
r.seed(1)
for j in range(4):
    t.pencolor(color[r.randint(0,3)])
    t.penup()
    t.goto(r.randint( -100,100),r.randint( -100,100))
    t.pendown()
    ra = r.randint(50, 200)
    for i in range(1,5):
        t.fd(ra)
        t.seth(90 * i)
```

```
t. done( )
```

【解题思路】

本题考查 turtle 库和 random 库的用法。根据后续代码使用 r. 前导,可知第 1 空的作用是导入 random 库的代码,故应填入“import random as r”;观察后续循环体中的代码,首先颜色列表 color 通过索引取值,则第 2 空应填入“r. randint(0,3)”;然后抬起画笔,移动画笔位置,此时 x 和 y 轴的坐标均在[-100,100]区间,所以第 3 空应填入“r. randint(-100,100)”;在内层循环中,fd( )函数是绘制正方形的边,所以第 5 空应填入“ra”;后续角度旋转,如果 i 是从 0 开始,那么初始绘制为 0°,第 2 次循环绘制依旧为 0°,不能绘制出正方形,所以循环变量 i 应从 1 开始绘制,即第 4 空应填入“1,5”。

45.**【参考答案】**

```
import jieba
dela = '-;:,.()"<>'
s = input("请输入一句话:")
print("\n 这句话是:{}".format(s))
for i in dela:
    s = s. replace(i,'')
    word = jieba. lcut(s)
print("替换之后是:{}". format(s))
print("里面有 {}个词语。". format(len(word)))
```

【解题思路】

本题考查字符串的 replace( )方法和 jieba 库。首先已有代码导入了 jieba 库以及获取了用户输入,考生需要对输入的语句进行处理,通过循环遍历 dela 字符串,将 s 字符串中所有需要去除的字符均用 replace( )方法进行处理。然后通过 jieba 库将分词结果赋值给 word,最后输出 s 及 word 的长度。

四、综合应用题

46.(1)**【问题 1 参考答案】**

```
fi = open("data301. txt","r")
f = open("result301. txt","w")
cnumd = {}
name = ''
count = 0
flag = 1
for line in fi:
    if '"name":' in line:
        name = line. split('"')[-2]
        flag = 1
    elif '"value":' in line and flag == 1:
        dx = line. split(': ')[-1][:-1]
        cnumd[name] = dx
        flag = 0
        count += 1
for d in cnumd. items():
    f. write("{}:{}\n". format(d[0],d[1]))
print("一共有{}个地区". format(count))
f. close()
fi. close()
```

(2)**【问题 2 参考答案】**

```
lcnum = []
with open("result301. txt", "r") as fi:
```

```
        for line in fi:
            s = line.strip().split(':')
            lcnum.append([s[0],eval(s[1])])
lcnum.sort(key = lambda x:x[1], reverse = True)
lz = 0
lw = 0
for i in lcnum:
    if i[1] > 10000:
        lw += 1
    elif i[1] == 0:
        lz += 1
print("流感人数最多的地区是{},人数是{}".format(lcnum[0][0],lcnum[0][1]))
print("流感人数超过 1 万的地区有{}个".format(lw))
print("流感人数为 0 的地区有{}个".format(lz))
```

【解题思路】

(1)本题考查字符串的处理。题目中的现有代码已给出了大量的操作,包括打开文件、处理数据以及写入文件,考生需要按照题目给出的方式对文件读取出来的数据进行处理。首先循环遍历文件对象,此时循环变量 line 是逐行数据。在循环内,对此变量进行处理,即在分支语句中进行判断。当此行存在""name":"字符串时即证明此行有可能是需要处理的数据,将 name 后对应的数值提取出来,即通过引号进行切割并索引取值,同时将 flag 值设为 1。此时分支语句结束,在下一次循环中如果""value":"在 line 当中且当 flag 值为 1 时,证明这两行是一个地区的数据,则将数字提取出来。观察文件中格式,需要通过冒号和空格切割,然后索引取值,并切片去掉最后一个换行符。再将地区和数字组合成键值对存储在 dx 字典中,并将 flag 调整为 0,地区数量 count 加 1。最后循环遍历字典并将数据写入文件。

(2)本题考查字符串的处理以及列表方法的使用。题目中的已有代码给出了列表排序,根据排序函数可知,此列表是以列表元素的索引为 1 的值进行排序的,那么在循环中对数据切割后就需要将地区名和数量作为一个整体添加到列表 lcnum 中。根据后续输出语句可以得知,lw 为确诊人数超过 1 万的地区,lz 是确诊为 0 的地区,所以在循环遍历 lcnum 中,依次对这两个值进行判断,最后输出即可。

第 2 套　参考答案及解析

一、选择题

1. D　**【解析】**高速缓冲存储器(Cache)是介于 CPU 和主存(内存)之间的一种小容量、可高速存取信息的芯片,用于解决 CPU 和主存之间速度不匹配的问题。高速缓冲存储器一般由速度快的 SRAM 元件组成,其速度与 CPU 相当,但价格较高。本题选择 D 选项。

2. A　**【解析】**进程一旦创建,即进入就绪状态;处于运行状态的进程,分配给它的时间片用完,就让出 CPU 而转为就绪状态;处于等待(阻塞)状态的进程,如果它等待的事件已经发生,即条件得到满足,就转为就绪状态。本题选择 A 选项。

3. D　**【解析】**算法的复杂度是指运行该算法所需要的计算机资源的多少,所需的资源越多,该算法的复杂度越高;反之,所需资源越少,复杂度越低。算法复杂度包括算法的时间复杂度和算法的空间复杂度,算法的时间复杂度是指执行算法所需要的计算工作量,算法的空间复杂度是指执行这个算法所需要的内存空间。本题选择 D 选项。

4. B　**【解析】**一个非空线性结构应满足两个条件:①有且只有一个根节点;②每个节点最多有一个前件,也最多有一个后件。A 选项中有两个根节点 3 和 5,是非线性结构。B 选项中根节点为 5,排列顺序为 5、4、1、3、2,属于线性结构。C 选项中有两个根节点 1 和 4,D 选项中有两个根节点 1 和 2,均为非线性结构。本题选择 B 选项。

5. A　**【解析】**在深度为 K 的二叉树中,最多有 2^K-1 个节点。该二叉树的深度为 7,则该二叉树最多有 $2^7-1=127$ 个节点。对任何一棵二叉树,度为 0 的节点(即叶子节点)总是比度为 2 的节点多一个。该二叉树中叶子节点个数为 64,则度为 2 的节点个数为 63。假设该二叉树的总节点数为 $n(n\leqslant127)$,则度为 1 的节

点数为 $n-64-63$，n 最大为 127，则度为 1 的节点个数为 0。本题选择 A 选项。

6. D 【解析】'518'、"5"、'nm'是字符串。'\n'表示换行符，属于字符。本题选择 D 选项。

7. D 【解析】软件需求规格说明书是需求分析阶段的最后成果，是软件开发过程中的重要文档之一。软件需求规格说明书的作用有：①便于用户、开发人员进行理解和交流；②反映用户问题的结构，可以作为软件开发工作的基础和依据；③作为确认测试和验收的依据；④为成本估算和编制计划进度提供基础；⑤软件不断改进的基础。本题选择 D 选项。

8. A 【解析】文件系统阶段是数据库系统发展的初级阶段，它提供了简单的数据共享与数据管理能力，但是无法提供完整的、统一的数据管理和共享的能力，即共享性差、冗余度大、独立性差。数据库系统共享性大、冗余度小、独立性高。数据库系统、文件系统均可以管理各种类型的文件，故 B 选项错误。数据库系统、文件系统均可以管理庞大的数据量，故 C、D 两项错误。本题选择 A 选项。

9. B 【解析】物理数据模型简称物理模型，是面向计算机物理表示的模型。此模型给出了数据模型在计算机中物理结构的表示。本题选择 B 选项。

10. C 【解析】假设有 n 元关系 R 和 n 元关系 S，它们经过交运算得到的关系仍然是一个 n 元关系，该关系由属于关系 R 且属于关系 S 的元组组成，并记为 $R \cap S$。本题中，关系 T 的元组既属于关系 R，又属于关系 S，故为交运算。本题选择 C 选项。

11. A 【解析】Python 语言的缩进可以使用任意数量的空格或制表符来实现，而不仅仅是 4 个空格。B、C 和 D 选项都是正确的描述。本题选择 A 选项。

12. B 【解析】单行注释一般以#或者引号开头，故 A 选项错误。Python 语言中，变量名需要以字母、中文和下划线开头，名称中可以存在字母、数字、中文或下划线，且不能是保留字。except 是保留字，故 C 选项错误。"x，y = y，x"在 Python 语言中称为元组赋值，是合法的赋值语句，故 D 选项错误。本题选择 B 选项。

13. A 【解析】input( ) 函数的参数必须是字符串类型，故 A 选项错误。本题选择 A 选项。

14. C 【解析】题目代码中的 format( ) 函数用于格式化字符串。在字符串中，花括号({ })表示占位符，其中的数字表示参数的顺序。在这个例子中，{1:.1f} 表示第 2 个参数(身高)保留一位小数，{0:.2f} 表示第 1 个参数(体重)保留两位小数，执行结果为"你的身高是 172.5 厘米，体重是 166.23 斤"。本题选择 C 选项。

15. D 【解析】A 选项中，float("a123.6")无法将字符串"a123.6"转换为浮点数 123.6；B 选项中，round(100/3,3)的结果是 33.333；C 选项中，3 ** 2 的结果是 9；D 选项中，pow(7,2)的结果是 49。本题选择 D 选项。

16. B 【解析】在 Python 中，字符串的索引是从 0 开始的。所以，time[4:9]表示从第 5 个字符(即"辰")到第 10 个字符(且不包括"酉")。因此，day 的值是"辰巳午未申"。本题选择 B 选项。

17. C 【解析】执行结果为 2，因为在字符串 s 中，从第 0 个字符到第 21 个字符(不包括第 21 个字符)，有 2 个"计算机"。本题选择 C 选项。

18. D 【解析】异常处理机制可以捕获对应的异常并进行针对性的处理。本题选择 D 选项。

19. B 【解析】Python 中有三大控制结构，分别是顺序结构、分支结构及循环结构。分支结构包括单分支、二分支和多分支，循环结构可以使用 for、while、else 等保留字。本题选择 B 选项。

20. C 【解析】这段代码使用了两个嵌套的 for 循环。外层循环遍历字符串"藿，香.正，气/水"中的每个字符，内层循环则执行 3 次。在内层循环中，如果当前字符 ch 在"，./水"中，就跳过本次循环(使用 continue 语句)，否则就打印输出该字符。具体来说，对于字符串"藿，香.正，气/水"中的每个字符，都会执行 3 次内层循环。由于内层循环的条件是判断当前字符是否在"，./水"中，所以当遇到这些字符时，都会跳过打印操作，继续下一次循环。而对于其他字符，则会正常打印出来。本题选择 C 选项。

21. B 【解析】Python 的函数可以有任意数量的返回值，故 A 选项错误；函数创建及调用时，均可不写参数，故 B 选项错误；函数名需是标志符，标志符不能以数字开头，故 D 选项错误。本题选择 B 选项。

22. B 【解析】代码定义了一个函数 func(n)，它接收一个参数 n。在函数内部，创建了一个空列表 ls。然后通过循环遍历从 0 到 n-1 的整数。如果当前整数是偶数，则跳过(使用 continue 语句)，否则将其添加到列表 ls 中。最后返回列表 ls。当调用 print(func(10))时，传入的参数是 10，所以循环会执行 10 次。根据题目代码，只有奇数会被添加到列表 ls 中，因此最终的输出结果是[1, 3, 5, 7, 9]。本题选择 B 选项。

23. A 【解析】题目代码定义了一个函数 dis( )，用于计算 4 个数字差的平方和，然后调用这个函数并传入参数 0,0,3,4，返回值 $d=(3-0)^2+(4-0)^2=25$。本题选择 A 选项。

24. C 【解析】在参数名前加 * 是用来定义可变数量参数的,#是用来注释的,故 A 选项错误;在定义函数时,可以使用 = 将形参赋予默认值,故 B 选项错误;传递参数值时,可以使用关键字传递参数的方式调整参数的顺序,故 D 选项错误。本题选择 C 选项。

25. D 【解析】在给定的代码中,函数 register( )接受 3 个参数:年份(y)、月份(d)和日期(m)。其中,日期参数 m 具有默认值9。当调用 register(2025,1,8)时,参数 y 被赋值为 2025,参数 d 被赋值为 1,参数 m 被赋值为 8。在字符串格式化的过程中,使用{0}表示第 1 个参数 y 的值,即 2025;使用{1}表示第 2 个参数 d 的值,即 1;使用{2}表示第 3 个参数 m 的值,即 8。因此,执行结果为"新生报到的日期是:2025 年 8 月 1 日"。本题选择 D 选项。

26. C 【解析】randrange(start,stop[,step]) 函数用于返回指定范围中的一个随机整数。其中,start 可选是指定范围的开始值;stop 是指定范围的结束值(不包括此值),step 是步长。本题选择 C 选项。

27. C 【解析】字典和集合不存在顺序关系,也不存在索引选取元素的方式,故 A、D 选项错误。可以存在空列表、空元组等数据,故 B 选项错误。元组是不可变的数据类型,一旦被初始化,就不能修改。元组支持索引、拼接、成员检查、重复等相关操作。本题选择 C 选项。

28. B 【解析】在给定的代码中,定义了一个全局变量 x,初始值为 0;定义了一个函数 func( ),接收两个参数 n 和 m,并将 n 与 m 的和赋值给局部变量 x,将 n 与 m 的差赋值给局部变量 y,然后返回一个包含 x 和 y 的元组。调用 func( )函数,传入参数 10.9 和 5.1,将返回的结果赋值给 s。最后输出 x 的值和 s 的类型。

根据代码,局部变量 x 的值在函数内部被修改为 n + m,即 10.9 + 5.1 = 16.0,但不会影响全局变量。而 s 是一个元组,即 tuple。本题选择 B 选项。

29. D 【解析】列表在创建时不需要指定列表的大小和长度。列表是一种可变的数据类型,其元素可以是任何数据类型,且元素类型可以不同。本题选择 D 选项。

30. B 【解析】由题目中的代码可知,当 ls1 小于 ls2 时,将 ls3 赋值为 ls1,并将 ls3 的第 1 个元素(索引为 0)设置为 0;否则,将 ls3 赋值为 ls2,并将 ls3 的第 1 个元素设置为 0。在给定的示例中,ls1 = [23,34,45,56],ls2 = [24,21,54,34],因为列表比较大小是逐个元素比较,23 小于 24,即代表 ls1 小于 ls2,所以执行 if 语句块中的代码,将 ls3 赋值为 ls1,即 ls3 = [23,34,45,56],然后将 ls3 的第 1 个元素设置为 0,得到 ls3 = [0, 34, 45, 56]。又因为 ls1 和 ls3 指向同一个列表,所以 ls1 也随之改变。本题选择 B 选项。

31. D 【解析】题目代码中使用了 pop( )函数将 ls2 列表中索引为 3 的元素"深圳"删除,然后使用切片操作将 ls1 列表中索引为 1 和索引为 5 的元素"上海"和"广州"分别插入 ls2 列表的索引为 1 和索引为 5 的位置。所以最终 ls2 列表的元素为['天津', '上海', '重庆', '南京', '广州', '苏州']。本题选择 D 选项。

32. A 【解析】city = d. pop("北京",1) 这行代码会从字典 d 中移除键为"北京"的键值对,并返回对应的值。如果字典中不存在"北京"键,则返回默认值 1。由于字典 d 中不存在"北京"键,所以该行代码会返回 1。hobby = d. get("唱歌",1) 这行代码会尝试从字典 d 中获取键为"唱歌"的值,如果字典中不存在"唱歌"键,则返回默认值 1。由于字典 d 中不存在"唱歌"键,所以该行代码会返回 1。最后一行代码 print(city,hobby) 会将变量 city 和 hobby 的值打印出来,即 1 1。本题选择 A 选项。

33. C 【解析】在 Python 中,文件的打开方式有多种,并且不同的打开方式决定了文件内容的读取和写入方式。文本文件一般由单一编码的字符组成,图片文件、视频文件、声音文件等都以二进制形式存储。对于文本文件,我们可以用 r 模式打开并读取文件内容,这种模式是默认的文件打开方式,即只读。同时,我们也可以直接以二进制形式打开文件并进行读写操作,如使用 rb、wb、ab 和 tb 这几种模式。当使用 wb、ab、w + 和 a + 这几种模式打开文件时,如果文件不存在,则会创建新文件。因此,Python 中的文本文件不仅可以以文本文件方式打开,还可以以二进制文件的方式打开。本题选择 C 选项。

34. A 【解析】在 Python 中,当以 r 模式打开不存在的文件时,Python 会报错,而不是创建一个新文件,故 B 选项错误;open( )函数并不存在 rw 和 ra 参数,想要实现同时读写操作,可以使用"r + "或者"w + "模式,故 C、D 选项错误。本题选择 A 选项。

35. C 【解析】二维数据的所有元素的类型并不必须相同。例如,一个二维列表中可能同时包含字符串和整数类型的元素,故 A、D 选项错误;Python 中的 csv 模块可以处理二维的 csv 文件格式的数据,但这并不意味着二维数据只能使用 csv 文件格式存储。实际上,Python 中还有其他方法来处理和存储二维数据,如使用 numpy 库的数组对象或者 pandas 库的 DataFrame 对象等,故 B 选项错误。本题选择 C 选项。

36. D 【解析】由题目中的代码可知,文件中存在诗句,并且在打开文件之后还写入了部分诗句,循环语句看似可以读取文件中内容并且切片取前两项输出，但是文件操作中实际上存在一个指针的概念。在使用 a 模式打开文件时，指针在文件末尾，此时写入的数据是添加在文件末尾的，并且写完之后，指针依然在文件末尾，此时若直接读取数据，继续向后移动指针，显然是读取不到任何内容的。若要读取到内容，必须先使用函数移动指针，然后读取。本题选择 D 选项。

37. C 【解析】Python 中不存在 writeline( )方法，只有 writelines( )方法。本题选择 C 选项。

38. A 【解析】turtle 库中的函数主要包括 fd( )、backward( )、right( )、left( )、penup( )、setup( )、pendown( )等，不包含 go( )函数。本题选择 A 选项。

39. D 【解析】Pygame 是用于游戏开发的第三方库；Django 是用于 web 开发的网络框架；Falsk 是用于 web 开发的网络框架；TensorFlow 是用于数值计算和大规模机器学习的第三方库。本题选择 D 选项。

40. B 【解析】TVTK 是三维可视化实例的第三方库，不属于图形界面方向的第三方库。本题选择 B 选项。

二、基本操作题

41.【参考答案】

```
sinfo = input()
data = sinfo.split(',')
print("姓名,年龄")
for strname in data:
    sname = strname[:-2]
    sage = strname[-2:]
    print("{},{}".format(sname,sage))
```

【解题思路】

本题要求获取用户的输入，并将对应人名和年龄分行输出。首先，在获取用户输入之后，需要将这个字符串用逗号分隔，得到一个包含所有学生信息的列表，所以第 1 空应填入“data = sinfo. split(',')”；接着，需要遍历这个列表，在循环的过程中根据切片取得对应的姓名和年龄，因为循环中出现了strname变量，所以第 2 空应填入“strname in data:”，第 3 空应填入“sage = strname[-2:]”。

42.【参考答案】

```
import random
random.seed(20)
sum = 0
for i in range(10):
    n = random.randint(1,20)
    sum += n
    print('第{}个数:{}'.format(i,n))
print("10 个随机数的平均数是:{}".format(round(sum/10,1)))
```

【解题思路】

本题要求输出 10 个随机整数及其平均数，观察已有代码，明显需要在循环内生成随机数，并且输出随机数。因为题目要求生成 1 到 20 之间的随机整数，所以第 1 空应填入“n = random. randint(1,20)”；输出时，要求从第 0 个数字开始，所以第 2 空应填入“print('第{}个数:{}'. format(i,n))”。

43.【参考答案】

```
def allFactor(n):
    if n <=1:
        return [n]
    if n <=3:
        return [1,n]
    i = 1
    rlist = []
    while i <= n:
```

```
        if n % i  == 0:
            rlist. append(i)
            i += 1
    return rlist


try:
    n = eval(input("请输入一个正整数:"))
    print("整数{}的因子是:{}". format(n,allFactor(n)))
except:
    print("输入错误!")
```

【解题思路】

由题目中代码可知，定义了一个函数 allFactor(n)，用于求整数 n 的所有因子列表。在函数 allFactor(n)中，首先判断 n 是否小于等于 1，如果是，则返回[n]。然后判断 n 是否小于等于 3，如果是，则返回[1,n]。接下来初始化一个空列表 rlist，用于存储 n 的因子。使用 while 循环，从 1 开始遍历到 n。如果 n 能被 i 整除，则把 i 添加到 rlist 中。因为上述代码并没有创建 rlist，所以第 1 空应填入“rlist = [ ]”。又因为循环条件为 i 小于 n，所以 i 在循环体内需要进行自增长，才能正常退出循环，所以第 2 空应填入“i += 1”。

三、简单应用题

44.**【参考答案】**

```
import turtle as t
for i in range(4):
t. fd(200)
    t. left(90)
t. penup()
t. goto(100,0)
t. pendown()
t. color('green','red')
t. pensize(5)
t. begin_fill()
t. circle(100)
t. end_fill()
t. done()
```

【解题思路】

本题要求绘制一个正方形及圆形，观察已有代码，首先循环 4 次，每次旋转 90°，此处应为绘制正方形。因为边长为 200 像素，所以第 1 空应填入“t. fd(200)”。后续开始绘制内接圆形，首先将起点移动到正方形最下边终点，所以第 2 空应填入“t. goto(100,0)”；然后需要设置画笔颜色及填充颜色，所以第 3 空应填入“t. color('green','red')”；接下来开始填充，然后应该为绘制图形和结束填充，因为圆是正方形内接圆形，所以第 4 空应该为“t. circle(100)”；第 5 空结束填充应该为“t. end_fill()”。

45.**【参考答案】**

```
import jieba
fuhao = [",",":","、","。",";","“","”"]
with open("data1. txt","r",encoding = "utf - 8") as f:
    all_txt = f. read()
    for ch in fuhao:
        all_txt = all_txt. replace(ch,'')
data = jieba. lcut(all_txt)
print('/'. join(data))
print('高频词 top5 如下:')
```

```
d = {}
for i in data:
    if len(i) >=2:
        d[i] = d.get(i,0) +1
ls = list(d.items())
ls.sort(key = lambda x:x[1],reverse = True)
for s in ls[:5]:
    print('{}:{}'.format(s[0],s[1]))
```

【解题思路】

题目要求将文本中符号去除并且分词，最后对分词结果以“/”分隔输出，且将词语出现的词频计数并输出最高词频的前5个元素及其词频。已给出的提示代码已将所有符号去除，后续代码需要先将字符串分词，然后使用“/”连接并输出，最后计算所有的词语出现的次数并排序后，输出前5项。

四、综合应用题

46.**【参考答案】**

```
def ravg(lst):
    sum =0
    for i in lst:
        sum +=i
    return round(sum/len(lst),1)

qzlst = []
swlst = []
zylst = []
with open("data2.csv","r") as f:
    datas =f.readlines()
    for i in datas:
        if i in datas[:5]:
            print(i,end ='')
        if i in datas[1:]:
            ls =i.strip().split(',')
            qzlst.append(eval(ls[1]))
            swlst.append(eval(ls[2]))
            zylst.append(eval(ls[3]))
avglst = ["平均值",ravg(qzlst),ravg(swlst),ravg(zylst)]
maxlst = ["最大值",max(qzlst),max(swlst),max(zylst)]
minlst = ["最小值",min(qzlst),min(swlst),min(zylst)]

with open("tongji.csv","w") as f:
    f.write('统计,报名,弃考,有效\n')
    f.write('{},{},{},{}'.format(*avglst) +'\n')
    f.write('{},{},{},{}'.format(*maxlst) +'\n')
    f.write('{},{},{},{}'.format(*minlst))
```

【解题思路】

题目要求将文件中的数据提取并按照要求输出及写入文件。根据已有代码，首先应读取数据并输出前5项，然后需要将相应数据添加到 qzlst、swlst、zylst 中。根据后续代码中的输出顺序，可知 qzlst、swlst、zylst 分别为报名、弃考、有效3项，所以添加数据时，应分别加入每行列表中的第2、3、4个数据，最后将相关数据写入新文件中即可。